高等教育"十三五"规划系列教材

建筑结构体系

JIANZHU JIEGOU TIXI

主　编⊙孟　萍　张　敏
副主编⊙陈积普　董　博

西南交通大学出版社
·成 都·

图书在版编目（CIP）数据

建筑结构体系 / 孟萍，张敏主编. —成都：西南交通大学出版社，2018.10

ISBN 978-7-5643-6545-5

Ⅰ. ①建… Ⅱ. ①孟… ②张… Ⅲ. ①建筑结构－高等学校－教材 Ⅳ. ①TU3

中国版本图书馆 CIP 数据核字（2018）第 245932 号

建筑结构体系

主　编／孟　萍　张　敏

责任编辑／姜锡伟
助理编辑／宋浩田
封面设计／墨创文化

西南交通大学出版社出版发行
（四川省成都市金牛区二环路北一段 111 号西南交通大学创新大厦 21 楼　610031）
发行部电话：028-87600564　028-87600533
网址：http://www.xnjdcbs.com
印刷：四川森林印务有限责任公司

成品尺寸　185 mm × 260 mm
印张　12　　字数　254 千
版次　2018 年 10 月第 1 版　　印次　2018 年 10 月第 1 次

书号　ISBN 978-7-5643-6545-5
定价　39.00 元

课件咨询电话：028-87600533
图书如有印装质量问题　本社负责退换

前　言

随着科学技术的迅速发展，各类学科的分工越来越细，在土木工程专业范围内建筑学、城市规划、结构工程、地基基础、施工组织、施工技术、房屋设备等许多学科发展都很快。各门学科有自己的研究侧重面，这对科学的发展十分重要。然而，一座优秀的建筑是各专业人员共同创造的产物，过细的分工会使人们不能从总体上来考虑问题，容易出现很大分歧,很难设计出从造型、使用功能、结构安全、经济各方面都堪称完美的经典之作。

本书是大学本科层次的教材，较全面系统地介绍了常用的建筑结构型式，包括梁板、屋架、刚架、拱、薄壁空间结构、网架、网壳、索承结构、膜结构、高层建筑结构等。对上述各种结构型式分别介绍其结构组成、受力特点、布置方式、适用范围、构造要点等。编写时力求对各种结构型式的系统归纳，给读者一个完整的结构体系的概念，同时又注意介绍国内外各种结构体系的实例，巩固和加深对这些概念的认识。

本书由孟萍、张敏担任主编，陈积普、董博担任副主编。本书可作为高等院校工程造价、工程管理、建筑学、城市规划及相近专业、土木工程等专业的学生学习结构概念、体系的教材，也可作为建筑、结构设计人员和建筑工程技术人员的参考书。

由于作者水平所限，书中难免疏漏之处，希望读者批评指正。

作　者

2018 年 6 月

目　录

1 绪 论

随着科学技术的迅速发展，各类学科的分工越来越细，在土木工程专业范围内，建筑学、城市规划、结构工程、地基基础、施工组织、施工技术、房屋设备等许多学科发展都很快。各门学科有自己的研究侧重面，这对科学的发展十分重要。然而，一座优秀的建筑是各专业人员共同创造的产物，过细的分工会使人们不能从总体上考虑问题，容易出现分歧，很难设计出造型、使用功能、结构安全、经济各方面都堪称完美的经典之作。

本书的主要目的是通过学习，使学习者在熟悉各种结构体系的基本力学特点、应用范围以及施工中必须采用的设备和技术措施的同时，领悟出一些新的思考和分析问题的思路，在建筑设计方案设计阶段，不过分纠结于每根杆件或者一个局部的受力，避免只见树木不见森林，学会从整体的角度去考虑并建议最适宜的结构体系方案，使之与建筑功能与和建筑造型有机结合，形成建筑结构的完美统一。

1.1 结构体系

建筑结构不是结构构件的简单组合，而是将各种结构构件有效地组合成结构体系，以承受各种可能的外部作用。

一般在设计这些构件时，主要计算直接作用在这些构件上的荷载和由这些荷载引起的内力，然后进行构件设计、配筋计算以及结构设计等。然而，由许多构件组合成为结构体系后每个构件只是整体结构体系中的一部分或一根杆件，它们在结构受力体系中的受力状态和变形情况与构件设计时的计算简图不同。以单层厂房中的屋架为例，设计屋架只考虑用屋架来承受作用在屋架平面内的荷载。屋架能承受很大的竖向荷载，也有很大的抗弯刚度。但屋架在其平面外方向（垂直于屋架平面方向）的刚度和承载力都非常小，甚至可以忽略不计。但完成屋盖支撑系统和盖上屋面板以后，屋盖就成为一个刚性很大的“刚性盘体”，可以承受各个方向的荷载，协调各柱的变形。此时，屋架只是屋盖体系的一部分，甚至只相当于整个屋盖体系的“加劲肋”，那么，由于整个结构体系受力而在屋架中每根杆件上产生的内力就很小，甚至在设计中都可以忽略不计了。所以，如何将各结构构件组成有效的结构体系，对结构设计人员来说是十分重要的，特别在高层建筑、大跨度建筑和抗震结构设计中显得尤为突出。

结构设计中都要求解结构内力，可是在许多情况下引起内力的荷载是含糊不清的。例如，地基不均匀沉降时的结构内力，由于地基和结构的交互作用，实际结构的内力很难准确求出。再如，抗震设计中，地震烈度本身就是个随机变量，地震荷载是个惯性力，它与结构的刚度有关，随着地震的发展，结构刚度也在变化。尽管人们对地震作用已进行了大量的调查研究，但至今房屋的抗震设计主要还依靠“概念设计”，即提高结构的整体性，形成可靠的结构体系，以抵抗各种可能的不利作用。可见，把房屋组成可靠的结构体系才是关键。

以常见的混合结构房屋为例，设置圈梁和构造柱对形成结构体系十分有利。当地基产生不均匀沉降时，房屋就会有较大的整体变形，如图 1.1.1 所示。整个房屋可以看作一个受弯的“梁”，当房屋中部下沉时，设在基础顶面的圈梁就像“梁”的配筋一样承受拉力。尽管圈梁的配筋很少(一般只配 $4\phi10$ 或 $4\phi12$)，然而这根梁的高度很高，相当于房屋总高，内力臂很大，很少几根钢筋就可以承受这个弯矩，阻止砌体开裂，并减少不均匀沉降。反之，当房屋两端下沉时，则设在房屋顶部的圈梁受拉，起到相同的作用。

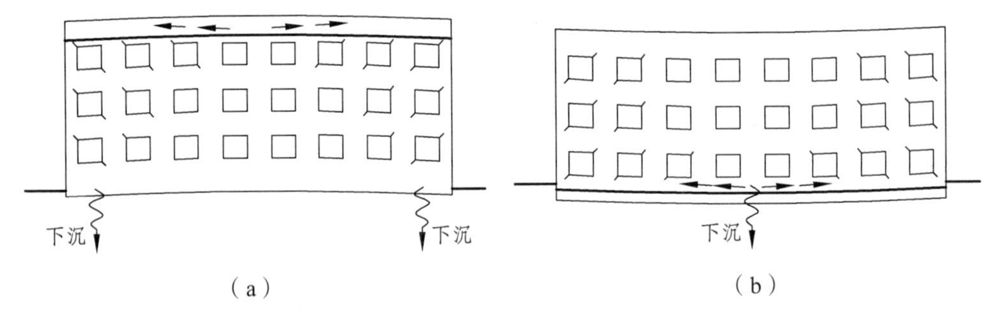

图 1.1.1 地基不均匀沉降时圈梁的作用

在混合结构的抗震构造中还广泛采用构造柱。构造柱没有独立的基础，和圈梁一样，截面小，配筋少，往往不被重视。然而，构造柱和圈梁像从整体上对砌体房屋加的竖向和水平向的箍一样，把房屋紧紧地捆绑在一起，如图 1.1.2 所示。可以看出，构造柱不是“柱”，它在抗震中主要起捆绑作用，从本质上讲也只是个拉杆。地震时，尽管房屋的局部可能受损，但构造柱和圈梁保证房屋整体不散架、不坍塌，从而有效提高了房屋的抗震能力。

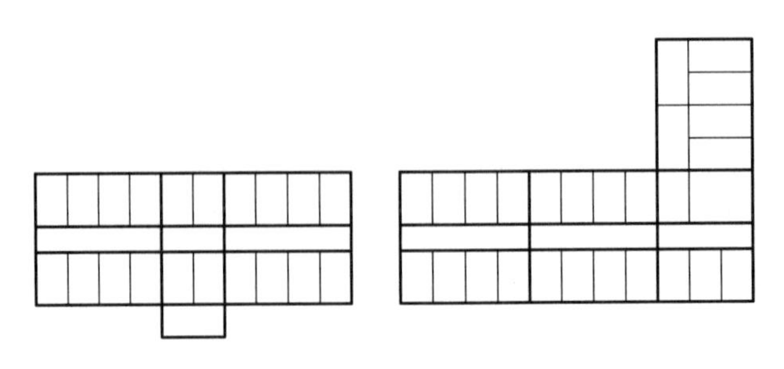

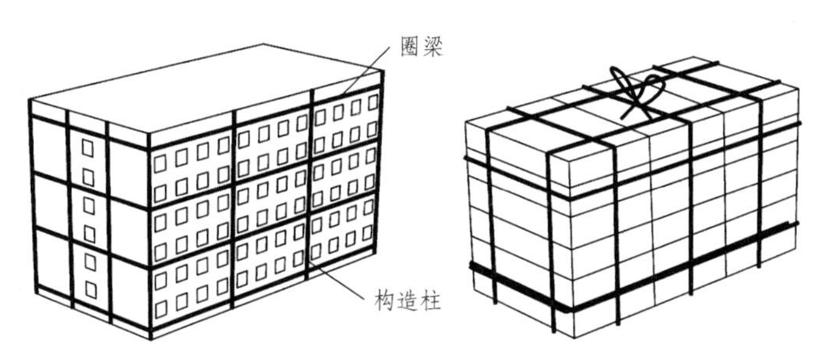

图 1.1.2 圈梁和构造柱对房屋的捆绑作用

1.2 一些重要的结构概念

“结构概念”简单地说，是人们对建筑结构的一般规律及其本质特征的认识。正确的结构概念使人们能深刻理解结构的受力特性，组成更有效的结构体系，使设计更加完善。

1.2.1 基本受力状态

构件的基本受力状态可分为拉、压、弯、剪、扭五种，如图 1.2.1 所示。一般构件的受力状态都可分解为这几种基本受力状态。

1. 轴心受拉

轴心受拉是最简单的受力状态。不论杆件截面形状如何，只要外力通过截面中心，截面上各点受力均匀，构件上任意一点的材料强度都能被充分利用。以有明显屈服点的钢拉杆为例，抗拉承载力 N 可表达为

$$N \leqslant Af_y \quad (1.2.1)$$

式中 N——轴力设计值；

A——拉杆截面面积；

f_y——材料屈服强度。

（a）拉、压

q

（b）弯剪

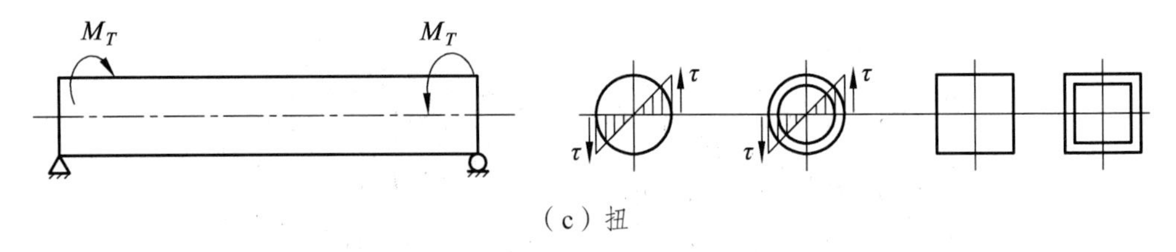

（c）扭

图 1.2.1　基本受力状态

对于适合抗拉的材料（如钢材），轴心受拉是最经济合理的受力状态。

目前，我国生产的高强钢丝强度已达到 1 860 N/mm^2，一根 7ϕ5 钢绞线的截面面积为 139 mm^2，还没有手指粗，而其最大负荷可达 259 kN。新型碳素纤维的抗拉强度更高，自重更轻。可见，在结构构件中利用受拉应力状态是合理的。

2. 轴心受压

轴心受压与轴心受拉相比截面应力状态完全相同，截面上应力分布均匀，只是拉压方向相反，对于适合受压的材料（如混凝土、砌体以及钢材等）也是很好的受力状态。但受压构件较细长时会有稳定问题，偶然的附加偏心会降低构件承载力，甚至引起失稳。抗压承载力 N 表达为

$$N \leqslant \varphi A f \tag{1.2.2}$$

式中　N——压杆的压力设计值；

A——压杆截面面积；

f——材料抗压强度设计值；

φ——随杆件长细比λ增大而减小的强度折减系数。

长细比λ为构件计算长度 H_0 与回转半径 i 的比值，即

$$\lambda = H_0 / i$$

$$i = \sqrt{\frac{I}{A}}$$

式中　I——截面惯性矩；

A——截面面积。

可见，为使系数 φ 增大，在构件截面不变的情况下必须尽可能增大截面回转半径 i。

由于压杆失稳总在截面回转半径最小的地方发生，所以对于轴心受压杆件，环形截面最为合理，圆形或方形截面也较为合理。工字形截面、角钢或双角钢等也可作压杆使用，但由于其两个方向的回转半径不同，往往首先在回转半径小的方向发生失稳。

现代结构构件通常首先考虑使用混凝土或钢材作为抗压材料，混凝土以其成本低、强度高而得到普遍采用。目前，我国已能生产 C80（或 C85）高强商品混凝土。但自重较大，限制了它的使用范围，因而，轻质高强混凝土的研究有着广阔的前景。钢材强度

高，使用截面小，从而自重轻，但价格高，因而主要用在大跨度结构、重型结构或超高层建筑中。

3. 弯和剪

弯和剪往往同时发生，工程中纯弯或纯剪情况很少。以常见的简支梁为例，跨中弯矩最大，支座附近弯矩很小；而剪力是支座附近最大，跨中很小。弯矩 M 和剪力 V 沿构件长度的分布很不均匀。

在弯矩 M 作用下，截面正应力的分布规律可表达为

$$\sigma = \frac{M}{I} y \tag{1.2.3}$$

式中 σ——截面正应力；

M——截面上作用的弯矩；

I——截面惯性矩；

y——所求应力点距中和轴的距离。

从上式可见，截面上下边缘离中和轴最远处正应力最大。截面中间部分应力很小，材料强度不能充分利用。若用圆木做梁，圆截面最宽的部分应力最小，而应力最大的上下边缘宽度反而较小，可见用圆木做梁是很不经济的。工字形截面的上下翼缘较厚，腹板较薄，作为受弯构件就比较合理。对于钢筋混凝土受弯构件，受拉区混凝土的抗拉能力可以忽略，由钢筋来承担拉力，可见受拉区混凝土不仅不能提供有效的强度，而且由于自重较大，还成了自身的负担。所以，对于较大跨度的钢筋混凝土梁，应做成 T 字形截面或受拉翼缘较小的工字形截面。

剪力在截面上引起的剪应力也是很不均匀的，根据材料力学知识，剪应力沿截面高度的分布规律可表达为

$$\tau = \frac{VS}{Ib} \tag{1.2.4}$$

式中 τ——剪应力；

V——截面剪力；

I——截面惯性矩；

b——截面宽度；

S——所求应力点以上部分截面的净矩。

由此可见，剪应力在截面中和轴处最大，截面上下边缘为零。

对于矩形截面梁，无论受弯或受剪，截面的材料强度都不能充分利用。由于弯矩 M 和剪力 V 沿构件长度分布也不均匀，弯矩跨中大、支座处为零，而剪力支座处最大、跨中为零。所以对于等截面受弯、受剪构件，材料的利用率比拉杆或压杆要低得多。当然，做成 T 字形或工字形截面相对要合理一些。无论从承载力或刚度考虑，适当提高截面惯

性矩是合理的。

近年来，混凝土的研究已使抗压强度为 200 MPa 级的活性粉末混凝土能在工程中应用。这种混凝土有超高的强度和超好的韧性与延性，并且具有很好的耐久性。活性粉末混凝土还具有高抗剪强度，从而可在结构中承受剪切荷载，梁中完全可去除辅助配筋，其性价比可与钢材竞争。当然，现在对其力学性能的研究还是刚刚起步，特别是疲劳、断裂性能等方面有待深入系统研究。

4. 扭

构件受扭时，由截面上成对的剪应力组成力偶来抵抗扭矩，截面上的剪应力在边缘上大，中间小；截面中间部分的材料应力小，力臂也小。计算和试验研究表明，空心截面的抗扭内力和相同截面的实心截面十分接近。受扭构件采用环形截面为最佳，方形、箱形截面也较好。例如，电线杆在安装电线过程中由于拉力不对称，可能形成较大扭矩，所以一般都采用离心法生产的钢筋混凝土管柱。

综上所述，轴心抗拉是最合理的受力状态，尤其对高强钢丝等抗拉强度高的材料特别合理。目前，悬索、悬挂结构得到广泛应用，就是利用了轴心受拉的合理力学状态。在悬挂式房屋建筑中，采用高强度钢绞线组成的拉索截面很小，甚至可以隐藏在窗框内，这样可以为人们提供开阔的视野；轴心受压虽然要考虑适当采用回转半径较大的截面形式，但由于其截面材料得以充分利用，也是很好的受力状态，尤其对石材、混凝土、砌体等抗压强度高而抗拉强度很差的材料。这类材料一般可就地取材，价格较低。例如石拱桥就是充分利用了石材抗压强度高的特点，结构经济合理。弯剪也是常见的受力状态，但对截面材料的利用不充分。这种受力状态在工程中不可避免，选用合理的截面形式和结构形式就很重要。对于较大跨度的梁，如果改用桁架，梁中的弯矩和剪力便改变为桁架杆件的拉、压受力状态，材料得以充分利用。桁架和梁相比可节省材料，自重能减轻很多，因而可跨越更大的跨度，但需要较高的结构高度。扭转是对截面抗力最不利的受力状态，但工程中很难避免。例如，吊车梁是受弯构件，主要承受弯矩和剪力，但当厂房使用多年发生变形后，吊车荷载有可能偏离梁截面的中心，尽管偏心距 e 可能不大，但竖向荷载 $D_{\max}$ 很大，形成扭矩 $M_T = D_{max}e$，有可能使吊车梁发生受扭破坏。另外，如框架边梁、旋转楼梯等，都存在较大的扭矩，设计中应引起注意。除了选用合理的截面形式，更应注意合理的结构布置，尽量减少杆件的扭矩。

1.2.2 材料对结构体系的影响

如图 1.2.2 所示，同样是受弯构件，但用不同性质的材料做成，在相同的受力状态下都会产生完全不同的破坏状态。

图 1.2.2（a）为石材或素混凝土梁，由于其抗拉强度 f_t 远小于抗压强度 f_c，当拉应

力σ_t超过材料抗拉强度时梁就会开裂破坏，破坏由$\sigma_t > f_t$引起。图 1.2.2（b）所示为钢管受弯，钢材的拉压强度是相同的，即 $f_t = f_y'$ ，但由于受压时可能引起较薄的管壁局部失稳，当$\sigma_c > \varphi f_y'$时，受压区局部屈服早于受拉区破坏。图 1.2.2（c）所示，为一根木梁，由于天然木材有弯曲，切割成矩形木梁时木纹与梁轴不平行，而木材的横纹抗拉强度远小于顺纹抗拉强度，在主拉应力σ_{pt} 作用下，当大于木材横纹抗拉强度 f_t^{tr} ，即$\sigma_{pt} > f_t^{tr}$ 时，就发生斜向撕裂。可见材料性质对构件的破坏有直接影响。

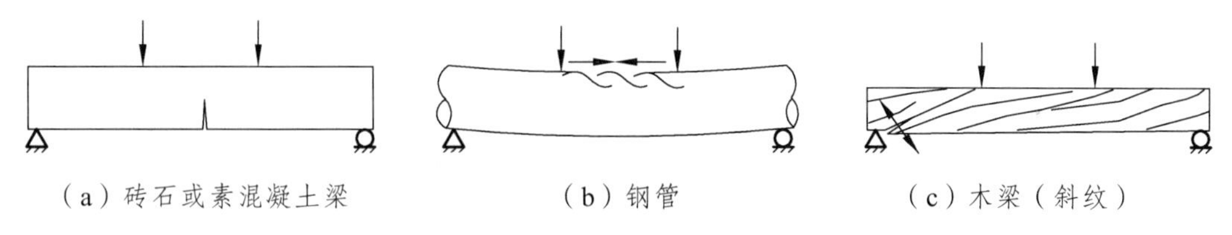

（a）砖石或素混凝土梁　　（b）钢管　　（c）木梁（斜纹）

图 1.2.2　材料对结构破坏形式的影响

根据结构可靠度的知识，要保证结构安全可靠，应当使结构对荷载的作用效应 S 小于相应的结构抗拉 R，即

$$S \leqslant R$$

上述例子相应的表达式为应力小于强度，即分别为

$$\sigma_t \leqslant f_t$$

$$\sigma_c \leqslant \varphi f_c$$

$$\sigma_{pt} \leqslant f_t^{tr}$$

可见，在结构设计中应当充分考虑各种材料特性，做到材尽其用。以下几个方面应在设计中给予充分考虑。

1. 充分发挥材料特性

常用建筑材料主要包括砌块、混凝土、木材、钢材等。砌体和混凝土价格相对较低，是很好的抗压材料，但自重大，不适宜建造高层和大跨度建筑。我国古代受当时建筑材料所限，有不少砌体建成的高塔。例如著名的西安大雁塔（建于公元 952 年），如图 1.2.3 所示。正方形塔身底层为 25 m × 25 m；共 7 层，高 64 m。底层墙厚达 9.15 m，中间只剩不到 7 m × 7 m 的有效空间。虽然几经修缮，但大雁塔经历了 1 300 多年能保留至今，还是反映了当时我国砌体结构很高的设计水平。但从今天的设计角度分析，用砌体建造高塔显然不合理，巨大的自重使下部地基不堪重负。据观测，由于长期大量抽取地下水，自 1985 年 6 月至 1992 年 10 月，大雁塔下沉了 585 mm，塔顶倾斜达 1005 mm，之后采取了一系列有效措施，塔顶倾斜才有所扶正。

图 1.2.3　西安大雁塔

钢材的强度高，适用于高层和大跨度结构。

木材质量轻，顺纹抗拉强度大，抗压强度较高，也是很好的建筑材料，但防火、防腐性能差，且大量使用不利于生态环保。目前木材少用于结构构件。

2. 选用合理的截面形状及结构形式

合理的截面形状及结构形式对实现结构的安全、经济有着重要的意义。图 1.2.4 为几种工程中常见的截面形式和结构形式。就截面形式而言，受拉的悬索结构用高强钢丝、钢绞线或钢丝束最为合理。建造实体拱如果采用天然石材是很好的选择。热轧工字型钢作为受弯构件，较宽的翼缘主要承受弯曲正应力，较薄的腹板主要承受剪应力，与矩形截面相比，既节省了材料，又减轻了自重。又如，用离心法生产的管柱作电线杆，无论受弯、受剪和受扭都较为合理，光洁的表面又经济耐久。较大型的构件，例如拱形桁架，由于外形与弯矩图相似，可使上、下弦杆内力沿长度方向几乎处处相等，使用等截面的弦杆比较经济合理，在满跨荷载作用下腹杆内力几乎为零。

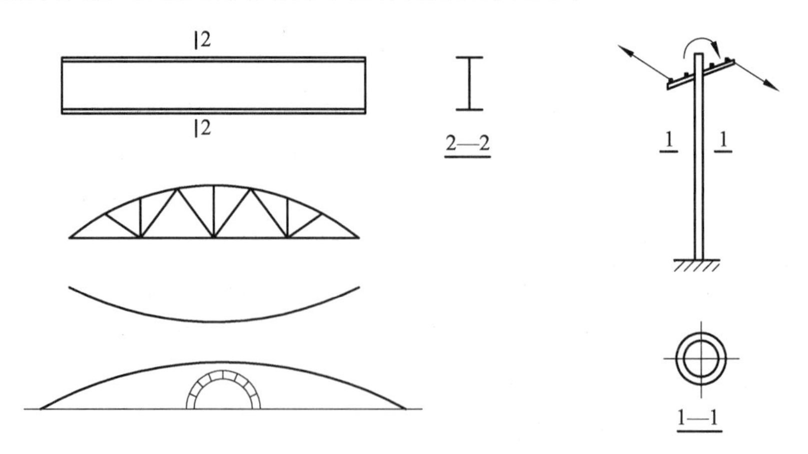

图 1.2.4　工程中常见的几种结构形式和截面形状

3. 采用组合结构，充分发挥材料特性

钢筋混凝土结构本身就是钢筋和混凝土组合而成的，是最为常见的组合结构。现代建筑中采用的钢梁、压型钢板和混凝土组成的楼盖系统是一种新型的组合结构，压型钢板既是施工时混凝土的“模板”，同时又是混凝土楼板的“钢筋”，如图 1.2.5（a）所示。

钢木桁架是过去常用的组合结构之一，其中木材主要受压，用钢拉杆受拉，拉杆常采用槽钢、角钢或圆钢，钢木桁架比木桁架轻巧得多。目前，常见的用圆钢作拉杆和钢筋混凝土斜梁组成的三铰拱屋架也是很好的组合结构，如图 1.2.5（b）、1.2.5（c）所示。

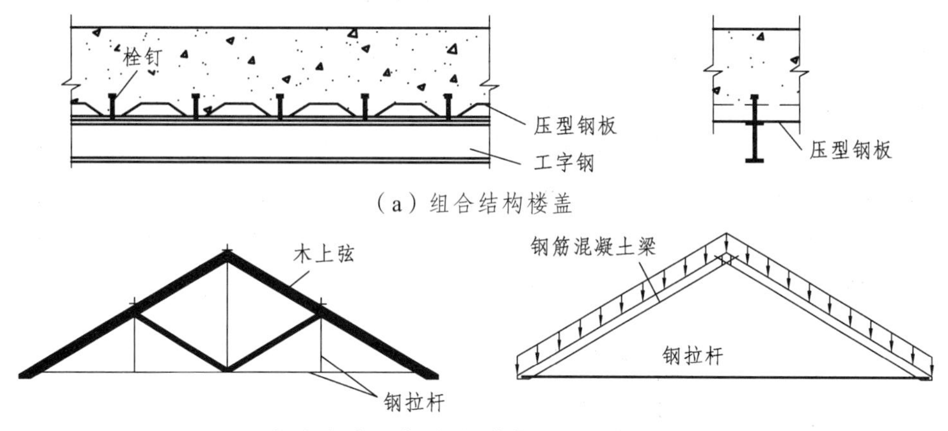

（a）组合结构楼盖

（b）钢木屋架（c）带拉杆的三角形拱

图 1.2.5 组合结构

在大型建筑结构中还可以看到一些悬索结构的屋面与大型钢筋混凝土拱（或框架）组成的结构形式。如图 1.2.6 所示为美国明尼亚波利斯联邦储备银行大楼，共 11 层，横跨在高速公路上，跨度达 83.2 m，用悬索作为主要承重结构，悬索锚固在两侧的两个筒体结构上。

图 1.2.6 施工中的美国明尼亚波利斯联邦储备银行大楼

筒体承受大楼的全部竖向荷载。柱顶设有大梁，整个大楼就支承在悬索和顶部大梁上。索的水平力由柱顶大梁来平衡，相当于给大梁施加一个压力。悬索材料采用高强钢丝索，每束钢丝的总面积大致相当于外径 106 mm 左右的钢丝束。这对于如此跨度和高度的建筑结构承重体系，已是十分经济合理的。

可见，发挥想象，深入研究，充分利用材料特性，是可以设计出出色的组合结构体系的。

4. 利用三向受压应力状态，提高材料的强度和延性

混凝土和砌体这类脆性材料的抗压强度很高，而抗拉强度很低，两者相差悬殊。从本质上讲，混凝土受压破坏是由于受压时的横向变形超过了材料的拉伸极限变形而引起的破坏。如果对材料的横向变形提供一些约束，将大大提高材料的抗压强度。材料在三向受压力状态下不仅强度提高，其抵抗变形的内力也大大增强，利用这种特性可改善结构的承载能力和提高结构构件的延性。工程中常见的网状配筋砌体以及螺旋钢箍柱等都是利用这种原理来提高材料强度的，如图 1.2.7（a）、（b）所示。

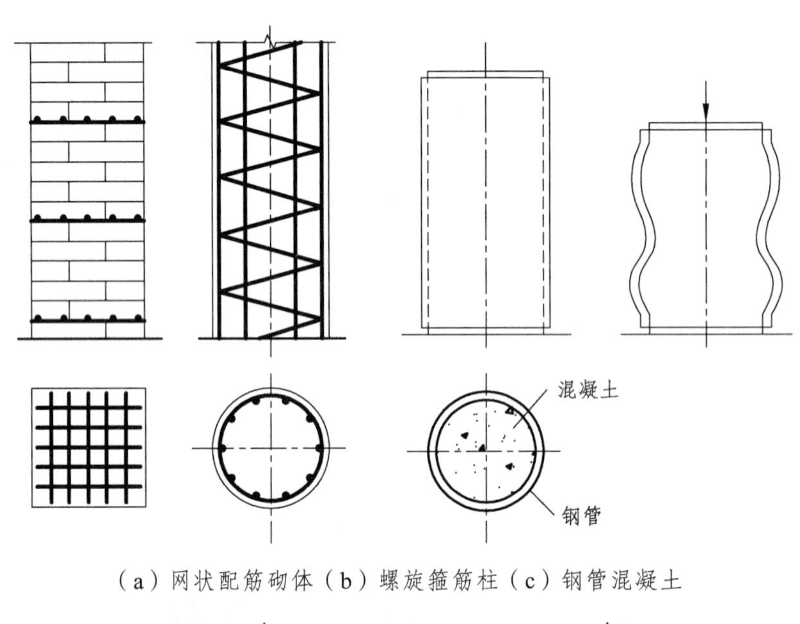

（a）网状配筋砌体（b）螺旋箍筋柱（c）钢管混凝土

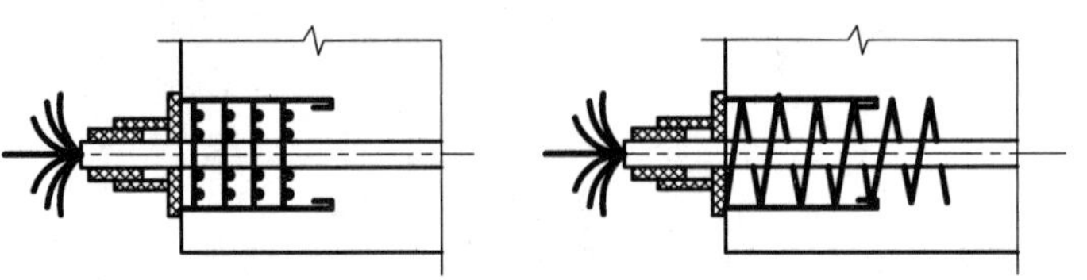

（d）提高预应力筋锚头下的局压强度

图 1.2.7　工程中三向受压状态的应用实例

抗震结构梁、柱节点附近往往要加密箍筋，其目的也是利用加密箍筋的横向约束对

节点附近混凝土提供三向压应力状态，从而大大改善节点处混凝土的塑形性能，提供结构在地震作用下的延性，增强房屋的抗震能力。

在后张预应力混凝土结构的预应力钢筋锚固端附近，局部压应力很高，为提高混凝土的局部承压强度，可在锚固端附近局部设横向钢筋网或螺旋钢筋，以提高锚头以下混凝土的局部抗压承载力，如图 1.2.7（d）所示。

近年来发展起来的钢管混凝土结构是在钢管中浇灌混凝土，由管内混凝土承受压力、外部钢管提供侧向约束的组合结构，如图 1.2.7（c）所示，也是利用三向受压来提高构件承载力和延性的实例。其承载力比管中混凝土及外围钢管分别受压的承载力大得多。从受压试件可以看到，即使压到钢管屈服起皱达 10 ~ 20 mm，剖开后试件内部混凝土基本完好，有时甚至没有明显裂缝。当然，三向受压状态对于偏心受压或长细比较大的构件是不适用的，因为此时构件的破坏往往由抗拉强度或稳定性控制。

复习思考题

1. 简述在混合结构中圈梁和构造柱的作用。

2. 结构基本受力状态分为那几种？分析这几种受力状态的合理性并熟悉常见结构构件的受力形式。

3. 举例说明建筑工程中常见的利用三向受压应力状态提高材料的强度和延性的做法。

2　梁、板结构

【学习要点】

（1）熟悉板式结构的分类，掌握板的受力特点和现浇钢筋混凝土板的构造；

（2）熟悉梁的分类，掌握梁的受力特点和现浇钢筋混凝土梁的构造；

（3）熟悉各种类型梁、板的适用范围。

2.1　板式结构

板式结构是水平结构体系中非常常见的一种结构类型，属于典型的受弯构件，主要承受弯矩和剪力。

2.1.1　板的分类

钢筋混凝土板按施工方式的不同，可分为现浇钢筋混凝土板和预制钢筋混凝土板两种类型。

1. 现浇钢筋混凝土板

现浇钢筋混凝土板常用的为无梁楼板和肋梁楼板两种。现浇无梁楼板设计和施工都比较方便，多用于较小跨度的房间或走廊，如居住建筑中的浴室、厕所、厨房等处。也可用于对天棚要求较高的场所，如冷库、百货公司等处，这时柱距一般以 6 m 左右为宜。无梁楼板没有梁，板一般直接支承在墙或柱上，板厚较大。如图 2.1.1 所示。

图 2.1.1　无梁楼板

2. 预制钢筋混凝土楼板

根据截面形式的不同，预制钢筋混凝土楼板常见的有预制实心板、空心板、槽型板、T 型板、双 T 型板及承重保温合一的夹心板等，如图 2.1.2 所示。

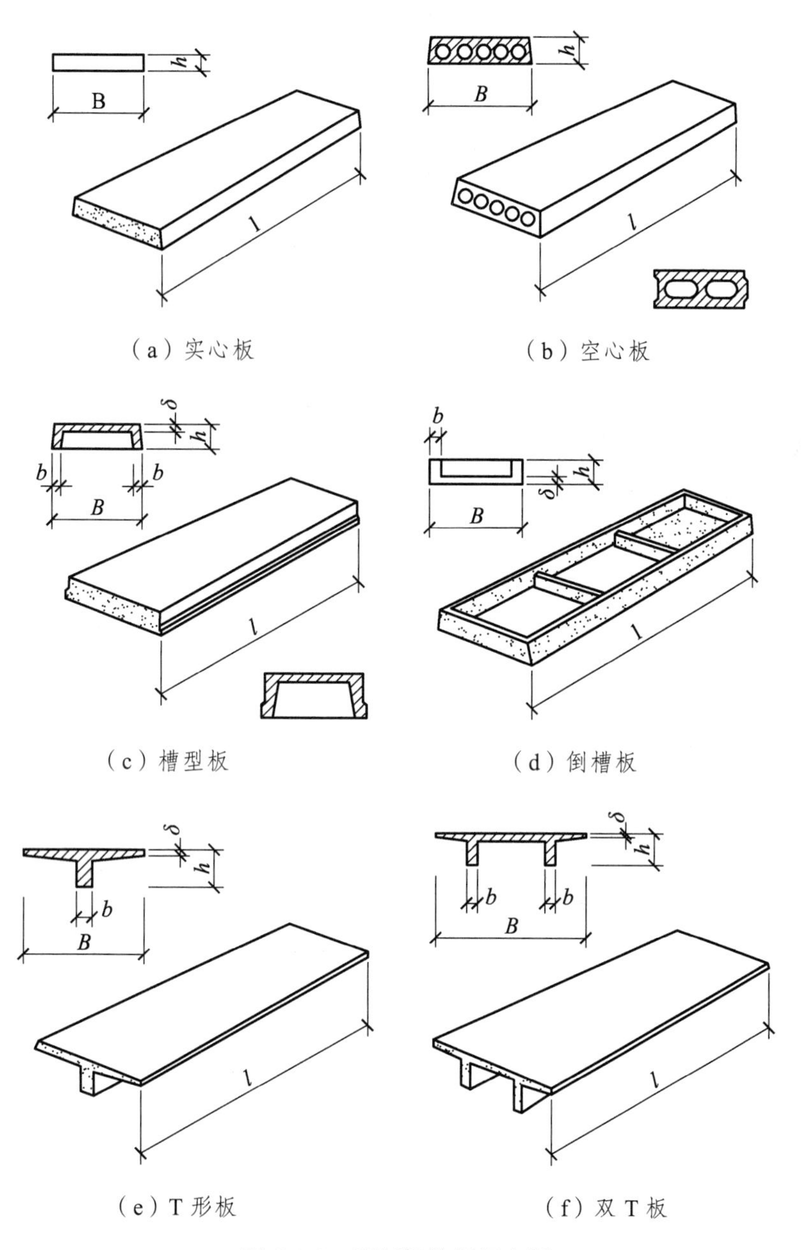

（a）实心板　（b）空心板

（c）槽型板　（d）倒槽板

（e）T 形板　（f）双 T 板

图 2.1.2　预制钢筋混凝土板

预制实心板自重较大、隔声效果差，适用于过道、厨房、厕所等跨度较小处，也可用作架空搁板、管道板等。实心板常用跨度 $l \leqslant 2.5$ m；板厚 $h \geqslant 1/30l$，一般为 50 ~ 80 mm；

板宽约为 400 ~ 900 mm。实心板两端支承在墙或梁上，构件小，吊装设备要求不高，造价低。

槽型板、T 型板和空心板相当于挖掉了实心板大部分受拉区混凝土，不仅节省材料，减轻自重，受力情况也基本不变，所以比较经济，能跨越较大的跨度。槽型板板跨通常为 3 ~ 6 m，T 型板板跨常为 6 m、9 m、12 m 等。槽型板和 T 型板有正置和倒置两种，正置时由于板底不平，一般用于观瞻要求不高的房间，否则需做吊顶。倒置可获得平整的天棚，但板的受压区宽度很小，受压区高度较大，承载力和刚度都要降低很多，受力不太合理。

工程中空心板应用最多，常用宽度为 600 mm、900 mm 和 1200 mm 三种，高度为 120 mm 和 180 mm 两种。近年开发的新型高效预应力混凝土空心板（SP）采用新型高强低松弛钢绞线及挤压成型连续生产新工艺，把预应力混凝土空心板的跨度提高了很多，为预应力混凝土空心板的应用提供了广阔前景。大跨度 SP 板的厚度相对较小，虽然预应力引起的反拱可有效抵消恒载引起的挠度，但预应力实际上并没有提高空心板的截面刚度 EI，在活荷载作用下板仍会产生较大的挠度，甚至发生震颤。所以在活荷载较大时应用大跨 SP 板必须十分谨慎。常用空心板的尺寸及跨度详见表 2.1.1。

表 2.1.1　可选用的空心板　　　单位：mm

<table>
<tr><th>空心板类型</th><th colspan="2">代号</th><th>板厚</th><th>国标图集中最大跨度</th><th>空心板类型</th><th>代号</th><th>板厚</th><th>国标图集中最大跨度</th></tr>
<tr><td rowspan="2">普通空心板</td><td rowspan="2">KB</td><td>a</td><td>120</td><td>3600</td><td rowspan="5">挤压成型高效预应力空心板</td><td rowspan="5">SP</td><td>180</td><td>8100</td></tr>
<tr><td>b</td><td>180</td><td>5100</td><td>200</td><td>9900</td></tr>
<tr><td rowspan="3">预应力空心板</td><td rowspan="3">YKB</td><td>a</td><td>120</td><td>4200</td><td>250</td><td>12300</td></tr>
<tr><td rowspan="2">b</td><td rowspan="2">180</td><td rowspan="2">6600</td><td>300</td><td>14400</td></tr>
<tr><td>380</td><td>17700</td></tr>
</table>

铺板的共同特点是构件都是简支，构件间的缝隙难以灌注密实，楼盖的整体性和整体刚度较差。所以，在装配式铺板中需要设置圈梁，利用圈梁将铺板捆成整体。圈梁主要承受拉力，所以应封闭成圈，不得有内折角，并且宜设置在装配式楼板的平面内，圈梁和装配式楼板共同构成结构的水平体系。

2.1.2　现浇钢筋混凝土板的受力特点

按现浇钢筋混凝土板的支承情况和受力特点，板可以分为单向板和双向板。在实际工程中，板最常见的支承方式为四边支承，也有三边支承、两边支承和单边支承的情况。在墙承重结构中，支承板的一般是墙体，也有设置梁来支承板的；在柱承重结构中，支承板的一般是梁。

当板是四边支承而且板长边尺寸 l_2/短边尺寸 l_1 大于 3 时，在荷载作用下，板基本上只在短跨方向（即平行于 l_1 的方向）产生挠曲，而在长跨方向（即平行于 l_2 的方向）的挠曲很小，荷载主要沿短跨方向传递，故称单向板，如图 2.1.3（a）所示。当 $l_2/l_1 \leqslant 2$ 时，板长跨、短跨两个方向都有明显的挠曲变形，板在两个方向都传递荷载，故称双向板，如图 2.1.3（b）所示。当 $2 < l_2/l_1 < 3$ 时，宜按双向板计算。

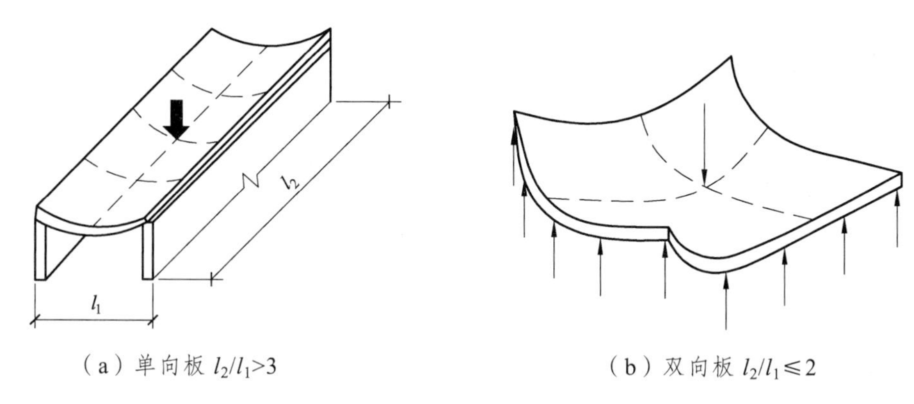

（a）单向板 $l_2/l_1>3$　　（b）双向板 $l_2/l_1 \leqslant 2$

图 2.1.3　板的受力特点示意图

当板非四边支承时，同样也可以区分单向板或双向板，比如，当板有三边支承或相邻两边支承时，仍会在两个方向都传递荷载，故仍以 l_2 与 l_1 的比值区分为单向板或双向板。如果板为相对两边或只有一边支承的情况，荷载显然只能沿一个方向传递，这时板就只可能为单向板了。

双向板在结构上属于空间受力（三维），单向板属于平面受力（二维），因此，双向板比单向板更为经济合理。

2.1.3　现浇钢筋混凝土板的构造

对于任何一个结构构件来说，其截面尺寸的确定主要依据于其抗变形能力的需要，即对水平系统的构件，主要依据其刚度条件，对于竖向系统的构件，主要依据其稳定性条件。

为保证钢筋混凝土板具有足够的刚度，其板厚可用跨高比 h/l 来进行估算。一般情况下，h/l 可取 1/40 ~ 1/30。常用钢筋混凝土板截面厚度估算参考值见表 2.1.2。

表 2.1.2　钢筋混凝土板截面厚度估算参考值

板的类型	跨高比（h/l）	最小厚度要求/mm
简支板	1/30 ~ 1/35	60
多跨连续板	1/35 ~ 1/40	60
悬臂板	1/10 ~ 1/12	60
无梁楼板	1/25 ~ 1/30	150

表中悬臂板的取值为固定端的要求，为减轻构件自重，悬臂板可按变截面处理，但板自由端最薄处不应小于 60 mm。

无梁式楼（屋）盖柱顶附近的板会受到较大的冲切荷载作用，为了提高板对冲切荷载的承受能力，应适当增加板的厚度，并宜在柱顶设置柱帽。

2.2 梁板式结构

当房间跨度较大，板式楼板的厚度和配筋量就会较大，既造成材料的浪费，又使结构承担的自重荷载加大。因此，常采用肋梁式楼板，即设置梁作为板的支座来减小板的跨度。这时楼板的荷载由板传给梁，由梁传给柱或墙。如图 2.1.4 所示。

图 2.1.4 肋梁楼板

2.2.1 梁的分类

1. 按材料分类

梁按材料分类有石梁、木梁、钢梁、钢筋混凝土梁、预应力混凝土梁及钢-钢筋混凝土组合梁等。

在古代大量的石建筑中，石梁（石板）得到大量的应用，其跨度一般为 4 ~ 5 m，最大 9 m。如图 2.2.1 所示，为古希腊建于公元前 356 年的阿提密斯庙，石梁的跨度最大达到 8.6 m。石材的抗压强度很高，但抗拉强度却很低，所以石梁高度往往很大，十分笨重，使柱网尺寸受到限制，影响室内空间的使用。

图 2.2.1 古希腊阿提密斯庙

木梁在我国古代的庙宇、宫殿中应用较为普遍，直至近代仍有较多应用。如图 2.2.2 所示，为北京故宫太和殿，木梁跨度约为 11 m。由于木材抗压和顺纹抗拉强度均较高，且自重轻，因此其较石梁截面小、跨度大，室内空间开阔，且施工也较为方便。但木材防腐、防蛀和防火性能差，且资源有限，因此在现代建筑结构中受到限制。

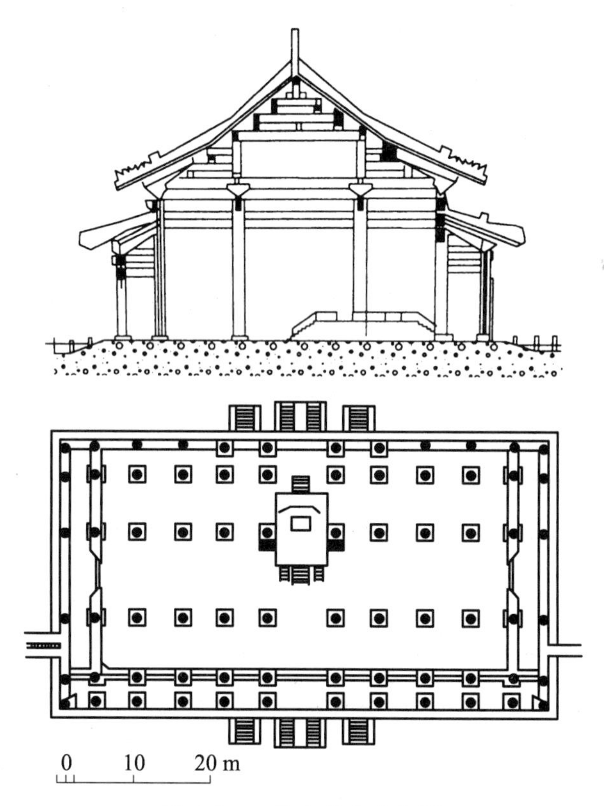

图 2.2.2 北京故宫太和殿

钢梁材料强度高、施工方便、适用范围广。尽管钢材容重大，但由于材料强度高，所需截面尺寸较小，钢梁的自重比相同跨度的钢筋混凝土梁要轻。但钢材防火、防腐性能较差，造价和维修费用较高。

钢筋混凝土梁目前应用最为广泛。它利用混凝土受压、纵向钢筋受拉、箍筋受剪的特性，由纵向钢筋、箍筋和混凝土共同工作，整体受力。钢筋混凝土梁的优点是受力明确、构造简单、施工方便、造价低廉等，缺点是自重大。当跨度较大时，常受到挠度和裂缝宽度等条件的限制，跨度一般不超过 12 m。

钢-钢筋混凝土组合梁在房屋建筑中应用不多，而在桥梁工程中较为常见，如图 2.2.3 所示。它是下部钢材受拉、上部混凝土受压的一种结构，充分利用了钢和混凝土的强度，因而有较好的技术经济指标。

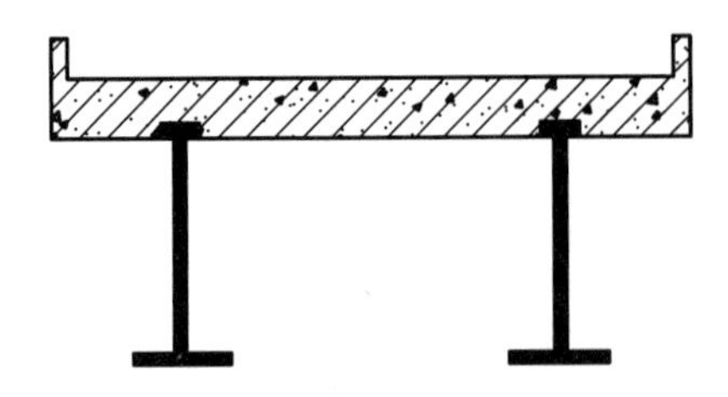

图 2.2.3 钢–钢筋混凝土组合梁

预应力混凝土梁则可部分克服钢筋混凝土梁的缺点，由于在受拉区施加了预应力并对梁进行了预起拱，可有效地控制梁的裂缝宽度和挠度；由于采用了高强钢筋和高强混凝土，可有效地节省材料，减轻结构自重。预应力混凝土梁的跨度一般可到达 18 m，也有超过 30 m 及更大跨度的工程实例。

近年发展起来的预弯型钢组合梁也是一种新型的预应力组合结构，如图 2.2.4 所示。首先预制曲线形焊接工字形钢梁，接着对钢梁加载使钢梁变直，然后浇制混凝土，待混凝土达到一定强度后卸下荷载，利用钢梁的回弹对混凝土施加预应力。目前，这种预弯型钢组合钢梁的跨度已达 40 m。若应用二次浇注形成预弯型钢组合连续梁，更能充分发挥这种结构的优越性，最大跨度可达 80 m。这种新型预应力组合结构自重轻、承载力高、刚度大、结构高度小、易于施工，在城市立交桥中应用前景很好。

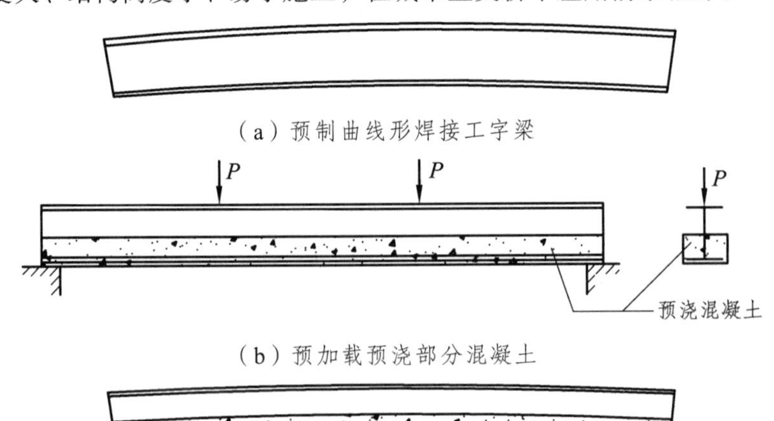

（a）预制曲线形焊接工字梁

（b）预加载预浇部分混凝土

（c）卸去预加荷载，钢梁反弹形成预应力

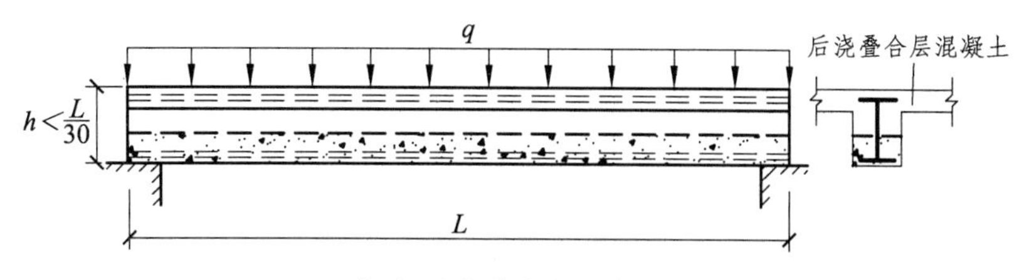

（d）后浇叠合层混凝土

图 2.2.4　预弯型钢组合钢梁示意图

2. 按截面形式分类

钢梁的截面形式一般为焊接工字形截面。

钢筋混凝土梁常见的截面形式如图 2.2.5 所示。最简单的是矩形截面，一般来说，梁截面高度应大于梁截面宽度，这样可以充分发挥材料的强度，并使梁具有较大的刚度。但当结构上对梁高有限制时，也可采用宽度大于高度的扁梁。当梁与楼板整浇在一起时，则成为 T 形截面梁。考虑到中和轴附近材料不能充分发挥作用，也常减少中和轴附近部分的材料并把它集中布置到上下边缘处，形成了工字形截面梁或箱型截面梁。

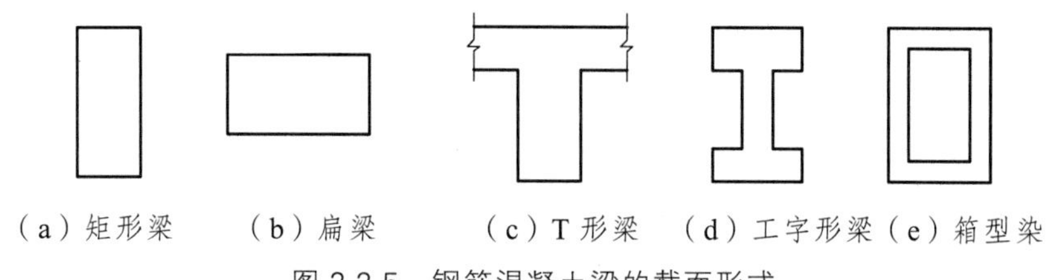

（a）矩形梁　（b）扁梁　（c）T 形梁　（d）工字形梁　（e）箱型染

图 2.2.5　钢筋混凝土梁的截面形式

较大跨度的梁常采用薄腹梁并施加预应力。根据简支梁受力特点，为适应弯矩和剪力变化，可采用变高度双坡薄腹梁[图 2.2.6（a）]、鱼腹梁[图 2.2.6（b）]、空腹梁[图 2.2.6（c）]等。因为梁跨中以承受弯矩为主，故可采用薄腹的工字形截面梁或空腹梁，通过增加梁的高度来提高梁的抗弯承载力。在两端因弯矩变小而剪力增大，这时可减小梁高，但应增加梁宽来提高梁的抗剪承载力，故常采用矩形截面。普通钢筋混凝土薄腹梁的适用跨度为 6 ~ 12 m，预应力混凝土薄腹梁的适用跨度为 12 ~ 18 m。

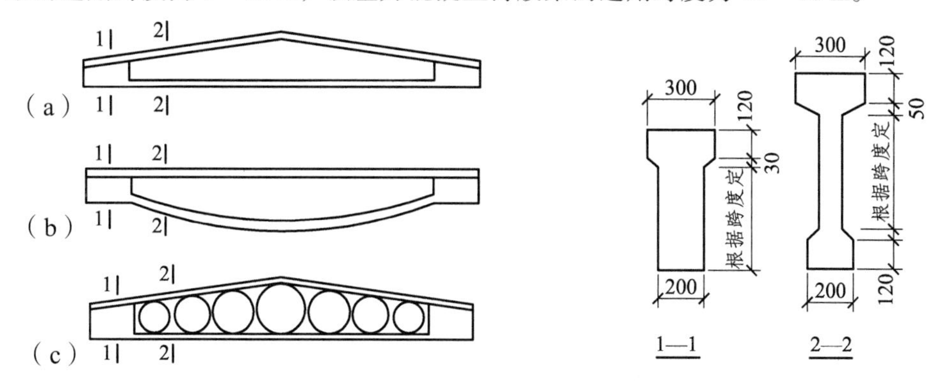

图 2.2.6　薄腹梁的主要形式

3. 按支座约束条件分类

梁按支座约束条件分类，可分为静定梁和超静定梁。根据梁跨数的不同，有单跨静定梁或单跨超静定梁、多跨静定梁或多跨连续梁。

单跨静定梁有简支梁和悬臂梁。单跨超静定梁常见的有两端固定梁，和一端固定一端简支梁。对于悬臂端设支柱或拉索的悬挑结构[图 2.2.7（a）、（b）]，根据梁的刚度（EI）与柱或拉索的刚度（EA）之比的不同，可简化为一端固定、一端简支[图 2.2.7（c）]，或一端固定、一端弹性支撑的结构[图 2.2.7（d）]。

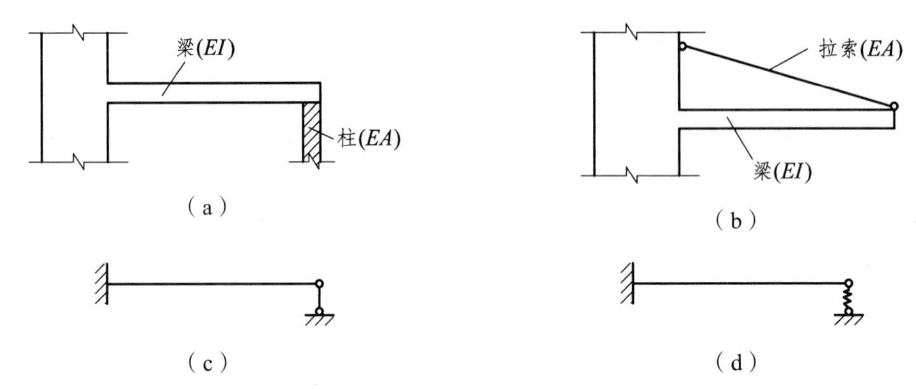

图 2.2.7　悬臂端设支柱或拉索的悬挑结构

多跨静定梁如图 2.2.8 所示。它实际上是带外伸段的单跨静定梁的组合。

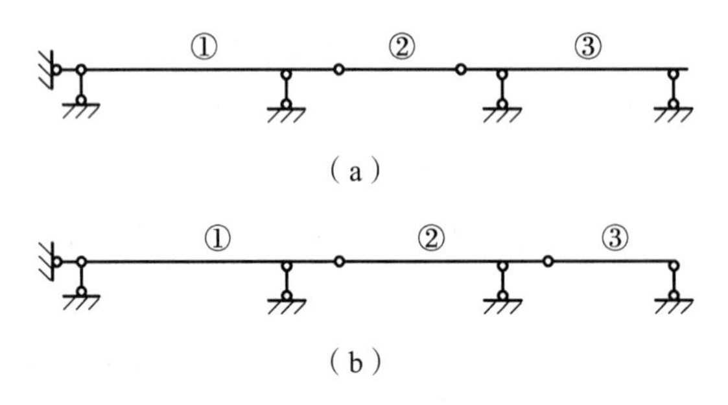

图 2.2.8　三跨静定梁

2.2.2　梁的受力与变形

梁主要承受垂直于梁轴线方向的荷载作用，其内力主要为弯矩和剪力，有时也有扭矩或轴力。梁的变形主要是挠曲变形。梁的受力与变形主要与梁的约束条件有关。

1. 单跨梁

单跨梁在竖向均布荷载下的弯矩图如图 2.2.9 所示。

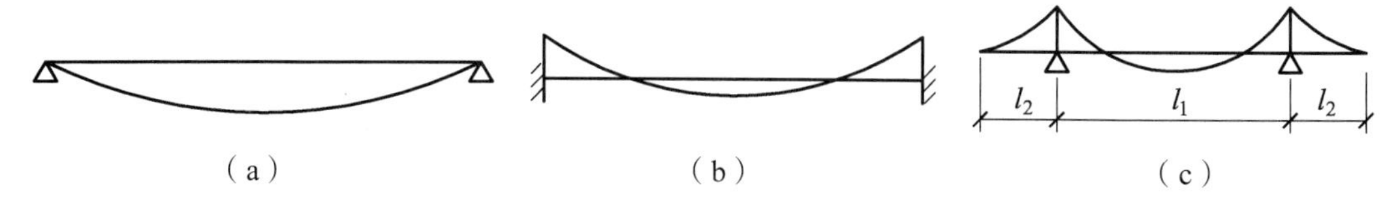

图 2.2.9 单跨梁在竖向均布荷载作用下的弯矩图

图 2.2.9（a）所示的简支梁构造简单，工程中极易实现。其缺点是内力和挠度大，常用于中小跨度的建筑物。由于简支梁是静定结构，当两端支座有不均匀沉降时，不会引起附加内力。因此，当建筑物的地基较差时采用简支梁结构较为有利。简支梁也常被用来作为沉降缝之间的连接构件。

图 2.2.9（b）所示为两端固定梁。当梁柱结构中柱刚度比梁刚度大很多且梁柱节点构造为刚接时，可按两端固定梁分析梁在竖向荷载作用下的内力和变形。对于一般情况下梁柱刚度相差不多时，则柱对梁的约束应视为弹性支承，这时梁在竖向荷载作用下的内力和变形介于两端固定梁和两端简支梁之间。

图 2.2.9（c）所示为两端外伸的简支梁。由于两端外伸负弯矩的作用，外伸梁中间部分的正弯矩和挠度都将小于相同跨度的简支梁，这一受力性能对于充分发挥材料的作用是十分有利的，而在结构构造上也容易实现。对于受均布荷载作用的情况，当外伸段的长度 $l_2 = \sqrt{2}/4\, l_1$ 时，梁的最大正弯矩和支座负弯矩相等。

2. 悬臂梁

如图 2.2.10 所示为悬臂梁。其优点是在悬臂端无支承构件，视野开阔，空间布置灵活。其缺点是在结构的固定端有较大的倾覆力矩，而且在相同荷载、相同跨度下，悬挑结构比非悬挑结构产生更大的应力与变形。设计时除了考虑结构的强度和变形外，还要考虑结构的抗倾覆稳定性。

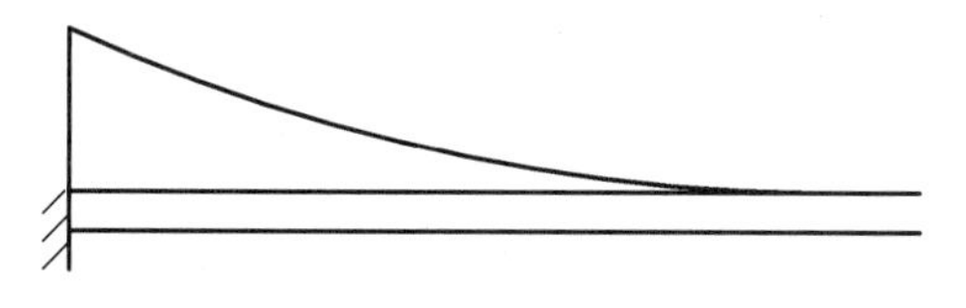

图 2.2.10 悬挑梁在均布荷载下的弯矩图

悬挑结构倾覆力矩的平衡一般可采用图 2.2.11 所示的几种方式。图 2.2.11（a）为上部压重平衡，在跨度较小的雨篷、阳台结构中常被采用；图 2.2.11（b）为下部拉压平衡，下部支承柱一个受拉，一个受压，有时也采用受拉索代替柱子，常见于悬挑网架、悬挑网壳结构；图 2.2.11（c）为左右自平衡，左右可以完全对称，常用于机库、车库建筑中，也可不对称，常用于体育场馆中，小跨度一边可作为服务用房；图 2.2.11（d）为副跨框架平衡，整个结构也可看成是带悬挑的框架结构，剧院的挑台常采用这种结构形式。

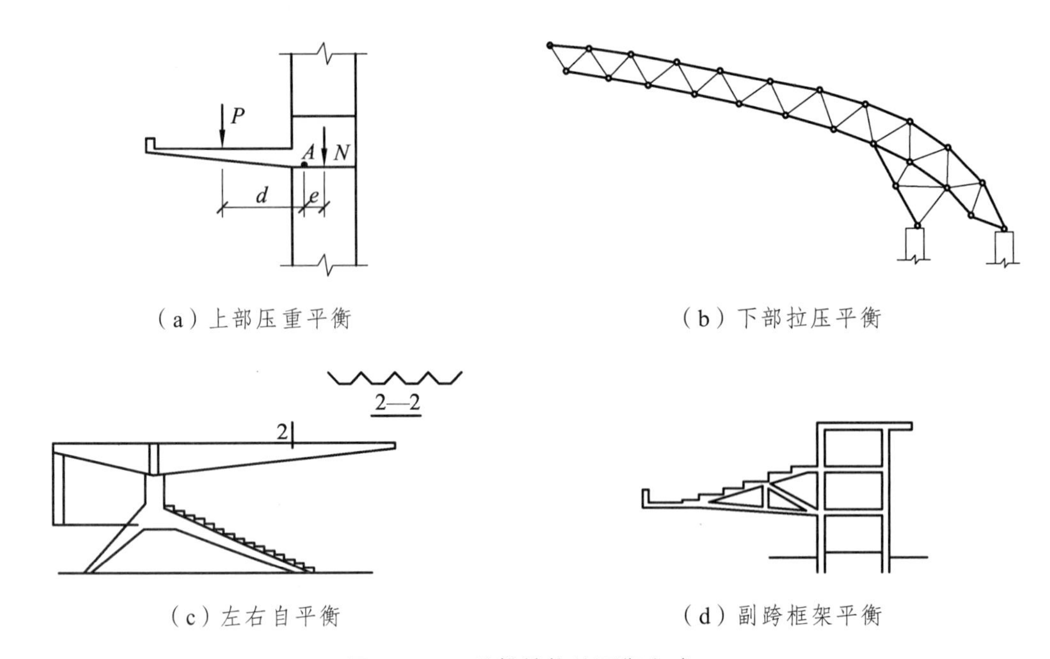

（a）上部压重平衡　　（b）下部拉压平衡

（c）左右自平衡　　（d）副跨框架平衡

图 2.2.11　悬挑结构的平衡方式

3. 连续梁

图 2.2.12 为三跨连续梁在竖向均布荷载作用下的弯矩图与变形图。由图可见，梁内最大弯矩要比同跨度简支梁的最大弯矩要小 25%左右，挠度则可减少一半左右。多跨连续梁的负弯矩峰值出现在支座上方，最大正弯矩则出现在跨中附近，但不一定在跨正中。多跨连续梁的最大正弯矩也是不相等的。以三跨连续梁为例，边跨跨中的最大正弯矩为中支座负弯矩的 80%，而中跨跨中的最大正弯矩仅为中支座负弯矩的 25%，为充分利用截面的承载力，除钢筋混凝土结构可通过配筋量来调节外，对大跨度结构也可通过采用改变梁的高度来调整，如图 2.3.13（a）所示，也可通过改变梁的跨度图 2.2.13（b）来调整，如图 2.2.13（b）所示，使梁的弯矩最大值趋于均匀。

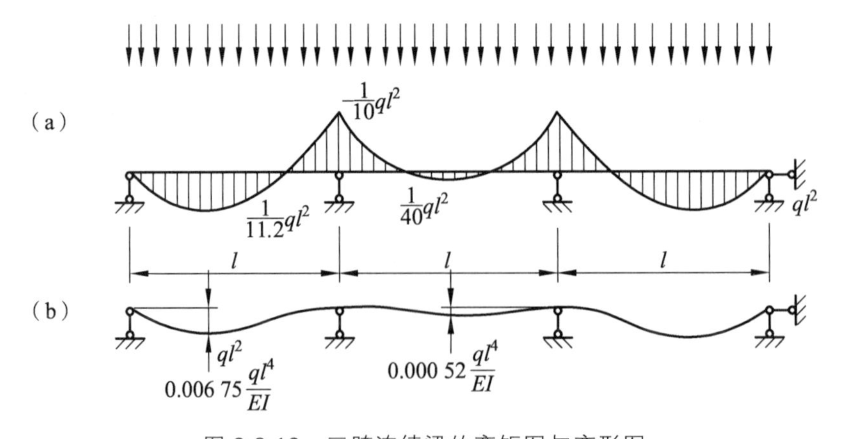

图 2.2.12　三跨连续梁的弯矩图与变形图

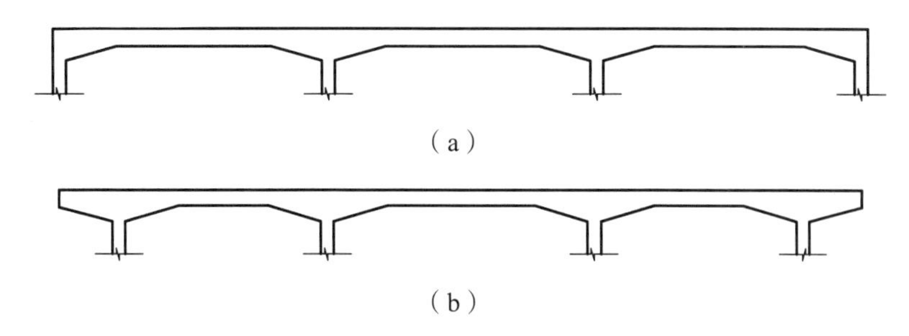

图 2.2.13　多跨连续梁的形式

多跨连续梁为超静定结构，其优点是内力小、刚度大、抗震性能好、安全储备高，当发生局部破坏时，可以产生内力重分布，避免整个结构破坏。其缺点是对支座变形敏感，当支座产生不均匀沉降时，会引起附加内力。

2.2.3　钢筋混凝土梁的构造

钢筋混凝土梁的截面尺寸应根据梁的跨度、荷载大小、支承情况及建筑使用要求确定，一般梁的高度可取梁跨度的 1/14 ~ 1/8，梁的宽度可取梁高度的 1/3 ~ 1/2。当荷载较大时，梁的截面应取得大些，简支梁应比连续梁截面大些，施加预应力时梁的截面可取小些。

作为屋面梁的钢筋混凝土薄腹梁，采用卷材防水时，屋面坡度可取 1/12 ~ 1/8。薄腹梁的腹板厚度可取 60 ~ 100 mm；上翼缘宽度可取 250 ~ 400 mm，主要取决于屋面板的搁置要求；下翼缘宽度可取 200 ~ 300 mm，取决于钢筋的布置要求。

2.3　工程实例

1. 上海国际饭店

上海国际饭店于 1934 年落成，大楼共 24 层，其中地下 2 层，地面以上高 83.8 m，钢框架结构，钢筋混凝土楼板，它是当时亚洲最高的建筑物，并在上海一直保持高度的最高纪录达半个世纪。该建筑位于上海南京西路，用地局促，平面布置呈工字型，立面采取竖线条划分，前部 15 层以上逐层四面收进成阶梯状，造型高耸挺拔，是 20 年代美国摩天楼的翻版，如图 2.3.1 所示。

图 2.3.1　上海国际饭店

2006 年，上海国际饭店被国务院正式公布列为全国重点文物保护单位。

2. 北京京广大厦

北京京广大厦共 53 层，高 208 m，为 20 世纪 80 年代国内最高建筑，为钢框架结构。如图 2.3.2（a）所示。京广大厦为全钢结构，平面为四分之一圆的扇形，全玻璃幕外墙，压型钢板组合楼盖，如图 2.3.2（b）所示。玻璃幕墙的构造如图 2.3.2（c）所示。

（a）京广大厦外景

（b）施工中的京广大厦

（c）京广大厦幕墙构造

图 2.3.2　北京京广大厦

复习思考题

1. 双向板和单向板的区别是什么？

2. 水平结构体系中梁、板的截面高度根据什么确定？竖向结构体系中墙体厚度或柱截面尺寸根据什么确定？这二者之间有什么关系？

3. 对于楼板来说，设置梁的作用是什么？

4. 受弯构件的支承方式（即支座约束条件）对结构功能的影响是什么？

5. 悬挑结构的受力特点是什么？

6. 悬挑结构的抗倾覆措施有哪些？

7. 简述简支梁和多跨连接梁的受力和变形特点？

3 桁架结构

【学习要点】

（1）桁架结构的特点。

（2）屋架结构的形式和适用范围。

（3）屋架结构的选型。

桁架结构是指由若干直杆在其两端用铰链连接而成的结构。桁架结构受力合理、计算简单、施工方便、适应性强，对支座没有横向推力，因而在工程中得到广泛应用。在房屋建筑中，桁架结构常用来做屋盖的承重结构，通常称为屋架。当把桁架竖直放置使用时，它就起到柱的作用，通常称为桁架柱或格构柱。

3.1 桁架结构的特点

3.1.1 桁架结构的产生

钢筋混凝土简支梁在竖向均布荷载作用下，沿梁轴线的弯矩和剪力的分布和截面内的正应力和剪应力的分布都是不均匀的。在弯矩作用下，截面正应力分布为受压区和受拉区两个三角形，正应力在中和轴处为零，上下边缘处为最大[图 3.1.1（a）]。因此，若以上下边缘处的内力作为控制值，则中间部分的材料不能充分发挥作用。同理，在剪力作用下，剪应力在中和轴处最大，在上下边缘处为零，分布在上下边缘处的材料不能充分发挥其作用。当房屋跨度较大时，若采用单跨简支梁，其截面尺寸和构件自重会急剧增大，是十分不经济的。

根据单跨简支梁正应力分布特点，把横截面削减成工字形[图 3.1.1（b）]，既可以节省材料又可以减轻自重。同理，如果沿梁纵方向把中间部分挖空形成空腹形式[图 3.1.1（c）]，同样可以收到节省材料和减轻自重的效果，挖空程度越大，材料越省，自重越轻。倘若中间只剩下几根截面很小的连杆时，就发展成为“桁架”了。

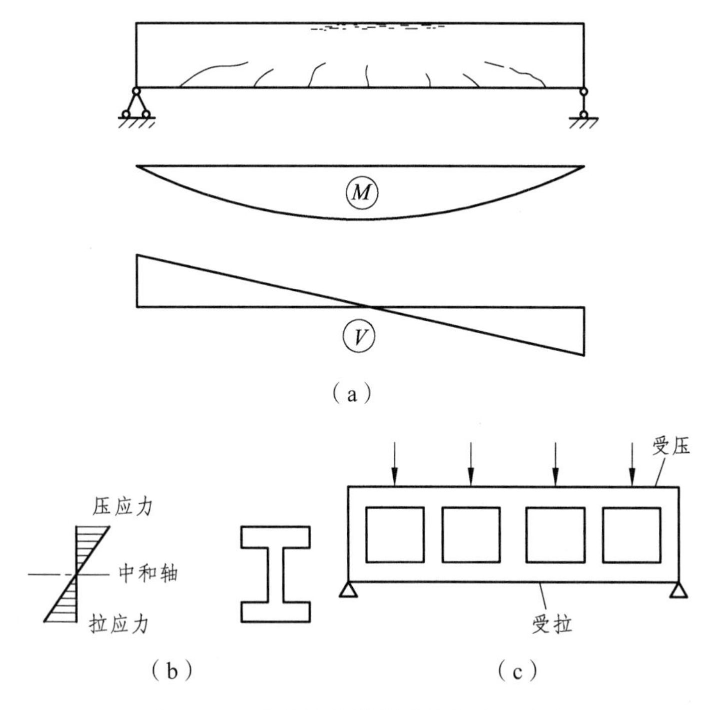

图 3.1.1 由简支梁发展成为桁架示意图

桁架结构主要是由上弦杆、下弦杆和腹杆组成，如图 3.1.2 所示。桁架的上弦受压、下弦受拉，由此形成力偶来平衡外荷载所产生的弯矩。外荷载产生的剪力则是由斜腹杆轴力中的竖向分量来平衡。因此，在桁架结构中，各杆件单元（上弦杆、下弦杆、斜腹杆、竖杆）均为轴向受拉或轴向受压，使材料的强度得到充分的发挥。

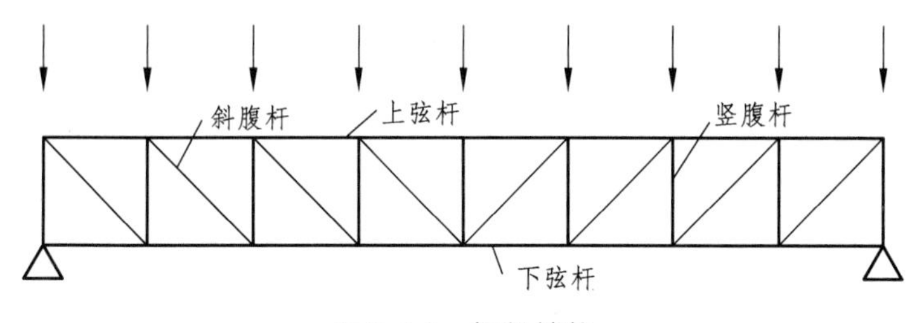

图 3.1.2 桁架结构

值得注意的是，桁架的杆件以承受轴力为主，可以通过增大上下弦杆之间的距离来增加内力臂，减小杆件内力，从而使杆件截面更小，自重更轻，实现跨越更大的跨度。矩形截面梁若通过增加梁高来跨越更大的跨度，则构件抗力的增加远远不及自重增大带来的内力的增加，而且挠度方面的矛盾也更为突出，刚度将明显不够，构件会被其自重压垮。所以，当构件跨度超过一定数值后，矩形截面梁就不再适用了。当然，在跨度不很大时，为了充分利用层高、尽可能减小结构高度，梁仍然是一种有效的结构形式。

3.1.2 桁架结构计算的基本假定

实际桁架结构的构造和受力情况一般是比较复杂的。为了简化计算，通常采用以下几个基本假定：

（1）组成桁架的所有杆件都是直杆，所有杆件的中心线（轴线）都在同一平面内，这一平面称为桁架的中心平面。

（2）桁架的杆件与杆件的相连接节点均为铰接节点。

（3）所有外力（包括荷载及支座反力）都作用在桁架的中心平面内，并集中作用于节点上。

上述假定（2）是桁架简化计算模型的关键，在实际房屋建筑工程中，真正采用铰接节点的桁架是极少的。例如，如图 3.1.3 所示，木材常采用榫接，与铰接的力学要求较为接近；钢材常用铆接或焊接，节点可以传递一定的弯矩；钢筋混凝土节点构造则往往采用刚性连接。因此，严格地说，钢桁架和钢筋混凝土桁架都应该按刚架结构计算，各杆件除承受轴力外，还承受弯矩的作用。但进一步的理论分析和工程实践表明，上述杆件内的弯矩所产生的应力很小，只要在节点构造上采取适当措施，其应力对结构或构件不会造成危害，故一般计算中均将桁架结构节点按铰接处理。

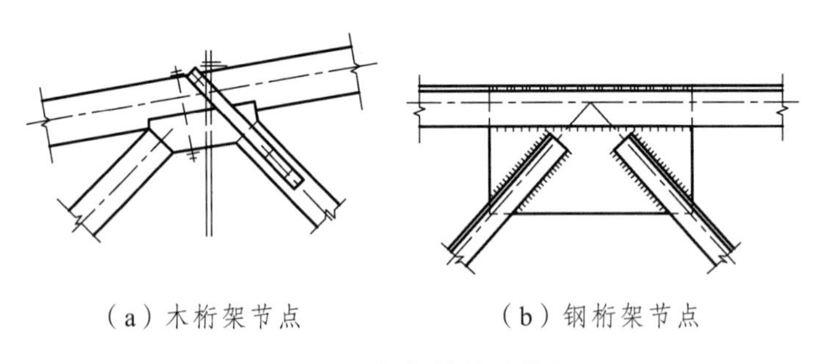

（a）木桁架节点　　　　（b）钢桁架节点

图 3.1.3　桁架结构的节点

把节点简化成铰接点后，为保证各杆件只承受轴力，还必须满足假定（3）的要求，即桁架结构仅受到节点荷载的作用。对于桁架上直接搁置屋面板的结构，当屋面板宽度与屋架上弦的节间长度不等时，上弦将受到节间荷载的作用并产生弯矩；或者对下弦承受吊顶荷载的结构，当吊顶梁间距与下弦节间长度不同是时，也会在下弦产生弯矩图 3.1.4（a），这对杆件的受力将极为不利。对于木桁架或钢筋混凝土桁架，因其上、下弦杆截面尺寸较大，节间荷载所产生的弯矩可通过适当增大截面或采取一些构造措施予以解决。而对于刚桁架，因其上、下弦截面很小，节间荷载所产生的弯矩对杆件受力影响较大，将会引起材料用量的大幅上涨。桁架节间的划分应考虑屋面板、檩条、吊顶梁等的布置要求，使荷载尽量作用在节点上。钢结构中，当节间长度较大时常采用再分式屋架，如图 3.1.4（b）所示。

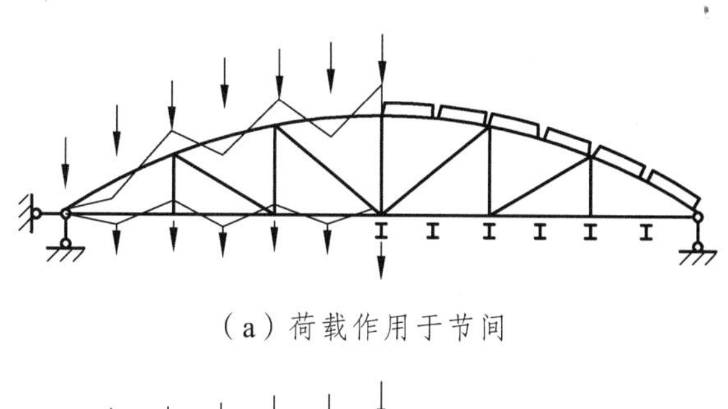

（a）荷载作用于节间

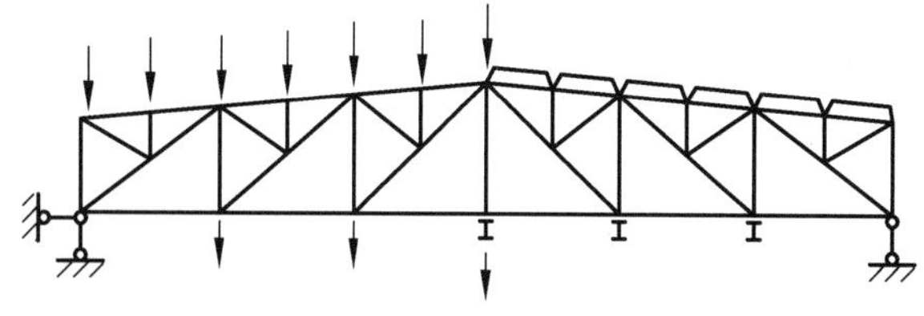

（b）荷载作用在节点上

图 3.1.4 桁架上下弦的受力

3.1.3 桁架结构的内力

尽管桁架结构中以轴力为主，其构件的受力状态比梁的合理，但在桁架结构杆件各单元中，内力的分布是随几何形状的不同而变化的。屋架按几何形状分为平行弦桁架、三角形桁架、梯形桁架、折线形桁架等。

在一般情况下屋架的主要荷载类型是均匀分布的节点荷载。下面以平行弦屋架（图 3.1.5）为例分析其内力的特点。

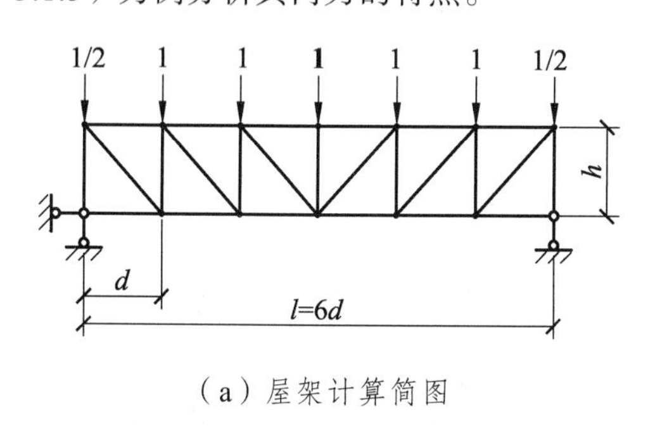

（a）屋架计算简图

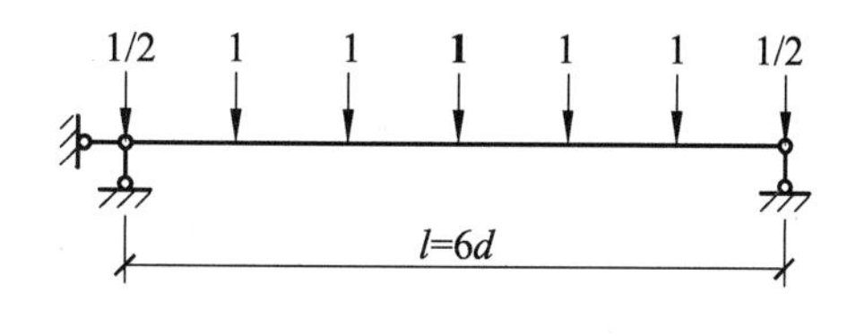

（b）与屋架相应的简支梁的计算简图

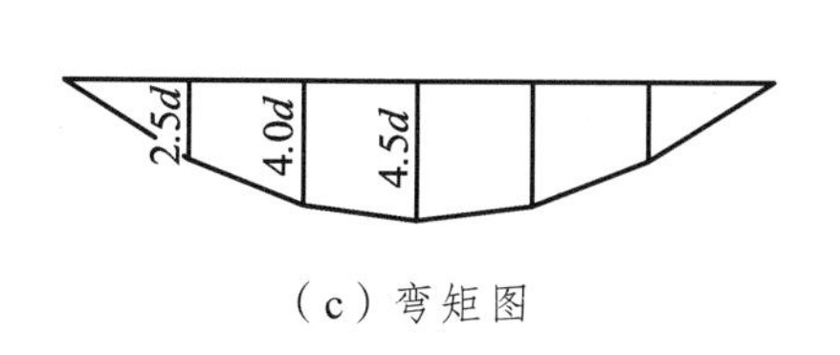

（c）弯矩图

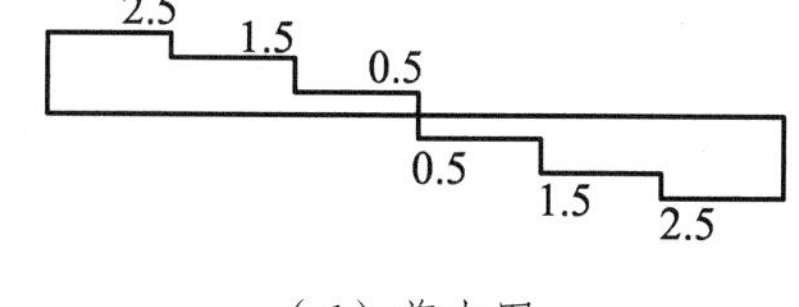

（d）剪力图

图 3.1.5 平行弦桁架在节点荷载下的内力分析

1. 弦杆内力

上弦杆轴向受压、下弦杆轴向受拉，对节点取矩，其轴力由力矩平衡方程式得出

$$N = \pm \frac{M_0}{h}$$

式中 N——屋架上下弦所受的轴力，其中，负值表示受压，正值表示受拉；

M_0——简支梁相应于屋架各节点处的截面弯矩；

h——屋架高度。

从式中可以看出，上下弦的轴力与 M_0 成正比，与 h 成反比。由于平行屋架的高度保持不变，而 M_0 越接近屋架两端越小，所以中间弦杆的轴力大，越向两端弦杆的轴力越小图 3.1.5（a）。

2. 腹杆内力

屋架上下弦杆之间的杆件称为腹杆，包括竖腹杆和斜腹杆。腹杆的内力可以通过取隔离体进行内力分析求得。

$$N_Y = \pm V_0$$

式中 N_Y——斜腹杆的竖向分力或竖腹杆的轴力，其中，负值表示受压，正值表示受拉；

V_0——简支梁相应屋架各节间剪力。

对于简支梁[图 3.1.5（b）]，剪力值[图 3.1.5（d）]在跨中小而两端大，所以相应的腹杆内力也是中间杆件小而两端杆件大，其内力图如图 3.1.6（a）所示。

通过以上分析可以看出：从整体来看，屋架相当于一个格构式受弯构件，弦杆承受弯矩，腹杆承受剪力；而从局部来看，屋架的每个杆件只承受轴力。

同样的方法可以分析三角形、抛物线形屋架和梯形屋架的内力，如图 3.1.6（b）、（c）所示。桁架杆件内力与桁架几何外形的关系如下：

（1）平行弦桁架的杆件内力是不均匀的，弦杆内力是中间小而向两端逐渐增大，腹杆内力由中间向两端逐渐增大。

（2）三角形桁架的杆件内力分布也是不均匀的，弦杆内力由中间向两端逐渐增大，腹杆的内力由两端向中间逐渐增大。

（3）折线形桁架的弦杆内力分布大致均匀，腹杆内力均为零，从力学角度来看，它是比较合理的屋架形式。

（4）梯形屋架的内力分布介于三角形屋架和折线形屋架之间。

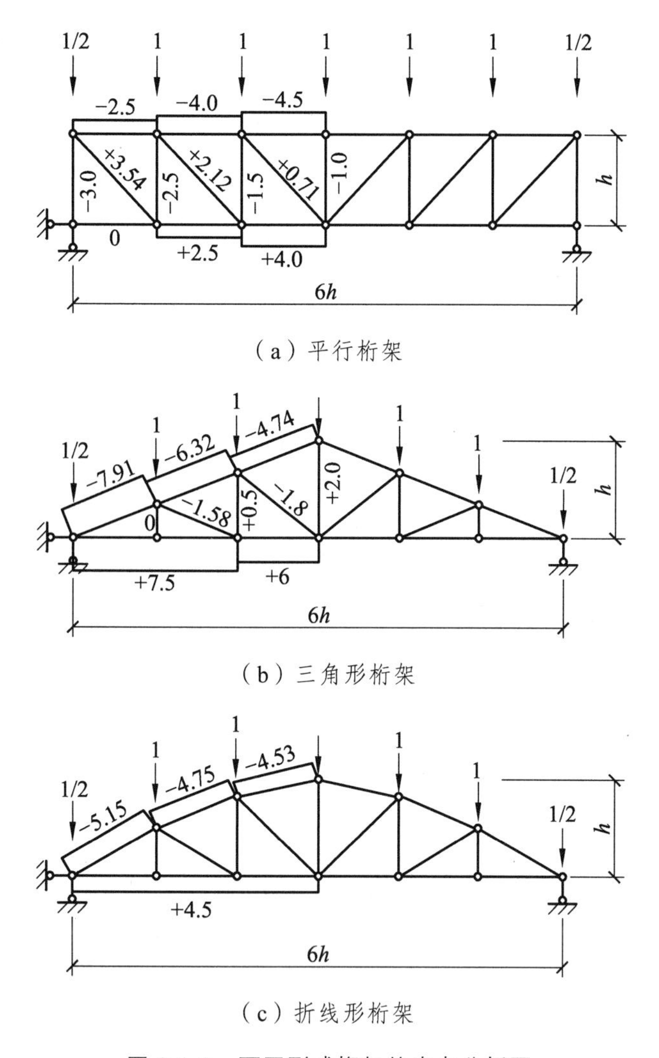

（a）平行桁架

（b）三角形桁架

（c）折线形桁架

图 3.1.6　不同形式桁架的内力分析图

3.2　屋架结构的形式和适用范围

3.2.1　木屋架

木屋架的典型形式是豪式木屋架。适用跨度为 9 ~ 21 m，经济跨度为 9 ~ 15 m。豪式屋架的节间长度以控制在 1.5 ~ 2.5 m 为宜。如果节间长度太长，对受力不利；如果节间长度太短，制作麻烦。

屋架设计上通常规定：跨度 6 ~ 9 m 时，采用四节间[图 3.2.1（a）]；跨度 9 ~ 12 m 时，采用六节间[图 3.2.1（b）]；跨度 12 ~ 15 m 时，采用八节间[图 3.2.1（c）]。

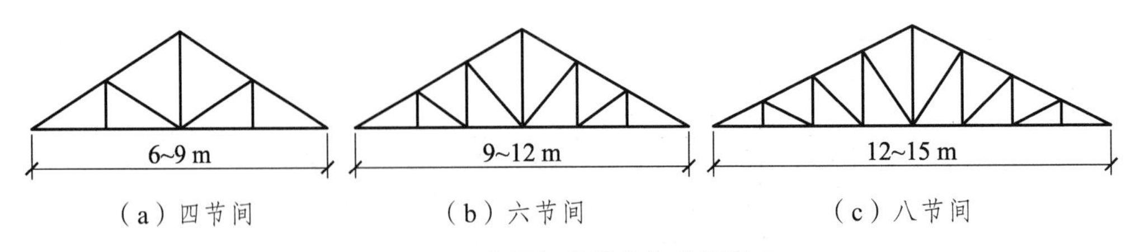

图 3.2.1　木屋架的跨度与节间数目

木屋架的高跨比宜在 1/5 ~ 1/4。由于三角形屋架的上弦坡度大，因此适用于屋面材料为粘土瓦、水泥瓦和小青瓦等要求排水坡度较大的情况，排水坡度一般为 $i = 1/3 \sim 1/2$。

当房屋跨度较大时，选用梯形屋架较为适宜（图 3.2.2）。梯形屋架受力比三角形屋架合理。当采用波形石棉瓦、铁皮或卷材作屋面防水材料时，屋架坡度可取 $i = 1/5$。梯形屋架适用跨度 12 ~ 18 m。

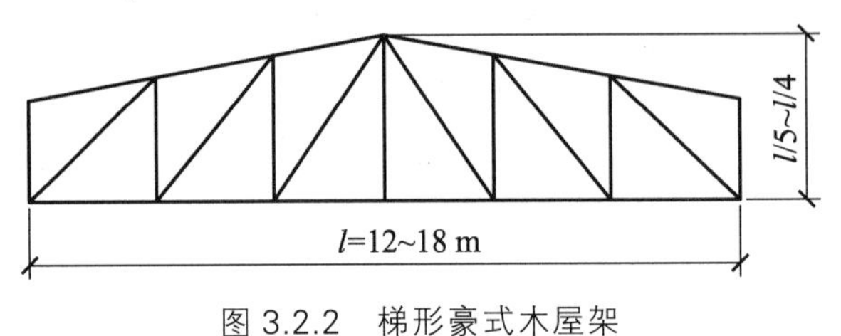

图 3.2.2　梯形豪式木屋架

3.2.2　钢-木组合屋架

钢-木屋架的形式有豪式屋架、芬克式屋架、梯形屋架和下折式屋架。如图 3.2.3 所示。

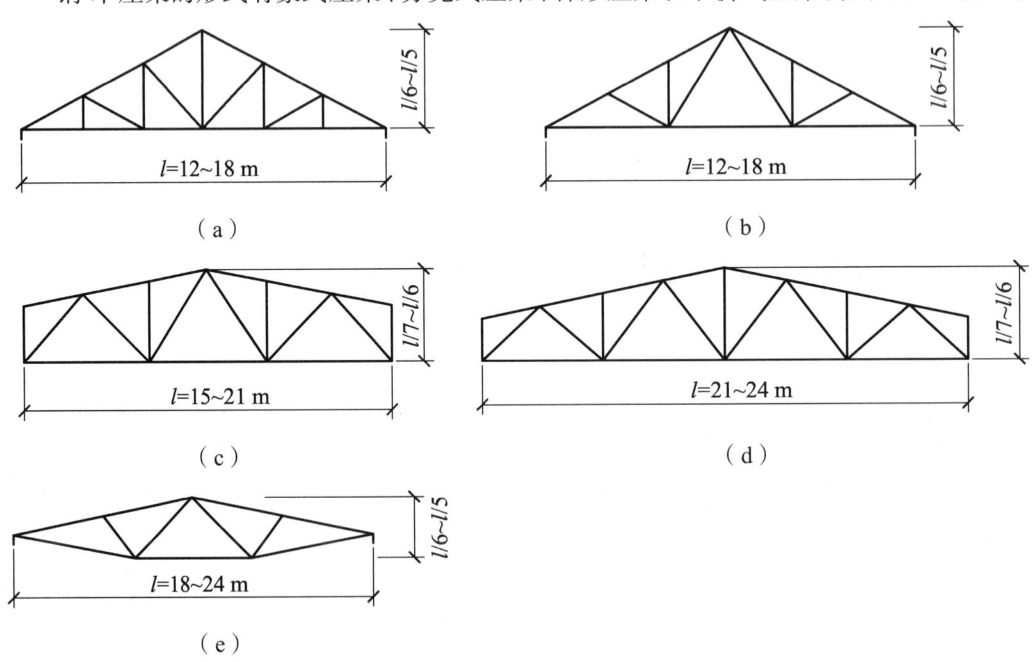

图 3.2.3　钢–木组合屋架

由于不易取得下弦材质标准的上等木材，特别是原木和方木干燥较慢，干裂缝对采用齿连接和螺栓连接的下弦十分不利，而采用钢拉杆作为屋架的下弦，每平方米建筑的用钢量仅增加 2～4 kg，但却显著提高了结构的可靠性。同时由于钢材的弹性模量高于木材，且还消除了结构的非弹性形变，从而提高了屋架结构的刚度。

钢-木屋架的适用跨度视屋架结构外形而定，对于三角形屋架，其跨度一般为 12～18 m；对于梯形、折线形屋架，其跨度可达 18～24 m。

3.2.3 钢屋架

钢屋架的形式主要有三角形屋架（图 3.2.4）、梯形屋架（图 3.2.5）、平行弦屋架（图 3.2.6）等。为改善上弦杆的受力情况，常采用再分式腹杆的形式。

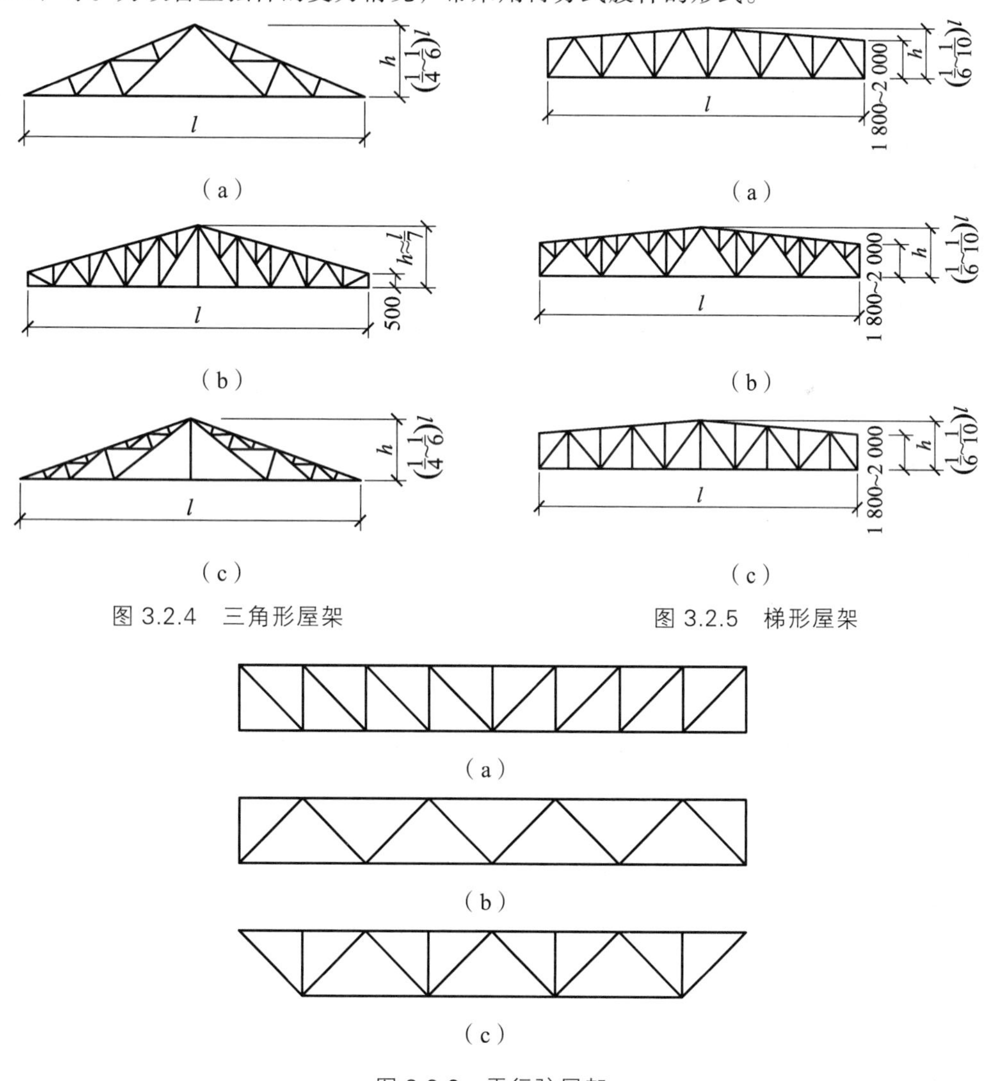

图 3.2.4 三角形屋架

图 3.2.5 梯形屋架

图 3.2.6 平行弦屋架

三角形屋架一般用于屋面坡度较大的屋盖结构中。当屋面材料为粘土瓦、机制平瓦时，要求屋架高跨比为 1/6 ~ 1/4。三角形钢屋架常用的是芬克式屋架，它的腹杆受力合理，长杆受拉，短杆受压，且可分为两榀小屋架制作，运至现场安装，施工方便。必要时可将下弦中段抬高，增加房屋净空。

梯形屋架一般用于屋面坡度较小的屋盖，适用于较大跨度或荷载的工业厂房。当上弦坡度为 1/12 ~ 1/8 时，梯形屋架的高度可取（1/8 ~ 1/6），当跨度大或屋面荷载小时取小值，跨度小或荷载大时取大值。梯形屋架一般都用于无檩体系屋盖，屋面材料大多用大型屋面板。这是上弦节间长度应与大型屋面板尺寸相配合，使大型屋面板的主肋正好搁置在屋架上弦节点上，不使上弦产生局部弯矩。当节间过长时，可采用再分式腹杆形式。当采用有檩体系屋盖时，上弦节间长度可根据檩条的间距而定，一般为 0.8 ~ 3.0 m。

平行弦屋架又称矩形屋架，因其上下弦平行，腹杆长度一致，杆件类型少，易于满足标准化、工业化生产的要求。平行弦屋架由于内力极不均匀，故材料强度得不到充分利用，不宜用于大跨度建筑中，一般常用于托架或支撑系统。

3.2.4　轻型钢屋架

轻型钢屋架的出现大大减轻了结构自重，降低了用钢量，为在中小型项目的建设中采用钢屋架开辟了新的途径。当屋盖系统采用轻型钢屋架时，屋架的内力不大，可采用小角钢、圆钢、薄壁型钢或钢管组成。最常用的形式有芬克式（图 3.2.7）和三铰拱式（图 3.2.8）。两者均适用于屋面较陡时，与钢筋混凝土结构相比，用钢量指标接近，不但节约了木材和水泥，还可减轻自重 70% ~ 80%，给运输、安装和缩短工期都提供了有利的条件。缺点是，由于杆件截面小，组成的屋架刚度较差，因而使用范围受到一定限制，只宜用于跨度不大于 18 m、吊车起重量不大于 5t 的轻中级工作制桥式吊车的房屋、仓库建筑和跨度不大于 18 m 的民用房屋的屋盖结构中，并宜采用瓦楞铁、压型钢板或波形石棉瓦等轻质屋面材料。

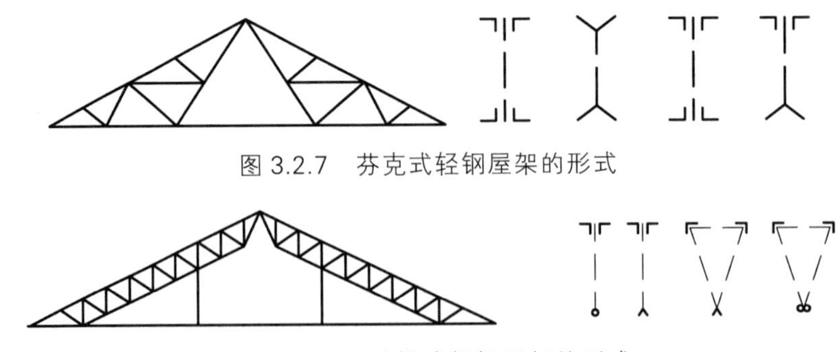

图 3.2.7　芬克式轻钢屋架的形式

图 3.2.8　三铰拱式轻钢屋架的形式

三铰拱式屋架由两根斜梁和一根水平拉杆组成，斜梁为压弯杆件，一般采用刚度较好的桁架式，可以是平面桁架式，也可以是空间桁架式。这种屋架的特点是杆件受力合理、斜梁腹杆短、取材方便，可获得好的经济效果。

斜梁为平面桁架的三铰拱屋架，杆件较少，构造简单，受力明确，用料较省，制作方便。但其侧向刚度较差，宜用于小跨度和小檩距的屋盖中。

斜梁为空间桁架的三铰拱屋架，杆件较多，构造较复杂，截面制作不便。但其侧向刚度好，宜用于跨度较大、檩距较大的屋盖中。斜梁截面一般为倒三角形，为了保证整体稳定性的要求，其截面高度与斜梁长度的比值一般为 1/12 ~ 1/8，不得小于 1/18；截面宽度与截面高度的比值一般取为 1/2 ~ 5/8，不得小于 1/2.5。

芬克式和三铰拱式屋架适用于屋面坡度较大的屋盖中。

梭形屋架的结构形式（图 3.2.9），分平面桁架和空间桁架两种。实际工程中空间桁架形式使用较多。这种屋架特点是截面重心较低，便于安装，侧向刚度大，一般可不布置支撑。这种屋架适用于跨度为 9 ~ 15 m，间距为 3 ~ 4.2 m，屋面坡度较小的无檩屋盖中。梭形屋架的截面形式分正三角形和倒三角形两种。正三角形截面有 A 型和 B 型两种，倒三角形截面为 C 型。屋架高度 $H = a+b$，其中 a 由屋面坡度确定；b 越大弦杆内力越小，但腹杆长度越长。有结果分析认为取 $a = b$ 较为合理。屋架的高跨比为 1/9 ~ 1/12。

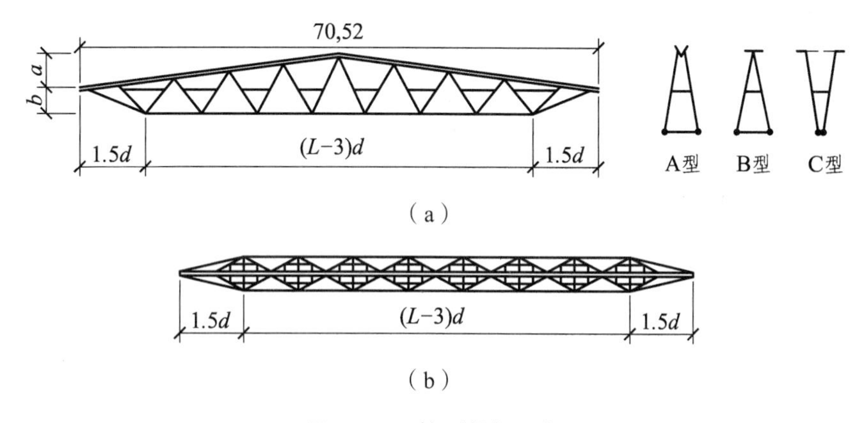

图 3.2.9 梭形轻钢屋架

3.2.5 混凝土屋架

钢筋混凝土是制造屋架的理想材料，利用它制造屋架无特殊要求，所以屋架无固定形式，只要受力合理、节省材料、构造简单、施工方便就可以。在设计钢筋混凝土屋架时，为了节点构造简单，要求每个节点上相交的杆件数目不多于 5 根，而腹杆与弦杆的交角不小于 30° 。.

钢筋混凝土屋架的常见形式如图 3.2.11 所示，有梯形屋架、折线形屋架、拱形屋架等。根据是否对下弦施加预应力，可分为钢筋混凝土屋架和预应力混凝土屋架。钢筋混凝土屋架的适用跨度为 15 ~ 24 m，预应力混凝土屋架的适用跨度为 18 ~ 36 m 或更大。

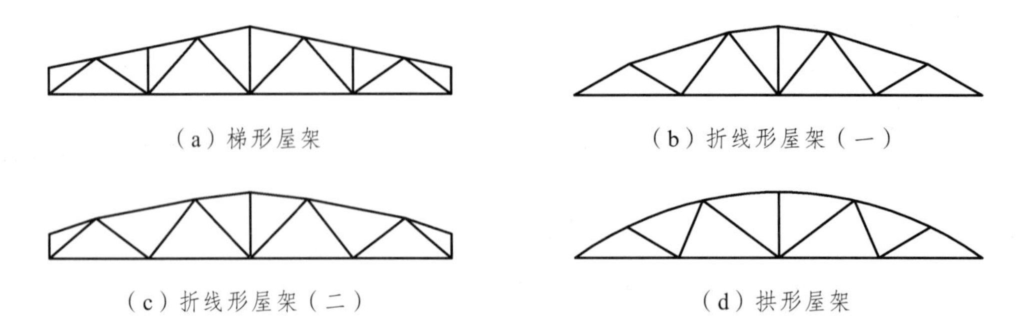

图 3.2.10　钢筋混凝土屋架

梯形屋架[图 3.2.10（a）]上弦为直线，屋面坡度为 1/12 ~ 1/10，适用于卷材防水屋面。一般上弦节间为 3 m，下弦节间为 6 m，矢高与跨度之比为 1/8 ~ 1/6，屋架端部高度为 1.8 ~ 2.2 m。梯形屋架自重较大，刚度好。适用于重型、高温及采用井式或横向天窗的厂房。

折线形屋架[图 3.2.10（b）]外形较合理，结构自重较轻，屋面坡度为 1/4 ~ 1/3，适用于非卷材防水屋面的大中型厂房。

折线形屋架[图 3.2.10（c）]屋面坡度平缓，适用于卷材防水的中型厂房。为改善屋架端部的屋面坡度，减少油毡下滑和油膏流淌，一般可在端部增加两个杆件，以使整个屋面的坡度较为均匀。

拱形屋架[图 3.2.10（d）]上弦为曲线形，一般用抛物线形，为制作方便，也可采用折线形，但应使折线的节点落在抛物线上。拱形屋架外形合理，杆件内力均匀，自重轻，经济指标好。但屋架端部屋面坡度太陡，这时可在上弦上部加设短柱而不改变屋面坡度，使之适合于屋面卷材防水。拱形屋架矢高比一般为 1/8 ~ 1/6。

3.2.6　钢筋混凝土-钢组合屋架

屋架在荷载作用下，上弦主要承受压力。有时还承受弯矩，下弦承受拉力。为了合理地发挥材料的作用，屋架的上弦和受压腹杆可采用钢筋混凝土杆件，下弦及受拉腹杆可采用钢拉杆，这种屋架就称为钢筋混凝土-钢组合屋架。组合屋架的自重轻，节省材料，比较经济。组合屋架的常用跨度为 9 ~ 18 m。常用的组合屋架有折线形组合屋架、三铰组合屋架、两铰组合屋架和五角形组合屋架等，如图 3.2.11 所示。

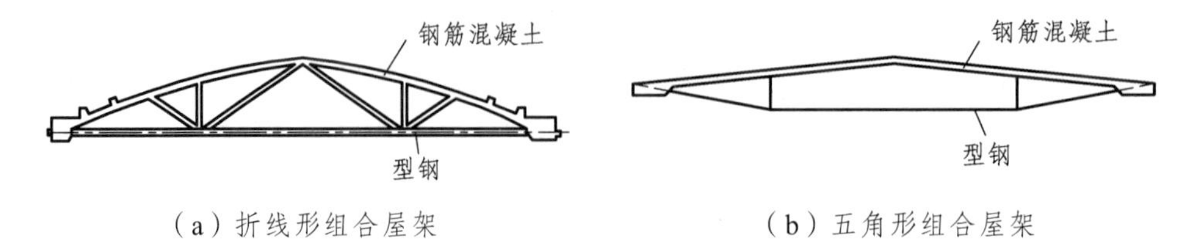

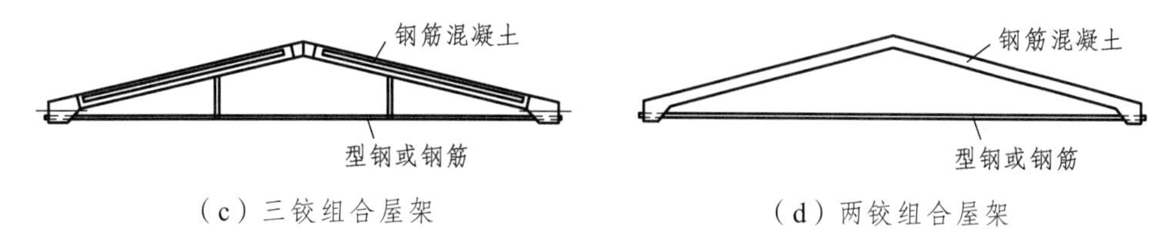

（c）三铰组合屋架　　（d）两铰组合屋架

图 3.2.11　钢筋混凝土–钢组合屋架

折线形组合屋架适用于跨度为 12 ~ 18 m 的中小型厂房。屋面坡度约为 1/4，适用于石棉瓦、瓦垄铁、构件自防水等屋面。为使屋面坡度均匀一致，也可在屋架端部上弦加设短柱。

两铰或三铰组合屋架上弦为钢筋混凝土或预应力混凝土构件，下弦为型钢或钢筋，顶节点为刚接（两铰组合屋架）或铰接（三铰组合屋架）。这类屋架杆件少，杆件短，自重轻，受力明确，构造简单，施工方便，特别适用于农村地区的中小型建筑。屋面坡度，当采用卷材防水时为 1/5，非卷材防水时为 1/4。

五角形组合屋架的特点是重心低，因下沉而改善了屋架的受力性能，使内力分布比较均匀，但影响了房屋的净空，增加了柱子的高度。五角形屋架制作简单，施工占地小，自重轻，不需重型起重设备，因此特别适用于山区中小型建筑。

3.2.7　板状屋架

板状屋架是将屋面板和屋架合二为一的结构体系。屋架的上弦采用钢筋混凝土屋面板，下弦和腹杆可采用钢筋，也可采用型钢，如图 3.2.12 所示。屋面板可选用普通混凝土，也可选用加气或陶粒等轻质混凝土制作。屋面板与屋架共同工作，屋盖结构传力明确、整体性好，减少了屋盖构件，节省钢材和水泥，结构自重轻，经济指标好。

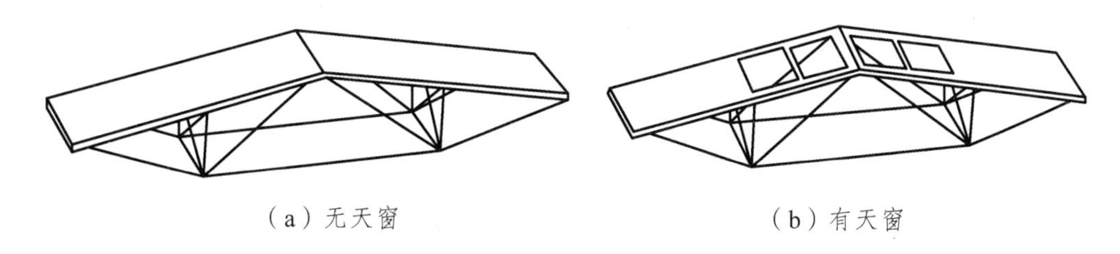

（a）无天窗　　（b）有天窗

图 3.2.12　板状屋架

板状屋架的缺点是制作比较复杂。若房屋为柱承重，还需在柱间加托架梁。板状屋架的常用跨度为 9 ~ 18 m，目前最大跨度已做到 27 m。板状屋架可逐榀紧靠着布置，也可间隔布置，在两榀板状屋架之间再现浇屋面板或铺设预制屋面板。板状屋架一般直接支承在承重外墙的圈梁上。

3.2.8 桁架结构的其他形式

1. 立体桁架

平面桁架结构虽然有很好的平面内受力性能，但其平面外的刚度很小。为保证结构的整体性，必须要设置各种支撑。支撑结构的布置要消耗许多材料，且常常以长细比等构造控制，材料强度得不到充分发挥。采用立体桁架可以避免上述缺点。

立体桁架的截面形式可分为矩形、正三角形和倒三角形。它是用连接杆件将两榀平面桁架连成 90°或 45°夹角而形成的，构造简单，施工方便，但耗钢较多。图 3.2.13（a）所示为矩形截面的立体桁架。为减少连接杆件，可采用三角形截面的立体桁架。当跨度较大时，因上弦压力较大，截面大，可以把上弦一分为二，构成倒三角形立体桁架，如图 3.2.13（b）所示。当跨度较小时，上弦截面不大，如再一分为二，势必对受压不利，故宜把下弦一分为二，构成正三角形立体桁架，如图 3.2.13（c）所示。两根下弦在支座节点汇交于一点，形成两端尖的梭子状，故亦称为梭形桁架。立体桁架由于具有较大的平面外刚度，有利于吊装和使用，节省用于支撑的钢材，因而具有较大的优越性。但三角形截面的立体桁架杆长计算烦琐，杆件的空间角度非整数，节点构造复杂，焊缝要求高，制作复杂。

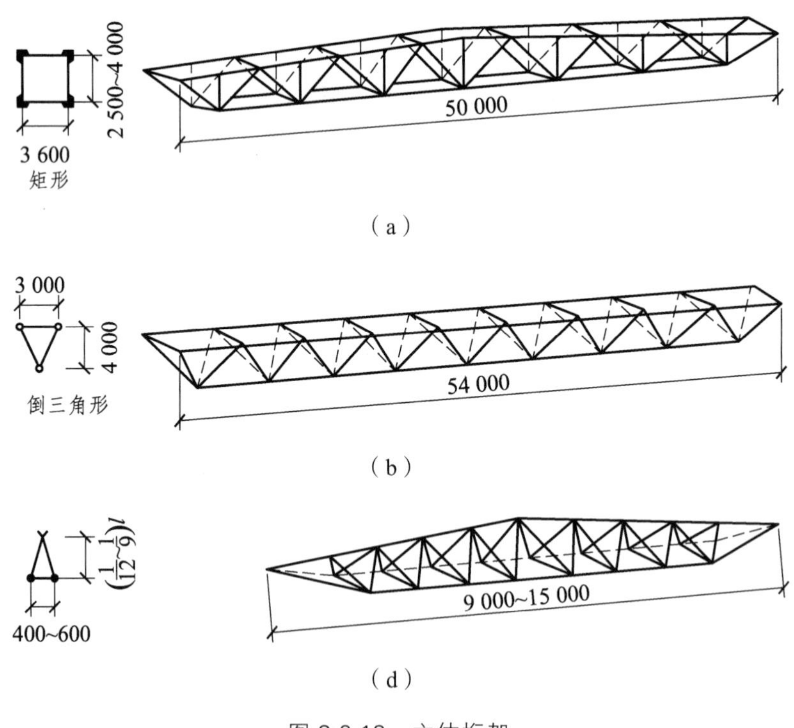

图 3.2.13　立体桁架

2. 无斜腹杆屋架

无斜腹杆屋架的特点是没有斜腹杆，结构造型简单，便于制作，如图 3.2.14 所示。在工业建筑中，屋面板可支撑在上弦杆上，也可以支撑在下弦杆上，构成下沉式或横向天窗。这样，不但省去了天窗架等构件，而且降低了厂房的高度。这种屋架的综合技术指标较好。

一般情况下，桁架结构的连接节点简化成铰接点。但对于无斜腹杆屋架，若再把节点简化成铰接，则整个结构就变成一个几何机构，所以必须采用刚接桁架。这种屋架适用于下弦有较多吊重的建筑。由于没有斜腹杆，故屋架之间管道和人穿行以及进行检修工作均很方便。这种屋架常用跨度为 15 m、18 m、24 m、30 m。高跨比与拱形屋架相近。

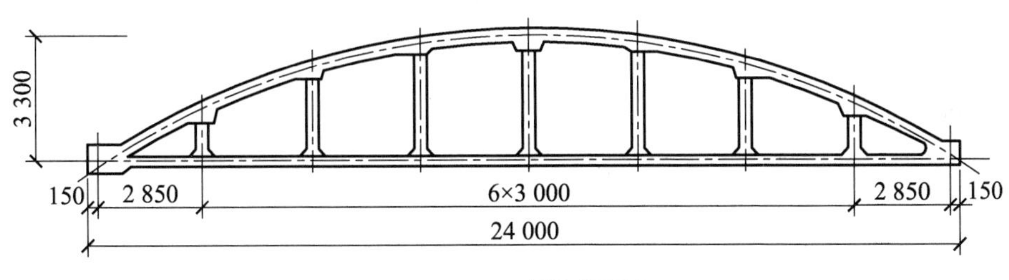

图 3.2.14 无斜腹杆屋架

3.3 屋架结构的选型

3.3.1 屋架结构的几何尺寸

屋架结构的几何尺寸主要包括屋架的跨度、矢高、坡度和节间长度。

1. 跨 度

柱网纵向轴线的间距就是屋架的标志跨度，以 3 m 为模数。屋架的计算跨度是屋架两端支座反力（屋架支座中心）之间的距离，通常情况取支座所在处柱列轴线间的距离作为名义跨度，而屋架端部支座中心线缩进轴线 150 mm，以便支座外缘能放在轴线范围内，而使相邻屋架间互不妨碍。在屋架简支于钢筋混凝土柱的建筑中，规定各柱列轴线一般取：对边柱取柱的外边线，对中间列柱取柱的中线。因此，当钢筋混凝土柱或砖柱上且柱网采用封闭结合时，考虑屋架支座处的构造尺寸，屋架的计算跨度一般取 $l_0 = l - (300 \sim 400\ \text{mm})$；当屋架支承在钢筋混凝土柱上而柱网采用非封闭结合时，计算跨度取标志跨度，$l_0 = l$。

2. 矢　高

屋架的矢高直接影响结构的刚度与经济指标。矢高大、弦杆受力小、但腹杆长，长细比大，压杆易压曲，用料反而会增多。矢高小、弦杆受力大、截面大，且屋架刚度小，变形大。因此，矢高不宜过大也不宜过小。屋架跨中的最大高度由经济、刚度、建筑要求和运输限制因素来确定。根据允许挠度来确定屋架的最小高度。根据上下弦杆和腹杆的总重量为最小的条件来确定屋架的经济高度。也可能根据建筑设计的要求来确定最大高度。屋架的矢高一般取跨度的 1/10 ~ 1/5。

3. 坡　度

屋架上弦坡度的确定应与屋面防水构造相适应。当采用瓦类屋面时，屋架上弦坡度应大一些，一般不小于 1/3，以利于排水。当采用大型屋面板并做卷材防水时，屋面坡度可平缓一些，一般为 1/12 ~ 1/8。

4. 节间长度

屋架节间长度的大小与屋架的结构形式、材料及荷载情况有关。一般上弦受压，节间长度应小些，下弦受拉节间长度可大些。屋面荷载应直接作用在节点上，以优化杆件的受力状态。如屋面上铺设预制钢筋混凝土大型屋面板时，因屋面板宽度为 1.5 m，故屋架上弦节间长度常取 1.5 m。当屋盖采用有檩体系时，则屋架上弦节间长度应与檩条间距一致。为减少屋架制作工作量，减少杆件与节点数目，间距长度可取大些，一般为 1.5 ~ 4 m。

3.3.2　屋架的选型

屋架结构的选型应考虑房屋的用途、建筑造型、屋面防水构造、屋架的跨度、结构材料的供应、施工技术条件等因素，做到受力合理、技术先进、经济适用。

1. 屋架结构受力

从结构受力来看，抛物线状的拱式结构受力最为合理。但拱式结构上弦为曲线，施工工艺复杂。折线形屋架与抛物线弯矩图最为接近，故力学性能良好。梯形屋架既具有较好的力学性能，上下弦又均为直线，施工方便，故在大中跨建筑中被广泛应用。三角形屋架与平行弦屋架力学性能较差。三角形屋架一般仅适用于中小跨度，平行弦屋架常用于托架或荷载较特殊的情况。

2. 屋面防水构造

屋面防水构造决定了屋面排水坡度，进而决定屋盖的建筑造型。一般来说，当屋面防水材料采用粘土瓦、机制平瓦和水泥瓦时，应选用三角形屋架、陡坡梯形屋架。当屋面防水采用卷材防水、金属薄板防水时，应选用拱形屋架、折线形屋架和缓坡形屋架。

3. 材料的耐久性及使用环境

木材及钢材均易腐蚀，维修费用较高。因此，对于相对湿度较大而通风不良的建筑，或有侵蚀性介质的工业厂房，不宜选用木屋架和钢屋架，宜选用预应力混凝土屋架，可提高屋架下弦的抗裂性，防止钢筋腐蚀。

4. 屋架结构的跨度

跨度在 18 m 以下时，可选用钢筋混凝土-钢组合屋架，这种屋架构造简单、施工吊装方便，技术经济指标较好。跨度在 36 m 以下时，宜选用预应力混凝土屋架，既可节省钢材，又可有效地控制裂缝宽度和挠度。对于跨度在 36 m 以上的大跨度建筑或受较大振动荷载作用的屋架，减轻结构自重，提高结构耐久性和可靠性。

3.3.3 屋架的布置

屋架结构的布置，包括屋架结构的跨度、间距和标高等，主要考虑建筑外观造型和建筑使用功能方面的要求来确定。对于矩形的建筑平面，一般采用等跨度、等间距、等标高布置的同一类的屋架，以简化结构构造、方便结构施工。

1. 屋架的跨度

屋架的跨度，一般以 3 m 为模数。对于常用屋架形式的常用跨度，我国都制订了相应的标准图集可供查用，从而可加快设计和施工的进度。对于矩形平面的建筑，一般可选用同一种型号的屋架，仅端部或变形缝两侧屋架中的预埋件稍有不同。对于非矩形平面的建筑，各榀屋架或桁架的跨度就不可能一样，这时应尽量减少其类型以方便施工。

2. 屋架的间距

屋架一般宜等间距平行排列，与房屋纵向柱列的间距一致，屋架直接搁置在柱顶。间距的大小除考虑平面柱网布置的要求外，还要考虑屋面结构及吊顶构造的经济合理性。屋架的间距同时即为屋面板或檩条、吊顶龙骨的跨度，最常见的为 6 m，有时也有 7.5 m、9 m、12 m 等。

3. 屋架的支座

屋架支座的标高由建筑外形的要求确定，一般在同层中屋架的支座取同一标高。

当一榀屋架支座两端的标高不一致时，要注意可能会对支座产生水平推力。屋架的支座形式，可简化为铰支座。实际工程中，当跨度较小时，一般把屋架直接搁置在墙、梁、柱或圈梁上。当跨度较大时，则应采取专门的构造措施，以满足屋架端部发生转动的要求。

3.3.4 屋架结构的支撑

虽然屋架在自身平面内有很强的刚度，但其平面外刚度和稳定性很差，不能承受垂直于屋架平面的水平荷载。因此，必须在屋架间设置支撑系统。

屋架支撑包括设置在屋架之间的垂直支撑、水平系杆以及设置在上下弦平面内的横向支撑和通常设置在下弦平面内的纵向水平支撑。

1. 屋架垂直支撑

如图 3.3.1 所示。屋架垂直支撑是用交叉支撑将相邻两榀屋架连接成稳定体系，并用下弦系杆把屋架连系起来，上弦则靠檩条或屋面板连系。跨度较小的屋架可只在屋架跨中设交叉支撑，跨度较大时，可在跨中及屋架端头设二到三道支撑。屋架垂直支撑一般设在厂房温度区段两端第一或第二跨内，对于很长的厂房，也可在中间增设一道。

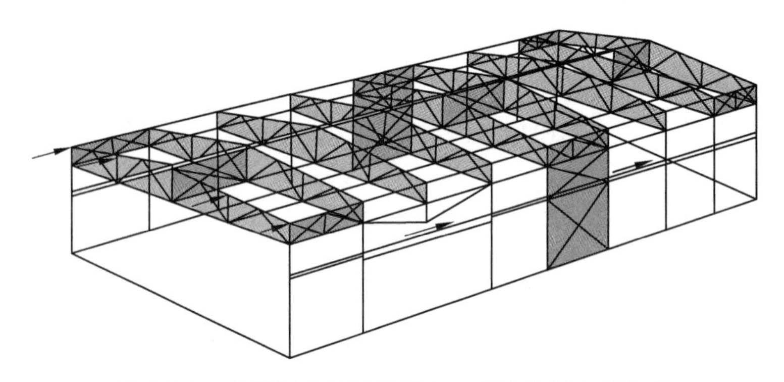

图 3.3.1　单层厂房的屋架垂直支撑和柱间支撑体系

屋架的中心一般都在柱顶以上，施工阶段很容易倾倒，设置屋架垂直支撑可以保证屋架在施工安装和使用阶段的稳定性。

2. 屋架上弦横向水平支撑

如图 3.3.2 所示，屋架上弦横向水平支撑是将相邻屋架上弦之间用支撑连系起来，形成一个水平桁架，以承受作用在上弦平面内的纵向水平力。例如，作为山墙抗风柱传来的纵向水平力。屋架上弦横向水平支撑一般设在厂房两端，当采用大型屋面板并保证能与屋架上弦三点焊接时，屋面板本身也能起到屋架上弦横向水平支撑的作用，所以可以省去这种支撑，如图 3.3.3 所示。

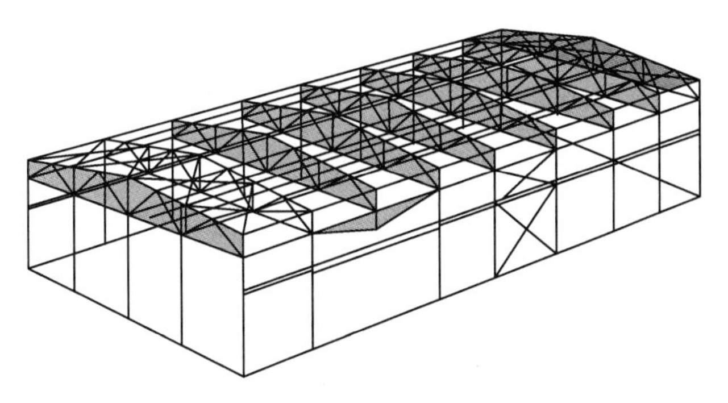

图 3.3.2 单层厂房的屋架上弦横向水平支撑体系

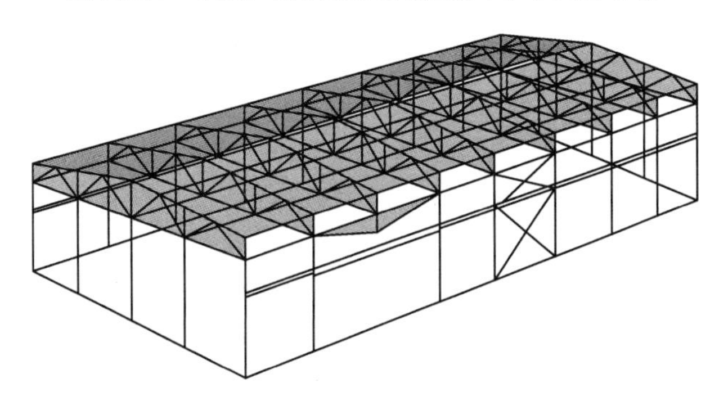

图 3.3.3 单层厂房的无檩体系刚性屋盖

3. 屋架下弦横向水平支撑

如图 3.3.4 所示，当抗风柱与屋架下弦相连时，或屋架下弦设有悬挂吊车时，应设屋架下弦横向水平支撑，它是在相邻屋架下弦间设交叉支撑形成水平桁架，以传递下弦纵向水平力，保证屋架的出平面稳定。系杆应通长设置，用以在纵向传递荷载。这种支撑一般也设在厂房纵向的两端（或第二柱间）。

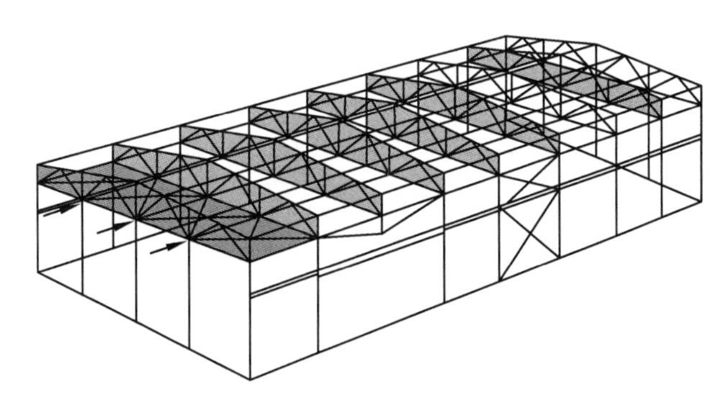

图 3.3.4 单层厂房的屋架下弦横向水平支撑体系

4. 屋架下弦纵向水平支撑

如图 3.3.5 所示，当厂房柱距较大、柱间需设托架来承受柱间的屋架荷重时，为保证托架的出平面稳定，应设置这种支撑，它与下弦横向支撑类似，只是沿厂房纵向布置，设置屋架下弦第一节间。屋架下弦纵向水平支撑就像沿柱顶的纵向连续水平桁架，它可把作用在纵墙上的横向水平荷载传递并分配给各排架，为托架提供侧向支点，保证托架的出平面稳定。

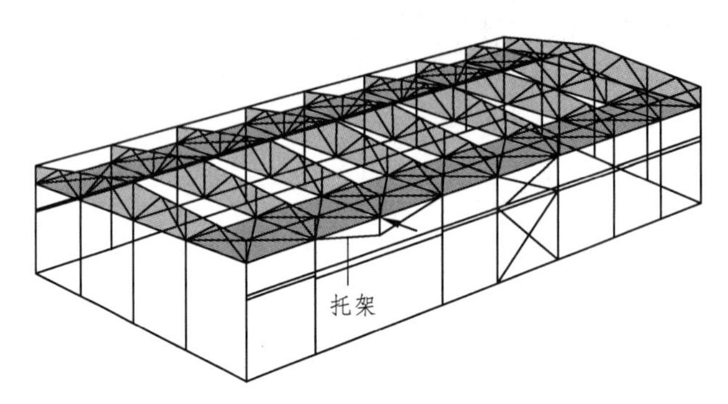

图 3.3.5　单层厂房的屋架下弦纵向水平支撑体系

5. 天窗架支撑

当厂房屋架上设有天窗时，为保证天窗架处平面的稳定性和承受天窗端墙传来的风荷载，需设置天窗架支撑，它的做法和屋架间垂直支撑是相似的。

可以看出，屋架之间设置了这一系列的支撑系统，加上屋面板的连接后，整个屋盖就有了很大的刚度，可以承受来自各个方向的荷载。支撑系统形成的水平桁架尺度都很大（如下弦横向水平支撑形成的水平桁架“高度”为一个柱距——6 m），因此，引起的杆件附加内力很小，对构件承载力没有明显影响，却大大提高了屋盖的稳定性和整体性，提高了对偶然作用的抵抗能力，提高了结构的安全可靠性。

3.4　工程实例

3.4.1　上海大剧院

上海大剧院工程用地面积 21 644 m^2，占地面积 11 530 m^2，总建筑面积 62 800 m^2，地下两层，地上六层，高度为 40 m。如图 3.4.1 所示，该工程通过国际招标，法国建筑师以其“天地呼应，中西合璧”的建筑理念和独特的立面造型而中标。该工程屋面为反拱月牙形，纵向长 100.4 m、悬挑 26 m，横向宽 94 m、悬挑 30.9 m。反拱圆弧半径 R = 93 m，拱高 11.5 m。屋盖体系采用交叉刚接钢桁架结构。屋盖结构平面布置如图 3.4.2 所示。纵向为两榀主桁架及两榀次桁架，在每榀主桁架下各设三个由电梯井筒壁形成的薄壁柱，作为整个屋架结构的支座，次桁架仅起到保证屋盖整体性的作用。横向为 12 榀位月牙形无斜腹杆屋架，但其中位于主舞台上方的三榀月牙形桁架由于工艺布置的要求被主舞台周围的薄壁筒体截断。此外，屋盖结构内还布置有一定的连系梁和支撑。

图 3.4.1　上海大剧院全貌

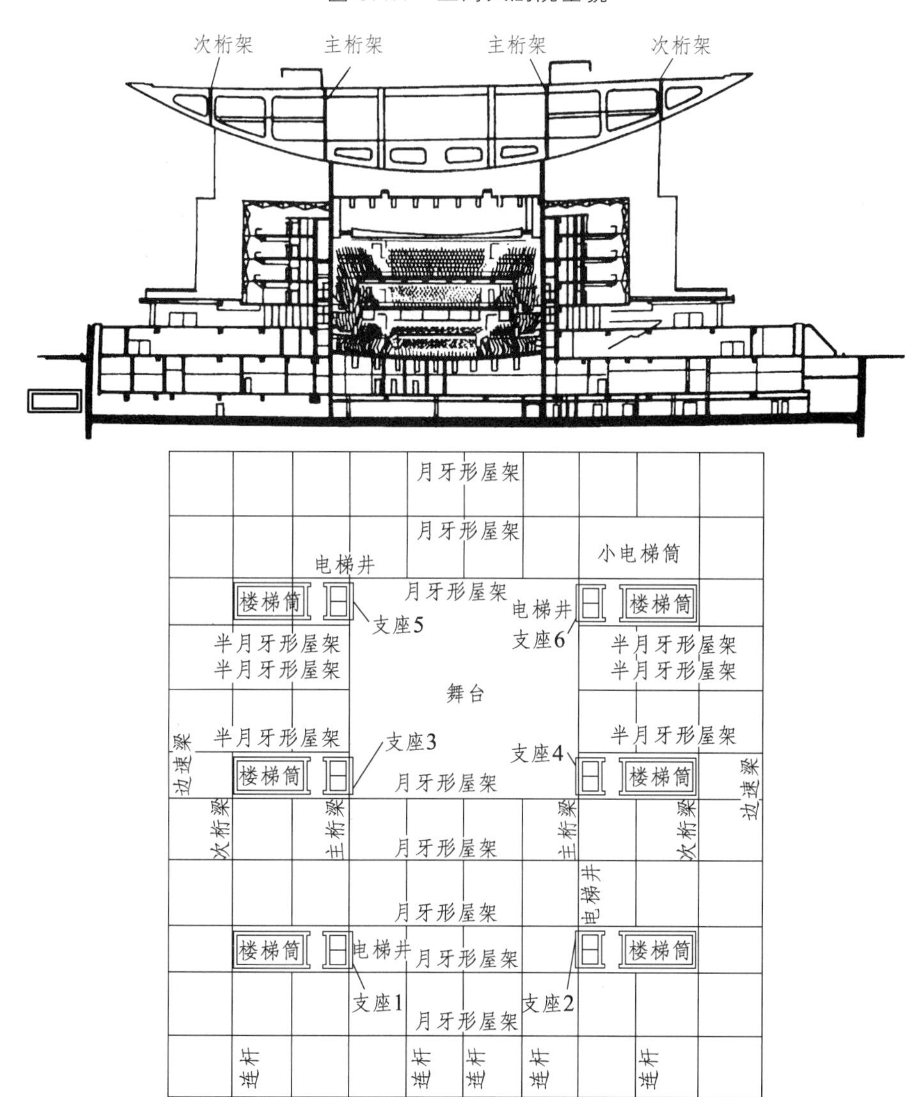

图 3.4.2　上海大剧院剖面及屋盖结构布置

由于较高的隔声要求，钢结构与下部的观众厅等钢筋混凝土结构完全脱开。反拱的月牙形屋盖内有两层，局部为三层，作为设备层及观光餐厅等。因此，它既是覆盖整个大剧院下部结构的屋顶，又是上部屋顶结构的承重结构，独具一格地发挥双重功能。由于建筑造型的制约和使用功能的要求，加上屋盖四周悬挑较大，屋盖结构受力复杂，内力较大，采用钢桁架结构较为合理，以保证屋盖结构的整体刚度和承载力。

大剧院钢屋盖上承受的静、活荷载达到 150 000 kN，所有这些荷载通过纵向的两榀主桁架传递至六个电梯井筒壁形成的钢筋混凝土筒体。主桁架结构简图如图 3.4.3 所示，主桁架高度 10.0 m，上、下均采用箱型截面，上弦截面为 1 000 mm × 700 mm，下弦截面为 2 500 mm × 700 mm，腹杆截面为 800 mm × 700 mm，钢板厚度为 40 ~ 70 mm。为了加强主桁架刚度，减少悬臂端的挠度，以及抵抗竖向荷载在支座处的剪力，每榀主桁架在支座处的桁架节间设两块 6.6 m × 10.0 m × 50 m、相距 50 m 的抗剪钢板，主桁架杆件节点都设计成刚性节点。

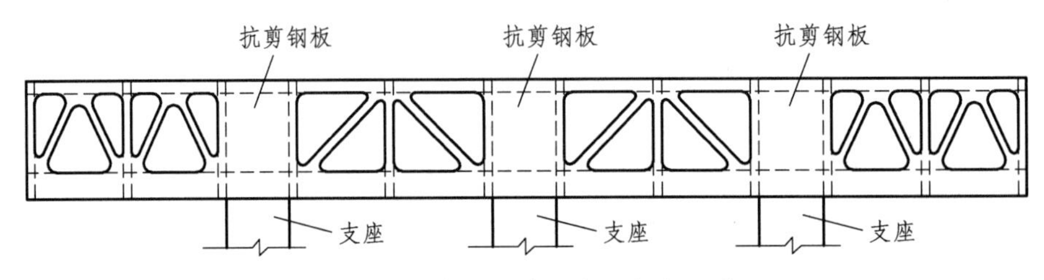

图 3.4.3　上海大剧院纵向主桁架示意图

横向的月牙屋架采用箱型截面空腹刚架结构，即无斜腹杆屋架，如图 3.4.4 所示。这样既可满足建筑对钢屋盖内部纵向交通的要求，又使杆件总数最少，节点构造简便。同时，采用箱型截面，使得杆件内力能够通过节点板传到与桁架面平行的杆件腹板，再扩展到整个杆件截面，受力性能良好，具有很大的抗扭刚度和双向抗弯刚度，整体稳定性强，可省去大量支撑。月牙形屋面上弦截面为 1 000 mm × 800 mm，下弦截面根据建筑楼层标高及内力大小从 1 000 mm × 800 mm 变化至 2 500 mm × 800 mm，钢板厚度为 30 ~ 70 mm。由于位于主舞台上方三榀月牙形桁架被主舞台周围的薄壁筒体截断，为了保证钢屋盖的整体刚度，采用加强钢屋盖纵向联系、加强主桁架抗扭刚度以及提高三榀被截断的月牙形桁架的自身刚度等措施，使各榀月牙形屋架的悬臂端挠度趋于均匀。

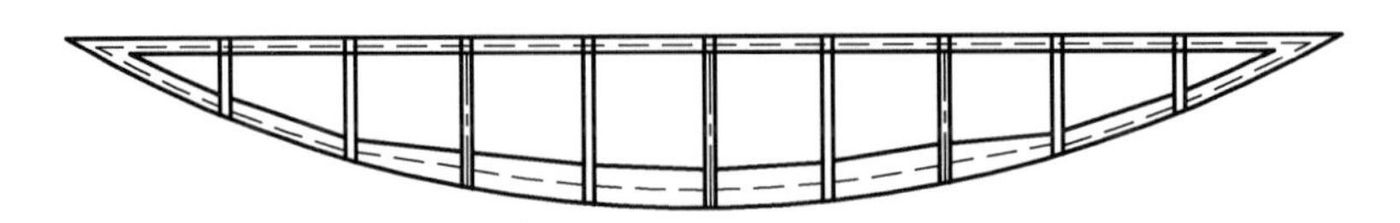

图 3.4.4　上海大剧院横向月牙形屋架示意图

节点设计是整个钢屋架设计的关键。在比较了全栓连接、栓焊连接、全焊连接三种方案后，本工程采用了全焊连接的方式。它具有较好的刚度和延性，节点域的承载力大于杆件本身承载力的 1.2 倍以上。根据施工的现实条件和受力特点，屋盖结构的支座节点按两阶段受力设计。第一阶段在钢屋盖自重作用下，作铰接处理，目的是减少支座弯矩。第二阶段在钢屋盖其余荷载上去之前，采取埋入式支座作刚接处理，在主桁架抗剪钢板下，预焊好带栓钉的钢锚板组，埋入钢筋混凝土筒体的剪力墙内，承受上部传下的巨大轴力、弯矩及剪力。

钢屋盖的制作与安装也是设计和施工中必须要考虑好的问题。上海大剧院屋盖总质量 6 075 t，采用钢绞线集束承重，计算机控制，液压千斤顶集群同步提升方案。钢屋盖先分段在工厂下料制作，然后运至施工现场拼接，最后确定四个提升点整体提升。提升高度为 26.64 m，历时 21 h。

3.4.2　上海八万人体育场

上海八万人体育场为 1997 年第八届全国运动会主会场，以体育场为主，包括三星级宾馆、大型体育俱乐部、游泳馆、商场、展厅等，占地约 7 000 m^2，建筑面积达 150 000 m^2。屋盖平面的投影呈椭圆形，如图 3.4.5（a）所示，尺寸为 288.4 m × 274.4 m，顶部中间开椭圆形孔 150 m × 213 m。外圈为两个圆，± 0.00 m 外径为 240 m，+6.40 m 处直径为 300 m（廊宽 30 m），体育场的挑篷设计成鞍形大悬挑环状空间结构，如图 3.4.5（b）、（c）、（d）所示，覆盖面积为 36 000 m^2。立柱最高 70 m，悬挑长度 21.6 ~ 73.5 m，柱顶断面 2 m × 10 m。径向悬挑部分采用钢管桁架，环向也采用桁架结构，径向与环向桁架组成鞍形空间结构骨架，架立 59 个由 8 根拉索与 1 根压杆立柱组成的伞状拉索结构，在伞状拉索结构上面覆盖膜材料，如图 3.4.7 所示。

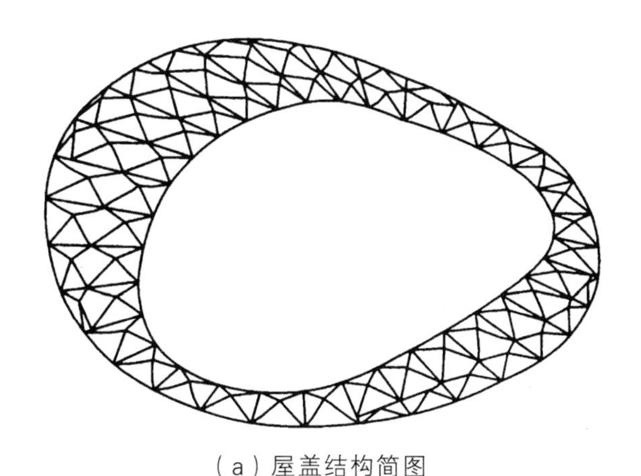

（a）屋盖结构简图

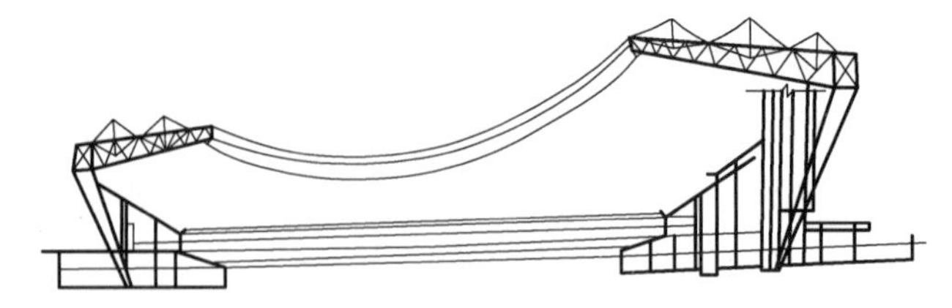

（b）结构剖面简图

（c）体育场局部

（d）体育场全景

图 3.4.5　上海八万人体育场

复习思考题

1. 简述“桁架”是怎样由“梁”发展来的。
2. 桁架结构的受力计算采用了哪些基本假定?
3. 屋架的受力特点是什么?
4. 桁架几何外形与桁架杆件内力有什么关系?
5. 屋架结构的选择原则是什么?
6. 屋架的设计要求有哪些?
7. 屋架为什么要设置支撑?
8. 屋架各种支撑的布置要求和作用是什么?
9. 支承和支撑有什么不同?

4　单层刚架结构

【学习要点】

（1）熟悉单层刚架结构的受力特点。

（2）了解刚架结构的分类；掌握钢筋混凝土刚架结构、钢刚架结构、预应力混凝土刚架结构的适用范围。

（3）熟悉刚架结构的构造与布置。

刚架结构是指梁、柱之间为刚性连接的结构。当梁与柱之间为铰接的单层结构，一般称为排架，多层多跨的刚架结构称为框架，单层刚架也称为门式刚架。刚架结构的刚性连接特征只限于梁与柱的连接节点，而其他节点，如柱与基础的连接节点、梁的跨中节点等，是否为刚接并不影响刚架结构的属性。

单层刚架为梁柱合一的结构，其内力小于排架结构，梁柱截面高度小，造型轻巧，内部净空较大。一般情况下，在荷载和跨度相同时，刚架结构比排架结构可节省钢材约10%、混凝土约20%，故被广泛应用于中小型厂房、体育馆、礼堂、食堂等中小跨度的建筑中。但与拱相比，刚架仍属于以受弯为主的结构，材料强度不能充分发挥作用，这就造成了刚架结构自重较大，用料较多，适用跨度受到限制。

4.1　刚架结构的受力特点

4.1.1　约束条件对结构内力的影响

单层单跨刚架的结构计算简图，按构件的布置和支座约束条件分为无铰刚架、两铰刚架、三铰刚架三种。刚架结构梁柱节点处为刚接，在竖向荷载作用下，由于柱对梁的约束作用而减小了梁跨中的弯矩和挠度。在水平荷载作用下，由于梁对柱的约束作用减少了柱内的弯矩和侧向变形，如图 4.1.1 所示。因此刚架的承载力和刚度都大于排架。

在单层单跨刚架结构中，无铰刚架为三次静定结构，刚度好，结构内力小，但对基础和地基的要求较高。因柱脚处有弯矩、轴向压力和水平剪力共同作用于基础，故基础用料较多。由于其超静定次数高，当地基发生不均匀沉降时，将在结构内产生附加内力，所以在地基条件较差时应慎用。

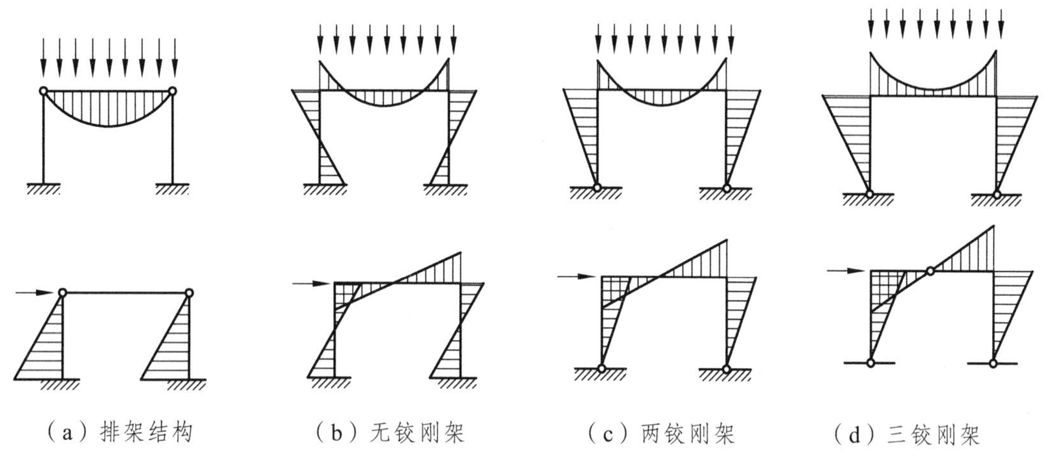

（a）排架结构　（b）无铰刚架　（c）两铰刚架　（d）三铰刚架

图 4.1.1　刚架结构与排架结构的受力比较

两铰刚架的柱脚与基础铰接，为一次超静定结构，在竖向荷载或水平荷载作用下，刚架内弯矩均比无铰刚架大。它的优点是刚架铰接柱基不承受弯矩作用，构造简单，省料省工。当基础有转角时，对结构内力没有影响。但当柱脚发生不均匀沉降时，则会在结构内产生附加内力。

三铰刚架在屋脊处设置永久性铰，柱脚也是铰接，为静定结构，温度差、地基变形或基础不均匀沉降对结构内力没有影响。三铰和两铰刚架材料用量差不多，但三铰刚架的梁柱节点弯矩略大，刚度较差，不适合用于有桥式吊车的厂房，可用于无吊车或小吨位悬挂吊车的建筑。

刚架结构的支座约束条件对内力的影响与连续梁相似，如图 4.1.2 所示。在竖向分布荷载作用下，三铰刚交可看成是由两个外伸梁弯折成 90°而成，两铰刚架可看成是由两端简支的连续梁弯折而成，无铰刚架可看成是有由两端固定的连续梁弯折而成，而排架结构则可看成是由三跨简支梁弯折而成。它们的受力特点没有原则的区别，连续梁的边支座反力（向下的 R）在刚架中改为一对向内水平推力 H，其值不变。由此可见，结构的一个共同特点是，约束越多，内力越分散，内力值越小，变形越小。因此通过增加约束，可以提高结构承载力，增加结构的刚度，或可以减小结构的截面尺寸。

从材尽其用的要求来看，刚架结构并不是十分合理的结构。一方面因为它与连续梁相似，仍为利用梁、柱截面受弯来承受荷载的结构，另一方面因为它是典型的平面结构，在其自身平面外的刚度极小，必须布置适当的支撑。

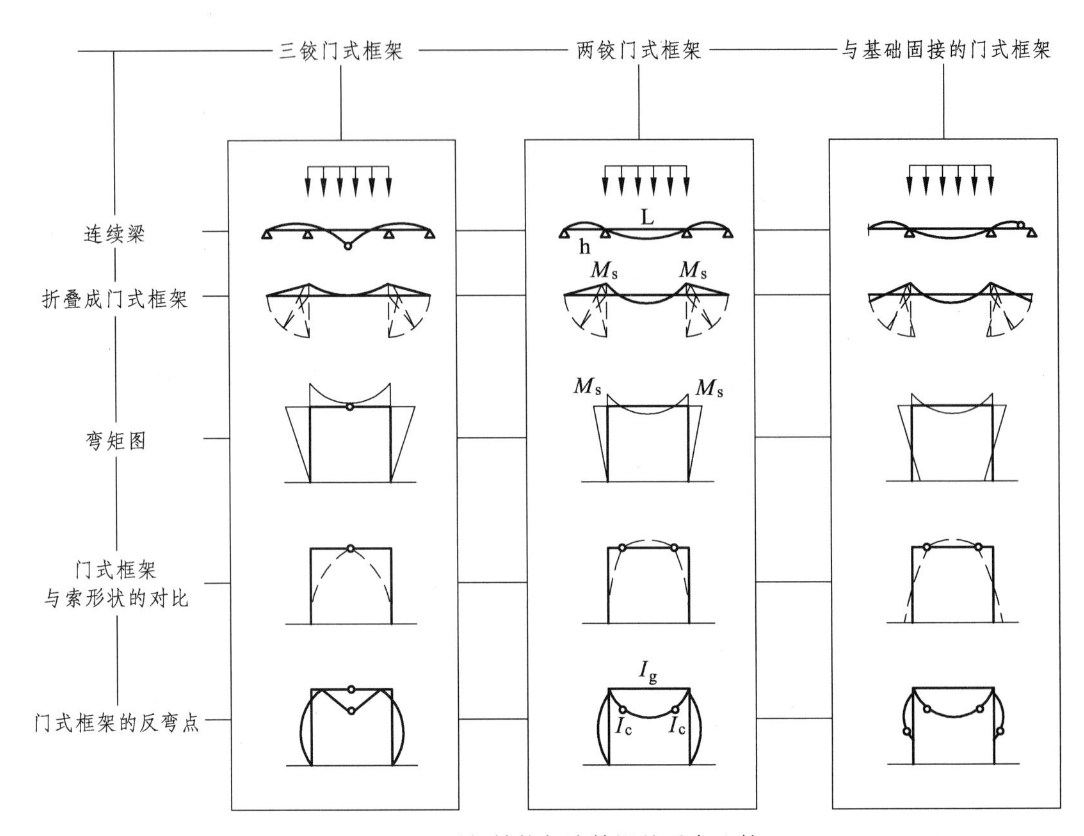

图 4.1.2　刚架结构与连续梁的受力比较

4.1.2　梁柱线刚度比对结构内力的影响

刚架结构在竖向荷载或水平荷载作用下的内力分布不仅与约束条件有关，而且还与梁柱线刚度比有关。图 4.1.3、图 4.1.4 以无铰门式刚架为例，对不同梁柱线刚度比的刚架在竖向荷载和水平荷载作用下的弯矩进行了分析。

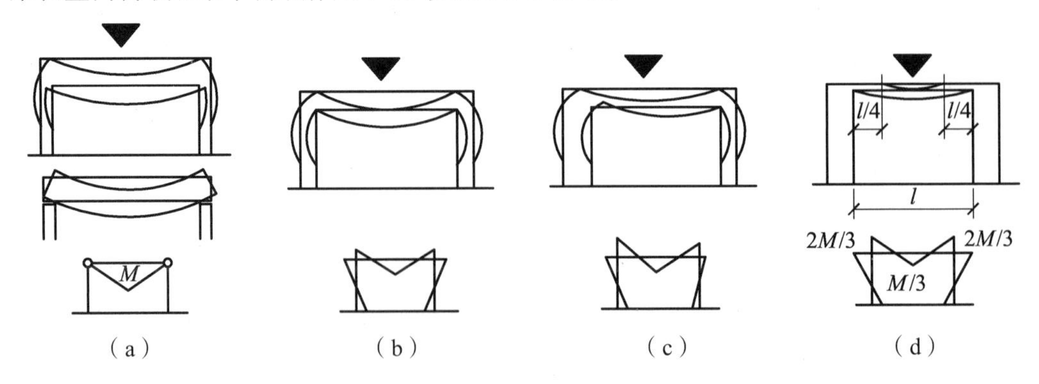

图 4.1.3　梁柱线刚度比对刚架内力的影响之一

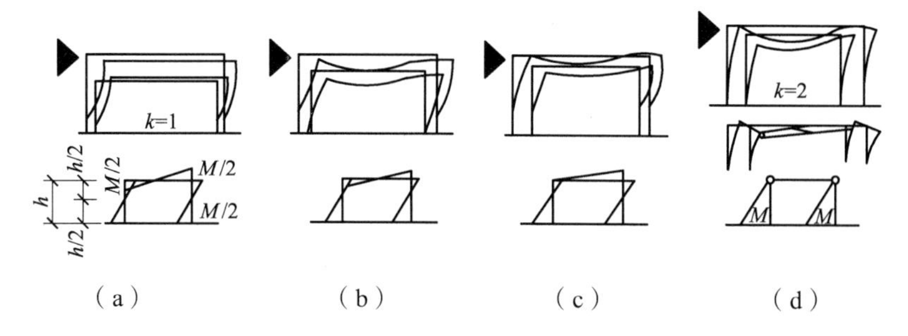

图 4.1.4 梁柱线刚度比对刚架内力的影响之二

在跨中竖向荷载作用下，当梁的线刚度比柱的线刚度大很多时，柱对梁端转动的约束作用很小，只能够阻止梁端发生竖向位移，这时，梁的内力分布与简支梁的相差无几，如图 4.1.3（a）所示。当梁的线刚度比柱的线刚度小很多时，柱不仅能阻止梁端发生竖向位移，而且还能约束梁端发生转动，则柱对梁端的约束作用，可看成是固定端作用，梁内力的分布与两端固定梁的十分接近，如图 4.1.3（d）所示。当梁两端支承柱刚度不等时，则梁两端负弯矩值亦不等，柱刚度大的一侧梁端负弯矩大，如图 4.1.3（c）所示。

在顶端水平集中力作用下，刚架结构的内力分布也与梁柱刚度比有关。当梁刚度比柱刚度大很多时，梁柱节点可看成是无任何转动，梁仅作水平平移而无弯曲，柱上端仅有水平平移而无相对转动，故柱反弯点在柱高中点，如图 4.1.4（a）所示。当梁刚度比柱刚度小很多时，梁的刚度无法约束柱端的转角变形，梁仅起到传递水平推力的作用，相当于两端铰接的连杆，结构内力分布与排架极为接近，如图 4.1.4（d）所示。对于图 4.1.4（c）所示两个柱刚度不等的情况，刚度大的柱承受较大的侧向剪力和弯矩。

4.1.3 门式刚架的高跨比对结构内力的影响

门式刚架的高度与跨度之比，决定了刚架的基本形式，也直接影响结构的受力状态。设想有一条悬索在竖向均布荷载作用下，在平衡状态将形成一条悬链线，这时悬索内仅有拉力。将索上下倒置，即成为拱，索内的拉力变成了压力，这条倒置的悬链线即为推力线。图 4.1.5 给出了三铰刚架和两铰刚架的推力线及其在竖向均布荷载下的弯矩图。根据推力线的形状可以看出，刚架高度的减少将使支座处水平推力增大。

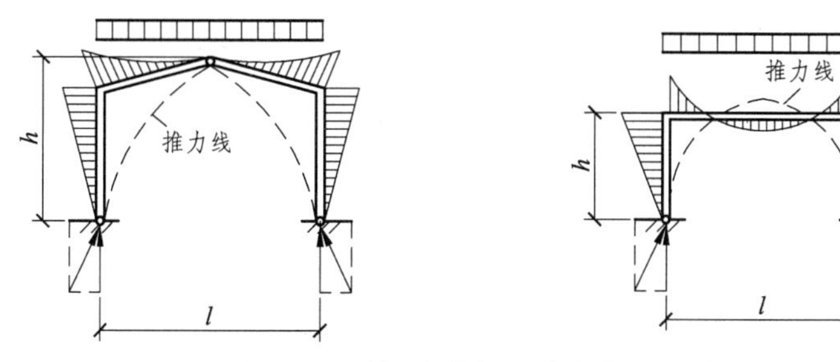

图 4.1.5 刚架的跨高比对内力的影响

4.1.4 结构构造对结构内力的影响

在两铰刚架结构中，为了减少横梁内部的弯矩，除可在支座处设置水平拉杆外，还可把纵向外墙挂在刚架柱的外肢处，利用墙身重量产生的力矩对刚架横梁起卸荷作用，如图 4.1.6（a）所示。也可把铰支座设在柱轴线内侧，利用支座反力对柱轴线的偏心矩对刚架横梁产生负弯矩，如图 4.1.6（b）所示，以减小刚架横梁的跨中弯矩并从而减小横梁高度。

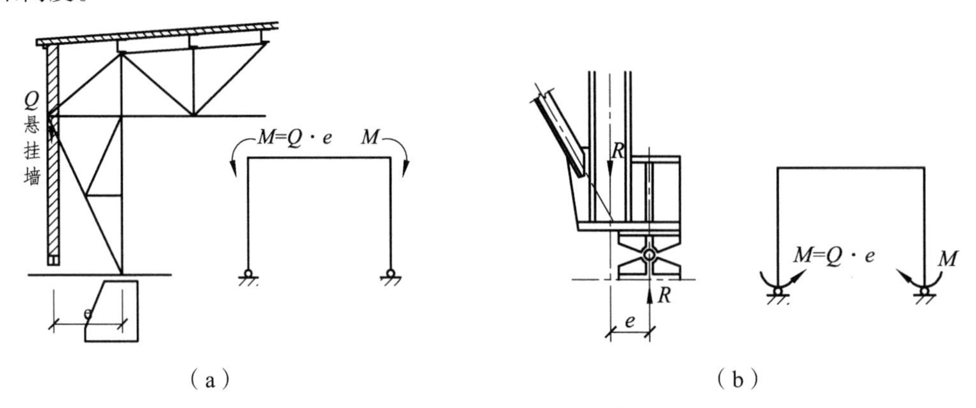

图 4.1.6 减小刚架横梁跨中弯矩的构造措施

4.1.5 温度变化对结构内力的影响

温度变化对静定结构没有影响，但在超静定结构中将产生内力。内力的大小与结构的刚度有关，刚度越大，内力越大。产生结构内力的温差主要有室内外温差和季节温差。对于有空调的建筑物，室内外温差将使杆件两侧产生不同的热胀冷缩，从而产生内力。季节温差则是指刚架在施工时的温度与使用时的温度之差，也将使结构产生变形和内力。

4.1.6 支座移动对结构内力的影响

当支座产生内力时，将使超静定门式刚架产生变形和内力，如图 4.1.7 所示。

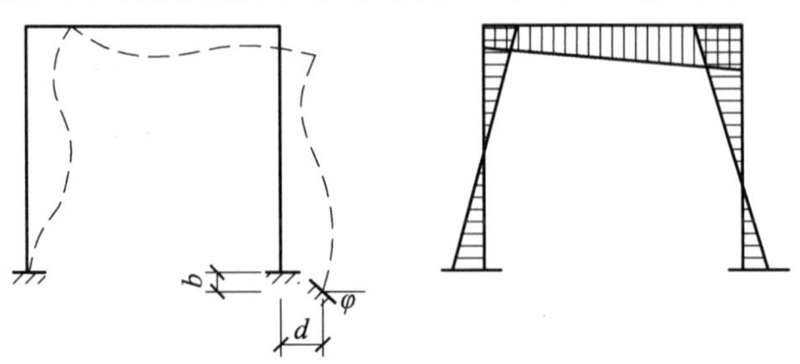

图 4.1.7 支座位移引起的变形图和弯矩图

4.2　单层刚架结构的形式

4.2.1　刚架结构的形式

单层刚架的建筑形式丰富多样，如图 4.2.1 所示，除了可以根据受力条件分为无铰刚架、两铰刚架和三铰刚架外，按结构材料可分为胶合木结构、钢结构、混凝土结构；按构件截面分类，可分为实腹式刚架、空腹式刚架、格构式刚架、等截面和变截面刚架；按建筑体型分类，有平顶、坡顶、拱顶、单跨与多跨刚架；从施工技术来分，有预应力刚架与非预应力刚架。

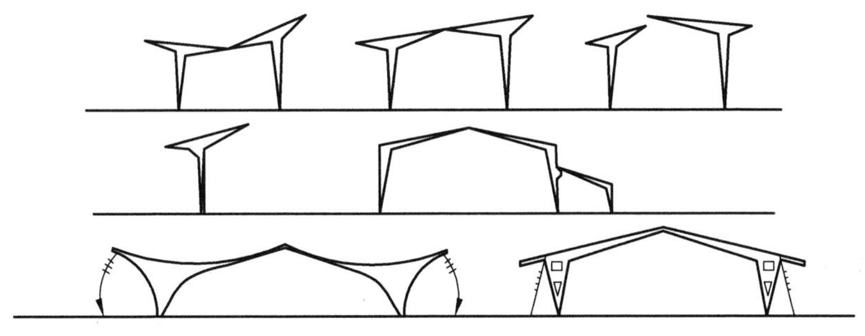

图 4.2.1　单层刚架的形式

4.2.2　钢筋混凝土门式刚架结构

钢筋混凝土刚架一般适用于跨度不超过 18 m、檐高不超过 10 m 的无吊车或吊车起重量不超过 100 kN 的建筑中。构件的截面形式一般为矩形，也可采用工字形截面。跨度太大会引起自重过大，使结构不合理，施工困难。为减少材料用量，减轻结构自重，刚架杆件可用变截面形式，杆件截面随内力大小变化。从弯矩分布来看，在立柱与横梁的转角截面弯矩较大，铰接点弯矩为零。一般是截面宽度不变而高度呈线性变化，加大梁柱相交处的截面，减小节点附近的截面。同时，为了减小应力集中现象，转角处常做成圆弧形或加腋的形式，如图 4.2.2 所示。对于两铰或三铰刚架，立柱截面做成上大下小的楔形构件，与弯矩图的分布形状相一致。截面变化的形式尚应结合建筑立面要求确定，可做成里直外斜或外直里斜的形式。横梁通常也为直线变截面，如图 4.2.3 所示。

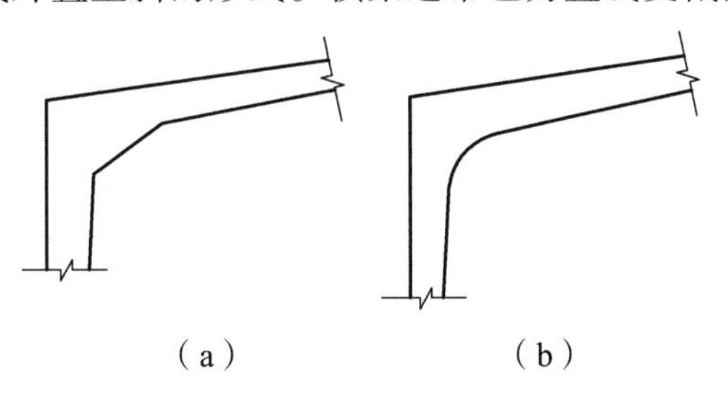

图 4.2.2　刚架转角处的处理

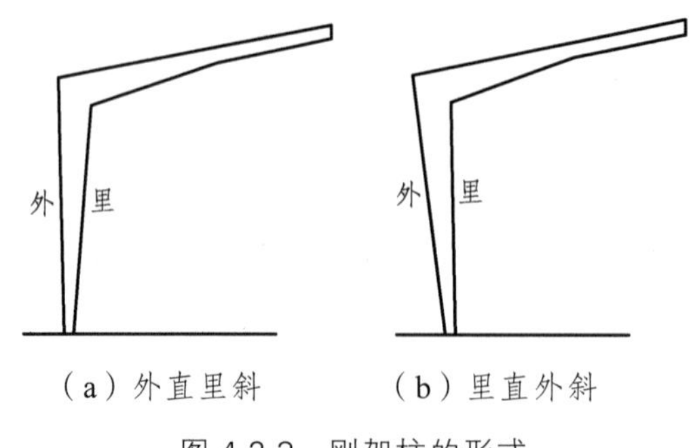

（a）外直里斜　　（b）里直外斜

图 4.2.3　刚架柱的形式

为减少材料用量，减轻结构自重，也可采用空腹刚架。空腹刚架有两种形式，一种是在预制构件时，在梁柱截面内留管（钢管或胶管）抽芯，把杆件做成空心截面，如图 4.2.4（a）所示。另一种是在杆件上留洞，如图 4.2.4（b）所示。

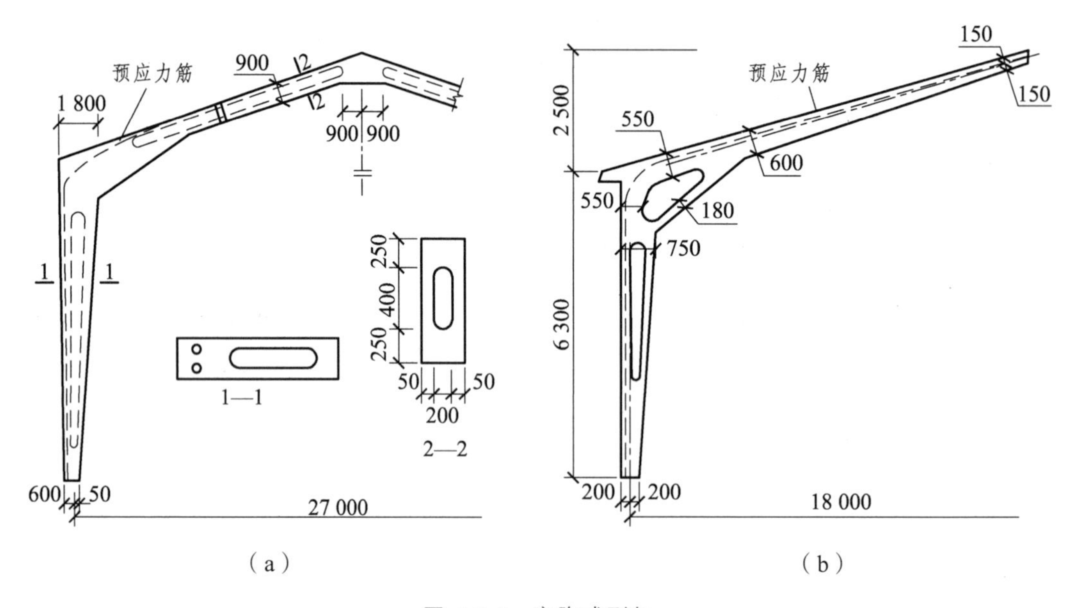

（a）　　（b）

图 4.2.4　空腹式刚架

4.2.3　钢刚架结构

钢刚架结构可分为实腹式和格构式两种。

实腹式刚架适用于跨度不大的结构，常做成两铰式结构。结构外露，外形可做得比较美观，制造和安装也比较方便。实腹式刚架的横截面一般为焊接工字形，少数为 Z 形。国外多采用热轧 H 形或其他截面形式的型钢，可减少焊接工作量，并能节约材料。当为两铰或三铰刚架时，构件应为变截面，一般是改变截面高度使之适应弯矩图的变化。实腹式刚架的横梁高度一般可取跨度的 1/20 ~ 1/6。当跨度大时，梁高显然很大，为充分发挥材料作用，可在支座水平面内设置拉杆，并施加预应力对刚架横梁产生卸荷力矩和反拱，如图 4.2.5 所示。这时横梁高度可取跨度的 1/40 ~ 1/30，并由拉杆承担了刚架支座处的横向推力，对支座和基础都有利。

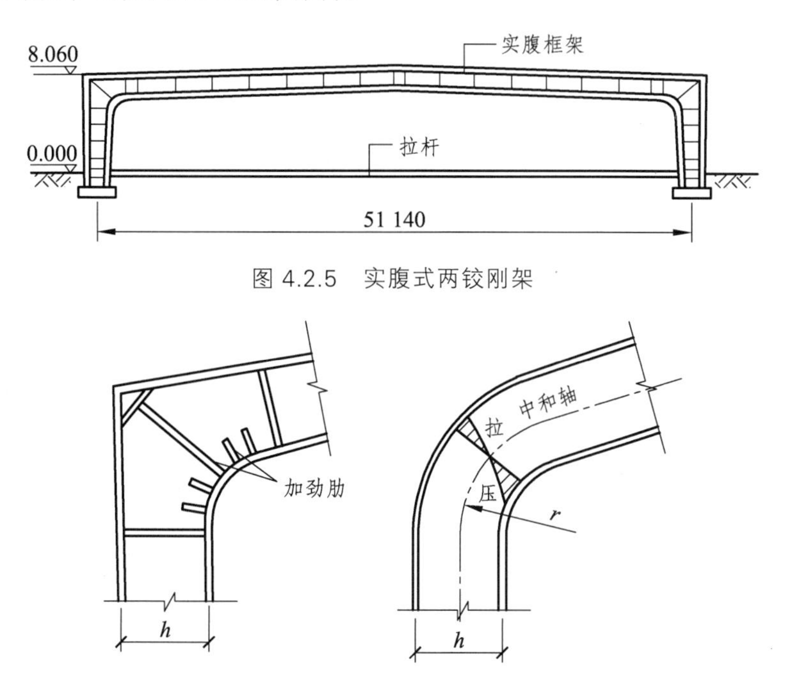

图 4.2.5 实腹式两铰刚架

图 4.2.6 刚架转角处的构造及应力集中

在刚架梁结构的柱连接转角处，由于弯矩较大，且应力集中，材料处于复杂应力状态，应特别注意受压翼缘的平面外稳定和腹板的局部稳定。一般可做成圆弧过渡并设置必要的加劲肋，如图 4.2.6 所示。

格构式刚架结构的适用范围较大，且具有刚度大、耗钢省等优点。当跨度较小时可采用三铰式结构，大跨度较大时可采用两铰式或无铰结构，如图 4.2.7 所示。格构式刚架的梁高可取跨度的 1/20 ~ 1/15，为节省材料，增加刚度，减轻基础负担，也可施加预应力，以调整结构中的内力。预应力拉杆可布置在支座铰的平面内，也可布置在刚架横梁内仅对横梁施加预应力，也可对整个结构施加预应力，如图 4.2.8 所示。

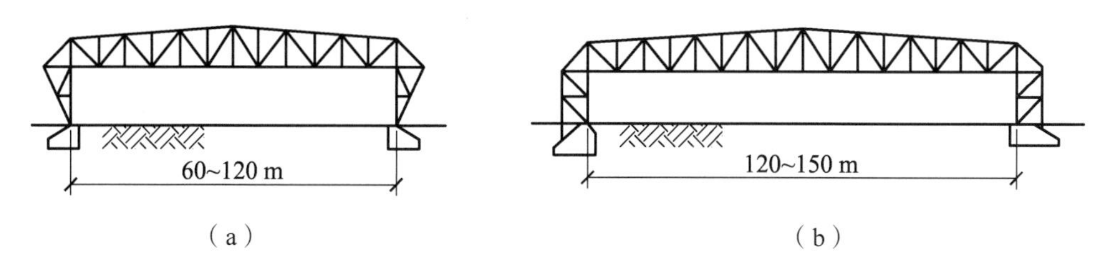

图 4.2.7 格构式刚架结构

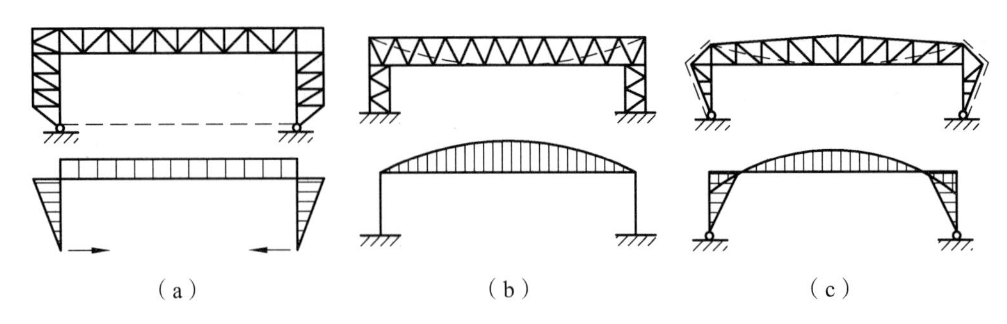

图 4.2.8　预应力格构式刚架结构

4.2.4　预应力混凝土刚架

为了提高结构刚度，减少杆件截面，可采用预应力混凝土刚架。为适应结构弯矩图的变化，预应力钢筋一般为曲线形布置，采用后张法施工。预应力钢筋的位置，应根据竖向荷载作用下刚架结构的弯矩图，布置在构件的受拉部位。对常见的单跨或多跨预应力混凝土门式刚架，为便于预制和吊装，可分为倒 L 形构件，Y 形构件及人字梁等基本单元，这时预应力钢筋可为分段交叉布置，也可连续折线状布置，如图 4.2.9 所示。

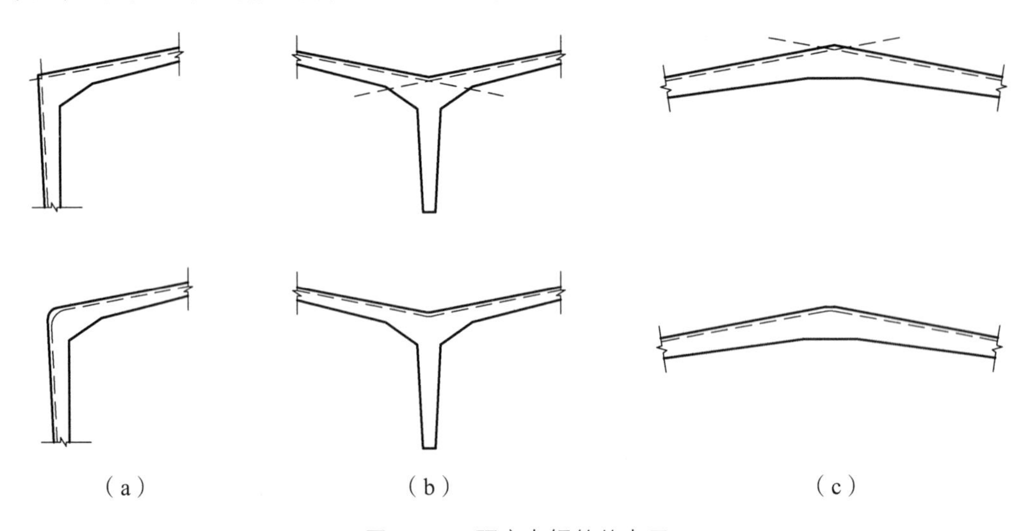

图 4.2.9　预应力钢筋的布置

对于分段布置预应力筋的方案，其优点是受力明确，穿预应力筋方便。采用一端张拉的方式，施工简单，构件在预应力阶段及荷载阶段受力性能良好。其缺点是浪费钢材，所需锚具多，且在转角节点处，预应力筋的孔道相互交叉，对截面削弱较大，当截面尺寸不能满足要求时，常需要加大截面宽度。

对于通长设置预应力筋的方案，预应力筋通常为曲线或折线形。其优点是节省钢材和锚具，孔道对杆件截面削弱较小，因此所需的构件截面尺寸（厚度）较小。其缺点是穿筋较困难，而且在预应力筋张拉时，可能会引起构件在预应力筋方向的开裂，以及在转折点处，因预压力的合力产生裂缝。对于人字梁和Y形构件，要注意在外荷载作用下有可能产生钢筋蹦出混凝土外的现象。采用这种方案时，施工中一般在两端张拉预应力，若在一端张拉则预应力损失较大。

4.3 刚架结构的构造与布置

4.3.1 单层刚架结构的外形

单层刚架结构可分为平顶、坡顶或拱顶，可以为单跨、双跨或多跨连续。它可以根据通风、采光的需要设置天窗、通风屋脊和采光带。刚架横梁的坡度主要由屋面材料及排水要求确定。对于常见中小跨度的双坡门式刚架，其屋面材料一般多用石棉水泥波形瓦、瓦楞铁及其他轻型瓦材，通常的屋面坡度为1/3。

4.3.2 刚架节点的连接构造

刚架结构的形式较多，其节点构造和连接形式也是多种多样的，但其设计要点基本相同。设计时既要使节点构造与结构计算简图一致，又要使制造、运输、安装方便。这里仅介绍几种实际工程中常见的连接构造。

1. 混凝土刚架节点的连接构造

钢筋混凝土或预应力混凝土门式刚架一般采用预制装配式结构。刚架预制单元的划分应考虑结构内力的分布，以及制造、运输、安装方便。一般把接头位置设在铰接点或弯矩为零的部位，把整个刚架划分成倒L形、F形、Y形拼装单元，如图4.3.1所示。

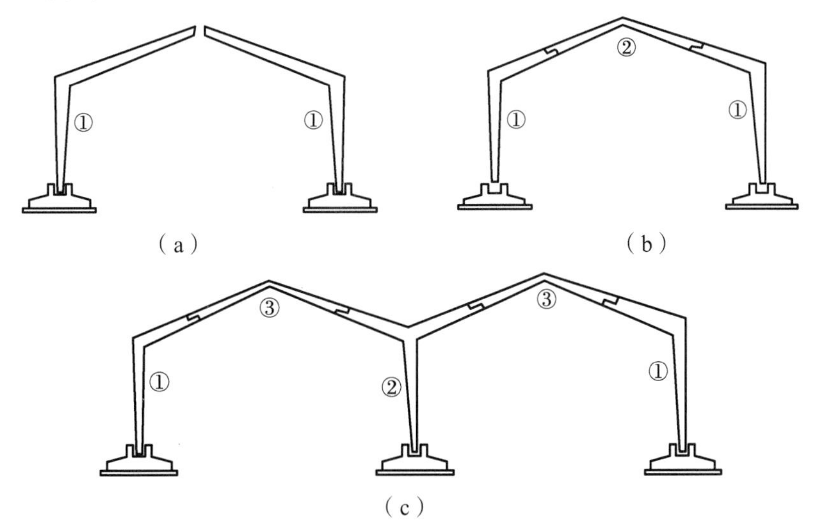

图4.3.1 刚架拼装单元的划分

单跨三铰刚架可分为两个倒 L 形拼装单元，铰节点设置在基础和顶部中间拼装点位置。两铰刚架的拼装点一般设置在横梁弯矩为零的截面附近，柱基础做成铰接。多跨刚架常采用 Y 形拼装单元，刚架承受的荷载一般有恒荷载和活荷载两种。在恒荷载作用下弯矩零点的位置是固定的，在活荷载作用下，弯矩零点的位置是变化的。因此，在划分结构单元时，接头位置应根据刚架在主要荷载作用下的内力图确定。

虽然接头位置选择在结构中弯矩较小的部位，仍应采取可靠的构造措施使之形成整体。连接的方式一般有螺栓连接[图 4.3.2（a）]、焊接接头[图 4.3.2（b）]、预埋工字钢接头[图 4.3.2（c）]等。

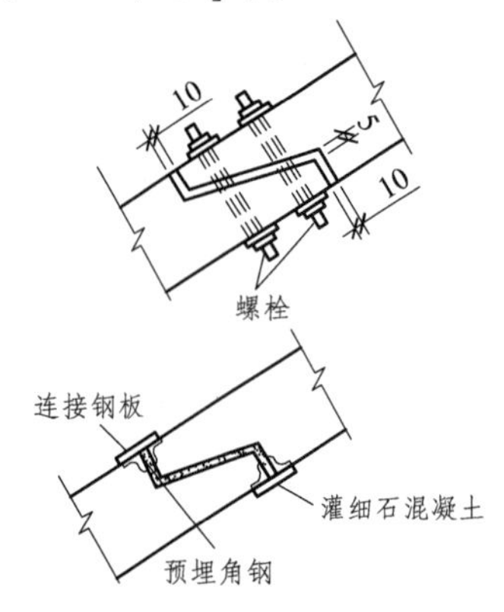

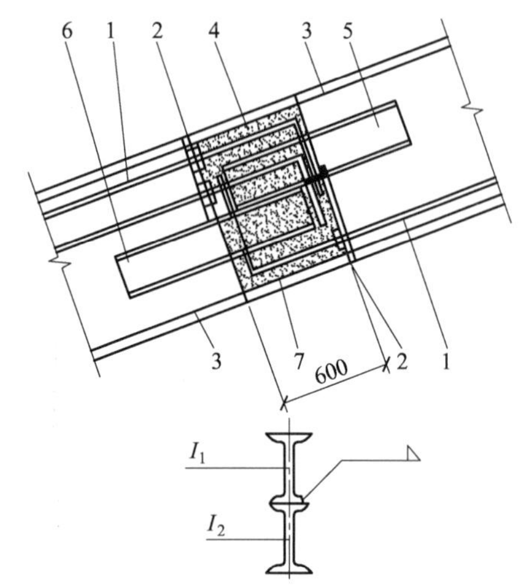

1—无粘接筋；2—锚具；3—非预应力筋；
4—非预应力筋接头处；5—$I_1$30 号 I 字钢；
6—$I_2$30 号 I 字钢；7—后浇 C50 混凝土

图 4.3.2　接头的连接方式

2. 钢刚架节点的连接构造

门式实腹式钢刚架，一般在梁柱交接处及跨中屋脊处设置安装拼接单元，用螺栓连接。拼节点处，有加腋和不加腋两种。在加腋的形式中又有梯形加腋和曲线形加腋两种，通常多采用梯形加腋，如图 4.3.3 所示。加腋连接既可使截面的变化符合弯矩图形的要求，又便于螺栓的布置。

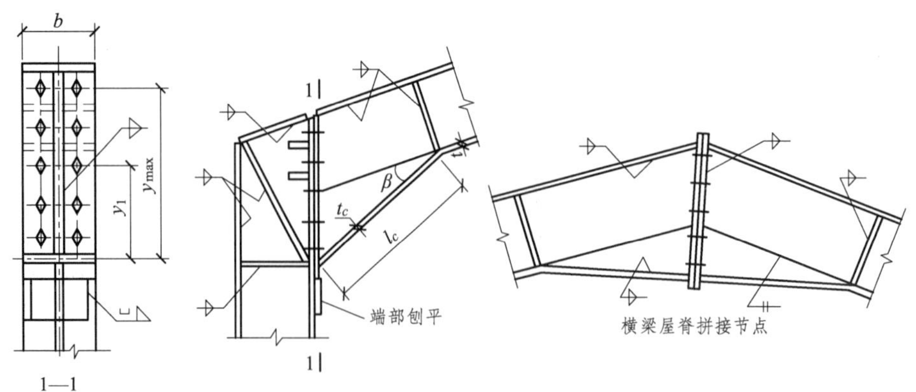

图 4.3.3　实腹式刚架的拼接节点

格构式刚架的安装节点，宜设在转角节点的范围以外接近弯矩为零处，如图 4.3.4（a）所示。如有可能，在转角范围内做成实腹式并加加劲杆，内侧弦杆则做成曲线过渡较为可靠，如图 4.3.4（b）所示。

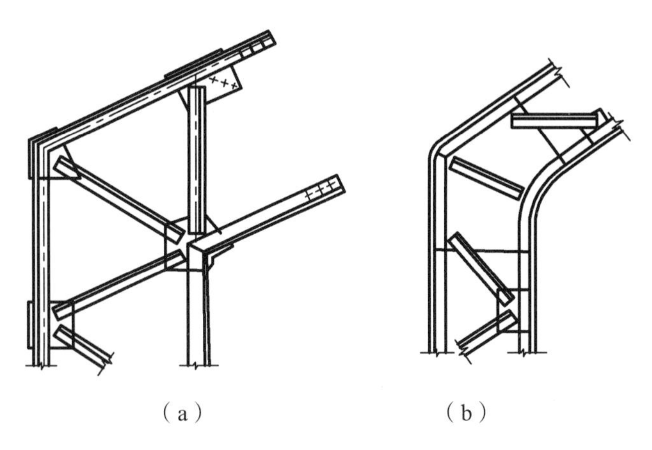

（a）　　（b）

图 4.3.4　格构式刚架梁柱连接构造

4.3.3　刚架铰节点的构造

刚架铰节点包括三铰刚架中的顶铰和支座铰。铰节点的构造，应满足力学中的完全铰的受力要求，即应保证节点能传递竖向压力及水平推力，但不能传递弯矩。铰节点既要有足够的转动能力，又要结构简单，施工方便。格构式刚架应把铰接点附近部分的截面改为实腹式，并设置适当的加劲肋，以便可靠地传递较大的集中作用力。常见的刚架顶铰节点的构造如图 4.3.5 所示。

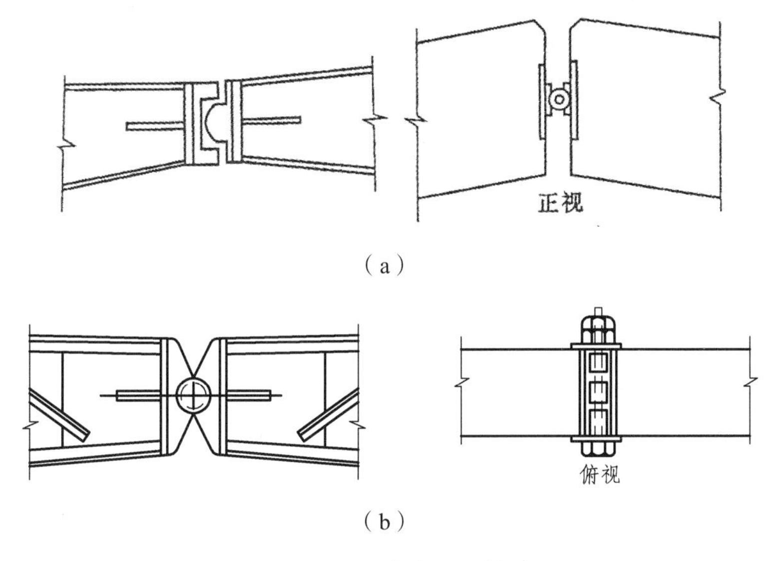

图 4.3.5　顶铰节点的构造

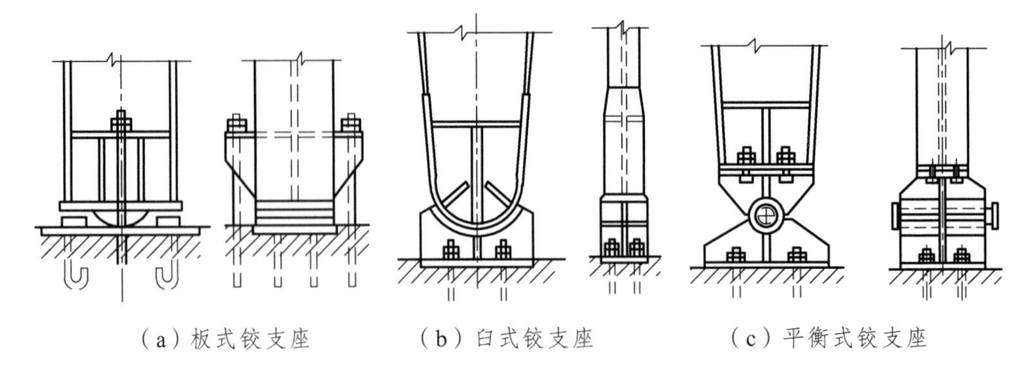

图 4.3.6　钢柱脚铰支座形式

刚架结构支座铰的形式如图 4.3.6 所示。当支座反力不大时，宜设计成板式铰，当支座反力较大时，应设计成臼式铰或平衡铰。臼式铰和平衡铰的构造比较复杂，但受力性能好。

现浇钢筋混凝土柱和基础的铰接通常是用交叉钢筋或垂直销筋实现。柱截面在铰的位置处减少 1/2 ~ 2/3，并沿柱子或基础的边缘放置油毛毡、麻刀所做的垫板，如图 4.3.7（a）、（b）所示。这种连接不能完全保证柱端的自由转动，因而在支座下部断面可能出现一些嵌固弯矩。预制装配式刚架柱与基础的连接则如图 4.3.7（c）所示。在将预制柱插入杯口后，在预制柱与杯口之间用沥青麻刀嵌固。

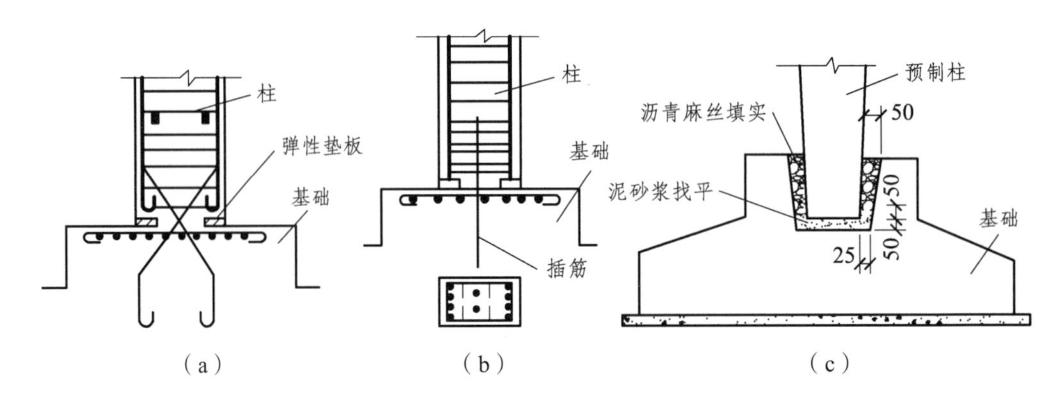

图 4.3.7　钢筋混凝土柱脚铰支座的形式

4.4　工程实例

4.4.1　装配式门式刚架网球馆

如图 4.4.1 所示，为某装配式门式刚架网球馆，两铰刚架，反弯点处接头。结构为变形截面倒 L 形柱。

图 4.4.1 某装配式门式刚架网球馆

4.4.2 国家体育场——鸟巢

国家体育场位于北京奥林匹克公园南部，为 2008 年第 29 届奥运会的主体育场。总占地面积 21 公顷，建筑面积 258 000 m^2。观众席约为 91 000 个，其中临时座席约为 11 000 个。

国家体育场工程为特级体育建筑，主体结构设计使用年限 100 年，耐火等级为一级，抗震设防烈度 8 度。长 340 m，宽 290 m，经国际招标选中“鸟巢”方案。屋盖基本结构为由箱型截面杆件组成的大跨钢结构两铰刚架组成，刚架围绕屋盖中间开口的切线转圈布置，共 24 个组合式门式刚架，如图 4.4.2（b）、（c）所示，再加上交叉斜杆组成完整的结构体系。刚架边柱距 37.96 m。

体育场顶面呈马鞍形，长轴 332.3 m，短轴 296.4 m，最高点高 68.5 m，最低点高 42.8 m。门式刚架截面高度达 12 m。

主看台部分采用钢筋混凝土框架—剪力墙结构体系，与“鸟巢”钢结构完全脱开，以保证看台与“鸟巢”结构独立[图 4.4.2（c）]，减少不均匀沉降对结构的影响。

体育场钢结构采用屈服强度为 460 MPa 的国产新型 Q460 钢板焊接而成的箱形构件，刚架肩部受力最大，钢板的最大厚度达 110 mm，主刚架与屋面及侧面上交叉布置的次结构一起形成了“鸟巢”特殊的建筑造型。结构总用钢量为 4.2 万吨。“鸟巢”结构四周是敞开的，顶部内表面贴有半透明薄膜，既能遮风挡雨，又可使光线更加柔和。

（a）效果图

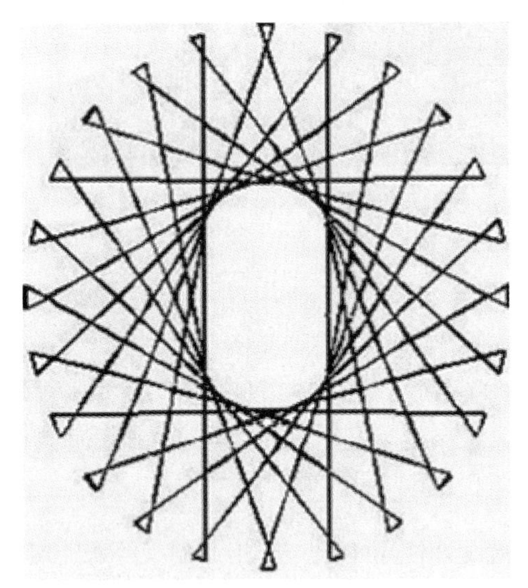

（b）刚架平面布置图

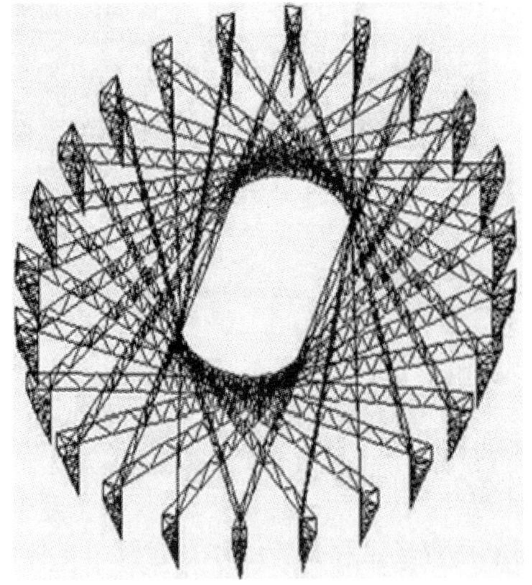

（c）刚架轴测图

图 4.4.2　国家体育场

复习思考题

1. 什么是刚架结构、排架结构和框架结构？
2. 简述约束条件对刚架结构内力的影响。
3. 简述梁柱线刚度比对刚架结构内力的影响。
4. 简述门式刚架的高跨比对刚架结构内力的影响。
5. 简述钢筋混凝土刚架、钢刚架和预应力混凝土刚架的适用范围。
6. 简述混凝土刚架节点的连接构造。
7. 钢刚架节点的连接通常采用什么方式？
8. 现浇钢筋混凝土柱和基础的铰接通常是通过什么样的构造来实现的？
9. 钢筋混凝土刚架在构件转角处为避免受力过大，可采取什么措施？

5　拱结构

【学习要点】

（1）拱的结构类型。

（2）拱的受力特点。

拱结构的土穴与岩洞是自然界存在最多的天然结构。拱是受压的，因此土、石等抗压性能良好的材料被广泛应用于拱结构中。天然结构中拱形土穴与岩洞居绝大多数，甚至还有天然的拱桥，如美国犹他州的天然拱桥 Rainbow Arch（图 5.0.1）。这说明拱是抗压材料的理想结构形式。

图 5.0.1　天然拱桥

5.1　拱的演变

5.1.1　国外拱的演变

拱是比较古老的结构形式，可以用抗压材料来跨越一定的跨度。桥梁、墓穴、园林、市政通道、房屋建筑等都可以运用拱。古罗马的半圆拱、拜占庭的帆拱、哥特建筑的尖拱在人类文明史上都留下了不朽的作品。

古罗马人喜欢半圆拱，并且他们还又在对半圆拱的长期实践与感性认识的基础上，建造了一些超出平面拱结构范畴而跨入空间壳体结构范畴的砖、石或混凝土的圆顶与穹隆。古罗马的万神庙（图 5.1.1）位于意大利首都，是罗马最古老的建筑之一，也是古罗马穹顶技术的最高代表。万神庙采用了穹顶覆盖的集中式形制，其平面是圆型的，中央内殿穹顶直径达 43.3 m，顶端高度也是 43.3 m。重建后的万神庙是单一空间、集中式构图的建筑物的代表，也是罗马穹顶技术的最高代表。它是古代建筑中最为宏大，保存近乎完美，同时也是历史上最具影响力的建筑之一。

（a）建筑外部

（b）建筑内部

图 5.1.1　万神庙

君士坦丁堡的圣索菲亚大教堂（图 5.1.2）位于现今土耳其伊斯坦布尔，是拜占庭式建筑的代表作，创造了以帆拱上的穹顶为中心的复杂拱券结构平衡体系，有近一千五百年的漫长历史，因其巨大的圆顶而闻名于世。中央大穹隆，直径 32.6 m，穹顶离地 54.8 m，通过帆拱支承在四个大柱敦上，整套结构体系，体形复杂，层次井然，条理分明。其伸展、复合的空间比古罗马万神庙单一、封闭的空间，大大跨进了一步。

（a）建筑外部

（b）建筑内部

图 5.1.2 圣索菲亚大教堂

巴黎圣母院（图 5.1.3）是位于巴黎塞纳河城岛的东端，建造于 1163 年，到 1345 年才全部建成，历时 180 多年。巴黎圣母院是哥特式建筑中，非常具有代表意义的一座建筑，其拱窗、拱门、拱顶是一大特色。它是欧洲建筑史上具有划时代的标志。

（a）建筑外部

（b）建筑内部

图 5.1.3 巴黎圣母院

泰姬陵（图 5.1.4）是印度知名度最高的古迹之一，世界文化遗产，被评选为“世界新七大奇迹”，被誉为“完美建筑”，又有“印度明珠”的美誉。泰姬陵最引人瞩目的是用纯白大理石砌建而成的主体建筑，皇陵上下左右工整对称，其拱的应用成为建筑的一大亮点。

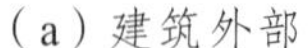

（a）建筑外部

（b）建筑内部

图 5.1.4　泰姬陵

5.1.2　中国拱的演变

在中国古代，很多地方都可以见到拱结构的影子，其中拱桥是最为常见的结构类型。拱不仅用于桥梁，也用于房屋建筑。有砖拱结构的无梁殿，也有砖、石、黄土的窑洞。至今，我国西北黄土高原地区，仍大量兴建新的窑洞。

赵州桥（图 5.1.5）是中国现存最早，并且保存良好的石拱桥。赵州桥为敞间圆弧石拱，拱券并列 28 道，净跨 37.02 m，失高 7.23 m，上窄下宽，总宽达 9 m。主拱券等厚 1.03 m，其上有护拱石。在主拱券上两侧，各开两个净跨分别为 3.8 m 和 2.85 m 的小拱，以宣泄洪水，减轻自重。桥面呈弧形，栏槛望柱，雕刻着龙兽，神采飞扬。该桥始建于隋朝开皇十五年（公元 595 年），完工于隋朝大业元年（公元 605 年），距今已有 1387 年历史。安济桥制作精良，结构独特，造型匀称优美，雕刻细致生动，历代都予以重视和保护，1991 年被列为世界文化遗产。

图 5.1.5　赵州桥

宝带桥（图 5.1.6）又名长桥，位于江苏省苏州市，其桥身之长，桥孔之多，结构之精巧，为中外建桥史上所罕见，与赵州安济桥、北京卢沟桥、福建洛阳桥并列为中国四大古桥。宝带桥全桥用金山石筑成，桥长 316.8 米，共有 53 个桥孔，各孔均可通航，其中三个大孔净空较高，可通过大型船舶。该桥始建于唐元和十一年至十四年（公元 816-819 年），2001 年被列为第五批全国重点文物保护单位，2014 年作为中国大运河重要遗产点列入世界遗产名录。

图 5.1.6　宝带桥

灵谷寺无梁殿（图 5.1.7）位于南京市，是中国历史最悠久、规模最大的砖砌拱券结构殿宇，始建于明洪武十四年（1381 年），因整座建筑采用砖砌拱券结构、不设木梁，故称“无梁殿”。殿前檐墙开三门二窗，后墙设三门，两侧各有窗四个（中间有上、下各一个），均采拱券形式。殿内以东西横向并列三个通长拱券构成，中间券最大，跨径 11.5 米，净高 14 米，前后两券的跨度各为 5 米，高 7.4 米。由于列券的侧向水平推力很大，因此该殿有前后檐墙皆厚近 4 米。无梁殿的结构虽简单，但十分牢固，历时 600 余年，风雨硝烟，仍岿然不动。

（a）

（b）

图 5.1.7　灵谷寺无梁殿

5.1.3 近、现代的拱结构

近、现代建筑的拱采用圆弧拱或抛物线拱。其所采用材料非常广泛，有采用砖、石、混凝土、钢筋混凝土、预应力混凝土的，也有采用木材与钢材的。

拱结构的应用范围很广。最初用于桥梁，第一座铸铁桥是拱桥（图 5.1.8），于 1779 年在英国建成。拱桥得到广泛应用后，其形式也更美化。在建筑中，由于拱结构不仅受力性能较好，而且形式多种多样，因此也广泛应用于房屋建筑中。在房建中，拱主要用于屋盖或跨越门窗洞口。但有时也用作楼盖、承托围墙或地下沟道顶盖。

另外，现代还有些观赏性的拱结构，如美国圣路易市的杰弗逊纪念碑（图 5.1.9），为约 177 m 高的不锈钢拱，可供人们登高瞭望市容。

图 5.1.8 铸铁拱桥

图 5.1.9 杰弗逊纪念碑

5.2 拱结构的类型

按结构支撑方式分类，拱可分成三铰拱、两铰拱和无铰拱三种，如图 5.2.1。

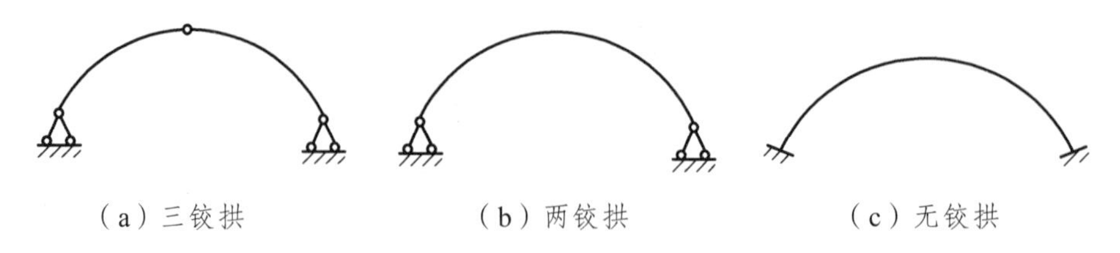

（a）三铰拱　（b）两铰拱　（c）无铰拱

图 5.2.1 拱的结构计算简图

5.2.1 无铰拱

无铰拱属于静定结构，一般情况下，只有在地基良好或者两侧拱脚处有稳固边跨结构时，才采用无铰拱。无铰拱在桥梁结构中比较普遍，而在房屋建筑工程中应用较少。

5.2.2 两铰拱

两铰拱也属于超静定结构，在房屋建筑中的应用较多。两铰拱在跨度较小时，结构自重不大，可以整体预制；跨度较大时，可以采用分段预制，现场拼装的施工方法。

5.2.3 三铰拱

三铰拱属于静定结构，对于因地基较差引起基础不均匀沉降有良好的适应能力。如秦始皇兵马俑博物馆展览大厅就采用了三铰拱结构形式。

5.3 拱的受力特点

拱结构是使构件摆脱弯曲变形的一种突破性发展，因此，拱结构比梁、板结构的力学优点更加显著，而且它为抗压性能好的材料提供了一种理想的结构形式。

5.3.1 拱脚推力

如图 5.3.1 所示，在竖向荷载（重力荷载）作用下，拱的轴向压力在传至拱脚处时与水平面形成一定的角度，那么，这个压力就会产生一个水平分力 H，而这种状况在同样条件下的平板结构中是不存在的，这个水平分力 H 称之为拱脚推力。

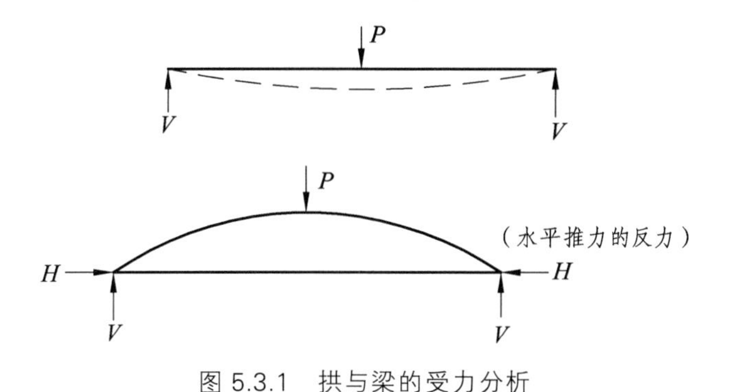

图 5.3.1 拱与梁的受力分析

推力是所有曲面结构的一个共有的特征，它的存在是曲面结构的外形决定的，而推力的存在会使拱等曲面结构形成一种使曲面展开的趋势和动能。这种趋势如果不受限制，任其发展下去的话，曲面结构的曲率将逐渐变小，最终将转变成平板结构，那么，曲面结构的所有结构优势将荡然无存。因此，拱脚推力与拱的失高成反比，拱越高则推力越小。

因此，必须对所有的曲面结构采取足够的、可靠的和有效的措施，以抵消推力的作用。拱的推力可由抗推力支座承担（图 5.3.2），也可用设拉杆的方法承担推力。在房屋建筑中，也可利用相邻房屋的抗侧力结构来平衡，如图 5.3.3 所示。

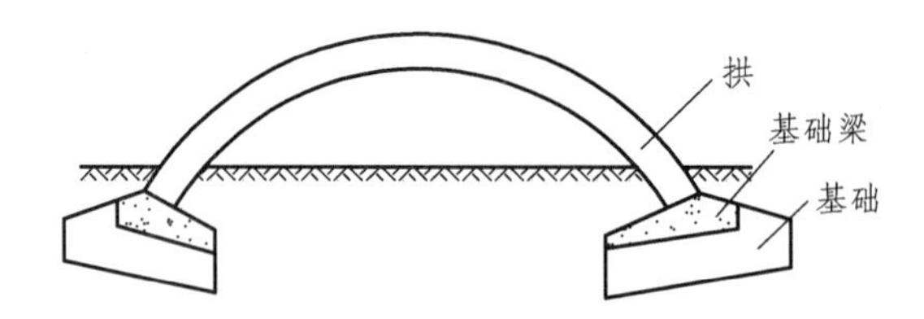

图 5.3.2　设置基础作为承受拱水平推力的基座

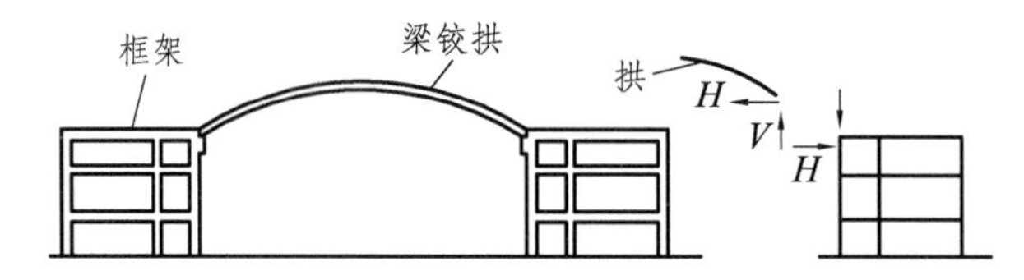

图 5.3.3　利用框架结构等上部结构作为承受拱水平推力的基座

5.3.2　拱身截面的内力

梁、板结构属于平板结构，其主要内力是弯矩和剪力，且弯矩分布不均匀，使得结构材料不能充分发挥其潜力，造成很大的浪费。而拱结构主要内力是轴向压力，一般情况下，其截面内的弯矩和剪力是很小的。如果拱轴曲线处理得当，甚至可以做到完全无弯矩状态。拱身截面内力主要以轴向压力的形式存在，拱身截面上的应力分布是均匀的，因此，结构材料的潜力能够全面充分地发挥出来，并且可以采用来源广泛、成本较低的抗压性能良好的砖、石、混凝土等材料建造跨度较大的拱结构。

5.3.3　拱的合理轴线

当拱轴线为某一适当曲线时，拱截面仅有轴向压力，而没有弯矩和剪力，这种曲线为合理拱轴线。对于不同的拱结构形式，在不同的荷载作用下，拱的合理拱轴线是不同。

三铰拱在沿水平方向均布的竖向荷载作用下，拱的合理拱轴线为一抛物线。对于受径向均布压力作用的无铰拱或三铰拱，其合理拱轴线为圆弧线，图 5.3.4。

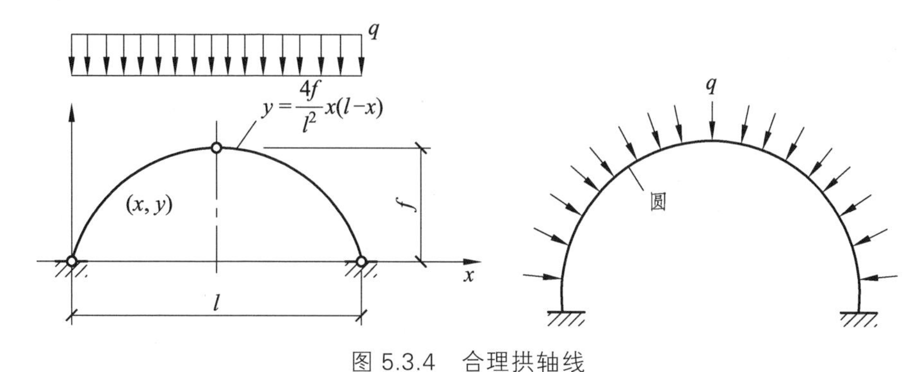

图 5.3.4 合理拱轴线

5.4 工程实例

5.4.1 北京首都国际机场三期航站楼

北京首都国际机场三期航站楼是为迎接 2008 北京年奥运会而进行的扩建项目（图 5.4.1、图 5.4.2），交通中心项目是扩建工程的一个重要组成部分。作为交通枢纽，它为新航站楼提供一个功能强大的交通服务换乘平台，包括城市轨道交通车站，大型停车楼及专为枢纽机场配套会议、展览等多功能服务设施。

交通中心位于新航站楼南侧，平面呈近似椭圆形，南北约 350 m，东西约 550 m，在地上设一个高约 25 m，南北长约 340 m，东西长约 120 m 的轨道车站与会议展览中心。其东、西两侧是一个由周边向中央缓缓升起的、具有感染力的景观平台。在它的外侧是下沉的车行环路。环路的北、东两面分别与进入航站楼的主路相邻，自然地咬合在一起，构成完美的统一体。

交通中心总建筑面积约 33 万平方米。交通中心标高 ± 0.00 以下有两层，局部地下三层为设备层，地面标高 – 13.95 m，地下二层为停车库和人防用房，层高 3.75 m，地面标高 – 9.00m，地下一层为停车库，层高 5.25 m，地面标高 – 5.25 m，首层为多功能厅，层高 7 m，顶标高 7.25 m，轨道交通位于首层顶板，拱形屋顶标高 25.50 m。

交通中心的钢屋盖是一个东西走向有规律的单向两铰拱系统，支撑在首层混凝土结构上。拱架间距 18 m，共有 13 榀，跨度为 77 ~ 199 m，矢跨比为 0.21 ~ 0.28。南北向总长度为 258.956 m，其中在最南和最北端各有悬挑 21 m 的斜拱。沿着主拱外包线的圆心每隔 5.75°设置一根主檩条，间距在 9.0 m 左右。主拱和主檩条都采用焊接梯形截面。主拱拱脚处最大截面高度 3.159 m，最小截面高度 2.091 m，按二次曲线向拱顶减小，拱顶处最小截面 1.2 m 左右。

图 5.4.1　北京首都国际机场三期航站楼外观

图 5.4.2　北京首都国际机场三期航站楼内景

5.4.2　上海卢浦大桥

卢浦大桥是当今世界跨度第二长的钢结构拱桥，创下了 10 项世界纪录，也是世界上首座完全采用焊接工艺连接的大型拱桥（除合拢接口采用栓接外），现场焊接焊缝总长度达 4 万多米，接近上海市内环高架路的总长度。卢浦大桥像澳大利亚悉尼海湾大桥一样具有旅游观光的功能。

大桥主桥为全钢结构，大桥直线引桥全长 3 900 m，其中主桥长 750 m，宽 28.75 m，采用单跨过江，由于主跨跨径达 550 m，居世界同类桥梁（钢管拱桥）之首。主桥按六车道设计，引桥按六车道、四车道设计，设计航道净空为 46 m，通航净宽为 340 m。主拱截面世界最大，为 9 m 高，5 m 宽，桥下可通过 7 万吨级的轮船。

图 5.4.3 上海卢浦大桥

图 5.4.4 施工中的卢浦大桥，拱合拢

5.4.3 日本东京 Tama 艺术大学图书馆

Tama Art University Library 是日本东京 Tama 大学的图书馆建筑，该图书馆位于日本东京郊区。图书馆底层是开阔的长廊式空间，为人们穿越校园提供一条活动道路。为了让人们的流动和视觉自由地贯穿建筑，设计师们使用随机排布的拱形结构来营造一种感觉，让倾斜的地面和外面的公园风景及建筑保持连续。拱形结构用钢结构和混凝土做成。这些拱形结构相互交汇，这样可以让拱形的底部非常秀气，而顶部可以承受住二层的重量。这些拱的跨度从 1.8 ~ 16 m，但厚度是统一的 200 mm。这些交汇的拱把空间柔和地划分成不同的区域，加上书架、不同形状的学习桌以及可用作公告牌的玻璃隔断等，使划分而成的区域既有个性又和整体空间保持连续。

（a）建筑外观

（b）建筑内景

图 5.4.5　施工中的卢浦大桥，拱合拢

复习思考题

1. 简述拱的受力特点。如何看待处理拱结构水平推力的平衡问题？
2. 拱结构的结构形式有哪些？各有何特点和适用范围？
3. 简述拱的合理拱轴线的特点。
4. 试列举国内外拱结构的新建实例，并总结它们的特点。

6 薄壁空间结构

【学习要点】

（1）薄壁空间结构的特点、薄壁空间结构的曲面形式。

（2）圆顶、筒壳、双曲扁壳、鞍壳、扭壳、折板的组成及各个结构型式的特点。

6.1 概 述

6.1.1 薄壳结构的概念

自然界中存在着十分丰富的壳体结构，如动物的蛋壳、蚌壳、蜗牛壳等，以及植物的果壳、种子、茎秆等。它们的形态千变万化，曲线优美，且厚度之薄，用料之少，结构之坚，着实让人惊叹。在日常生活中，人类仿生于自然界，也制造出各种壳体结构，如碗、罐、安全帽、轮船、飞机等。它们也都是以最少的材料构成特定的使用空间，并具有一定的强度和刚度。

壳体结构一般是由上下两个几何曲面构成的空间薄壁结构。两个曲面之间的距离称为壳体的厚度（t），当 t 比壳体的其他尺寸（如曲率半径 R，跨度 L 等）小得多时，一般要求 $t/R \leqslant 1/20$ 称为薄壳结构（即薄壁空间结构），反之称为厚壳或中厚壳，如鸡蛋壳的 $t/R \approx 1/50$，即为薄壳结构。一般在现代建筑工程中所遇到的壳体，常属于薄壳结构。

6.1.2 薄壳结构的特点

壳体结构的强度和刚度主要是利用其几何形状的合理性，而不是以增大其结构截面尺寸取得的，这是薄壳结构与拱式结构相似之处。同时，薄壳结构比拱式结构更具优越性，因为拱式结构只有在某种确定荷载的作用下才有可能找到处于无弯矩状态的合理拱轴线，而薄壳结构由于受两个方向薄膜轴力和薄膜剪力的共同作用，可以在较大的范围内承受多种分布荷载而不致产生弯曲。薄壳结构空间整体工作性能良好，内力比较均匀，是一种强度高、刚度大、材料省、自重轻、覆盖面积大而又无须中柱，造价经济合理，造型多变优美，因而薄壳结构在大跨度建筑中是较常见的结构型式。

当然，薄壁空间结构中也有少部分结构类型，它们的外形为非曲面结构的外形，例如折板结构，因其受力状态和空间形态都更接近于曲面结构，所以这类结构也属于空间薄壁结构。

薄壳结构是由壳面和边缘构件两部分组成，边缘构件是壳面的边界和支座，为壳面提供受力明确的边界条件，是薄壳结构的重要组成部分。边缘构件的损坏会彻底改变壳面的受力状态，甚至导致整个壳体的破坏或倒塌，因此边缘构件在薄壳中具有重要作用，不可忽视。例如，鸡蛋具有一个完整的薄壳，所以不需要边缘构件，鸡蛋壳虽然很薄，但承载力和刚度都很大。半个鸡蛋壳就是没有边缘构件的薄壳，轻轻一压就会破碎。

在实际工程中，薄壳结构也有它自身不足的一些方面。首先，在结构设计方面，薄壳结构的计算过于复杂，是使它的应用受到限制的原因之一。其次，在施工方面，由于薄壳结构的体型多为曲面，复杂多变，所以采用现浇钢筋混凝土结构时，模板、工时耗费较多，施工难度较大。再次，当薄壳结构作为屋面围护结构时，由于壳壁太薄，故隔热保温效果并不理想。另外，某些薄壳结构，如球壳、扁壳，易产生回声现象，对音响效果要求高的大会堂、影剧院、体育馆等建筑并不适用。

6.2 薄壳结构的曲面形式

工程中，薄壳的形式虽然是丰富多彩，千变万化，但是其基本曲面形式按其形成的几何特点可以分为以下几类。

6.2.1 旋转曲面

旋转曲面是由一条平面曲线作母线，绕该平面内某一给定的直线旋转一周而形成的曲面。由于母线可有不同的形状，因而可得到用于薄壳结构中的多种不同旋转曲面，如球形曲面，椭球曲面、抛物球曲面、双曲球曲面、锥形曲面等，如图 6.2.1 所示。

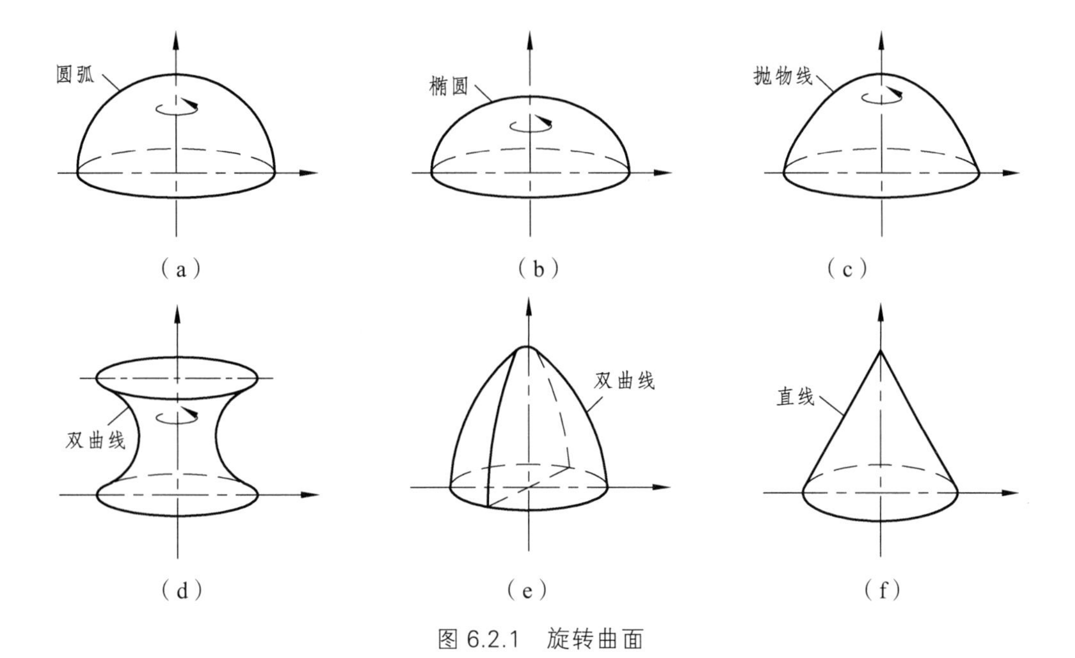

图 6.2.1 旋转曲面

6.2.2 平移曲面

平移曲面由一条竖向曲线作母线沿着另一条竖向曲线（导线）平移所形成的曲面。在工程中常见的平移曲面有椭圆抛物面和双曲抛物面，所形成的壳体称为椭圆抛物面壳和双曲抛物面壳。

椭圆抛物面是由一竖向抛物线作母线沿另一凸向相同的抛物线作导线平行移动所形成的，如图 6.2.2（a）所示。这种曲面与水平面的截交线为椭圆线，故称为椭圆抛物面，如图 6.2.2（b）所示。

双曲抛物面是由一竖向抛物线作母线沿另一凸向相反的抛物线作导线平行移动所形成的，如图 6.2.3（a）所示。这种曲面与水平面的截交线为双曲线，故称为双曲抛物面，如图 6.2.3（b）所示。

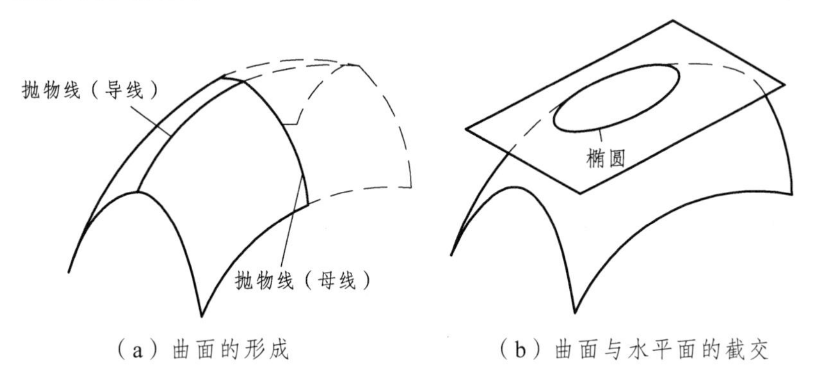

（a）曲面的形成　　（b）曲面与水平面的截交

图 6.2.2 椭圆抛物面

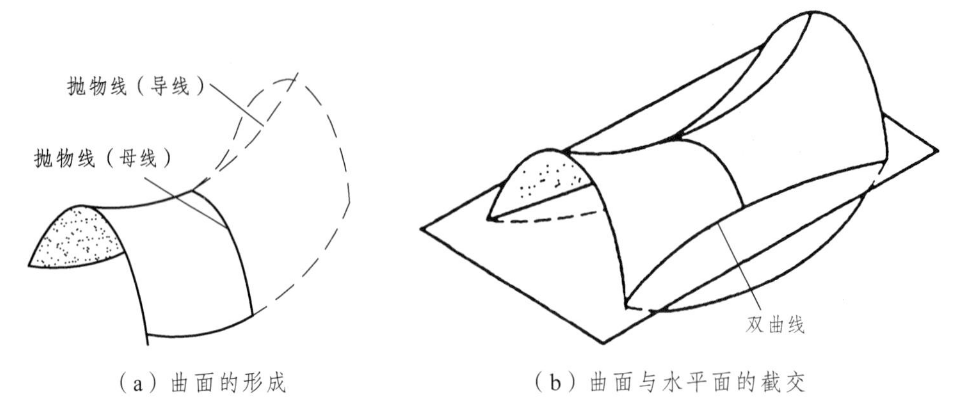

（a）曲面的形成　　（b）曲面与水平面的截交

图 6.2.3　双曲抛物面

6.2.3　直纹曲面

直纹曲面是由一段直线（母线）的两端分别沿两条固定曲线（导线）移动所形成的曲面。工程中常见的直纹曲面有以下几种：

1. 柱面与柱状面

柱面是由直母线沿一曲导线移动形成的曲面，如图 6.2.4（a）所示。工程中，筒壳就是由柱面构成的。

柱状面是由一直母线沿两根曲率不同的竖向曲导线移动，并始终平行于一导平面而形成的，如图 6.2.4（b）所示。工程中，柱状面壳就是由柱状面构成的。

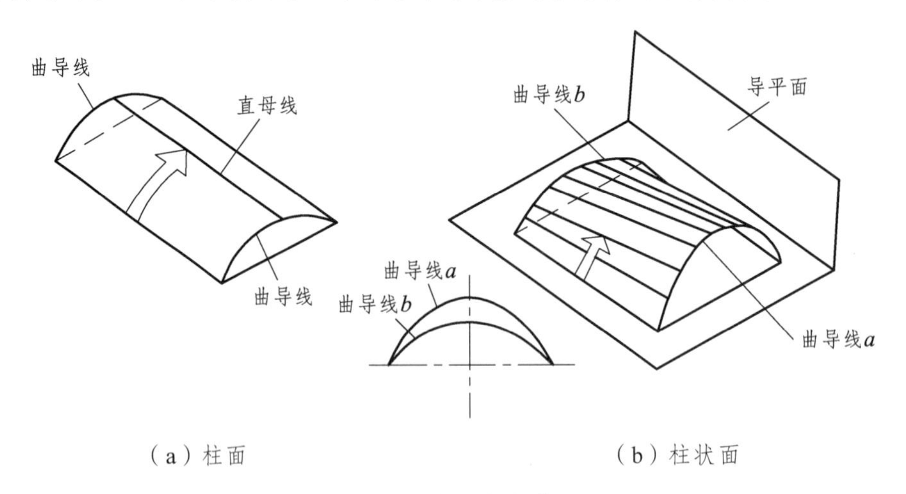

（a）柱面　　（b）柱状面

图 6.2.4　柱面与柱状面

2. 鞍壳、扭壳

如图 6.2.3（b）所示的双曲抛物面，也可以按直纹曲面的方式形成，如图 6.2.5（a）

所示。工程中的鞍壳即是由双曲抛物面构成的。

扭曲面则是由一根直母线沿两根相互倾斜且不相交的直导线平行移动而成的曲面，如图 6.2.5（b）。扭曲面也可以是从双曲抛物面中沿直纹方向截取的一部分，如图 6.2.5（a）。工程中，扭壳就是扭曲面构成的。

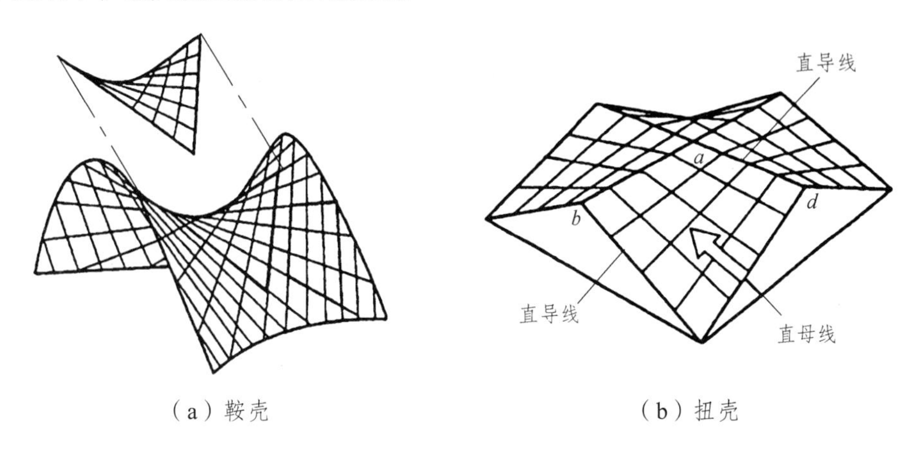

（a）鞍壳　　（b）扭壳

图 6.2.5　鞍壳、扭壳

3. 锥面与锥状面

锥面是一直线沿一竖向曲导线移动，并始终通过一定点而成的曲面，如图 6.2.6（a）。工程中，锥面壳就是由锥面构成的。

锥状面是由一直线一端沿一根直线、另一端沿另一根曲线，与一指向平面平行移动而成的曲面，如图 6.2.6（b）。工程中，劈锥壳就是由锥状面构成的。

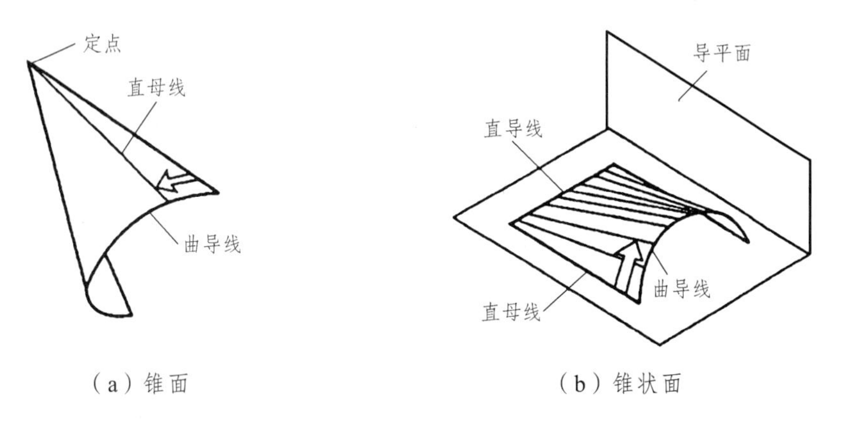

（a）锥面　　（b）锥状面

图 6.2.6　锥面与锥状面

直纹曲面壳体的最大特点是建造时制模容易，脱模方便，因此工程中采用的较多。

4. 复杂曲面

在上述的基本几何曲面上任意切取一部分，或将曲面进行不同的组合，便可以得到各种各样复杂多变的曲面，如图 6.2.7 所示。但是需要注意的是，如果曲面形式过于复杂，会造成极大的施工困难及工程造价的提高，有的甚至难以实现。

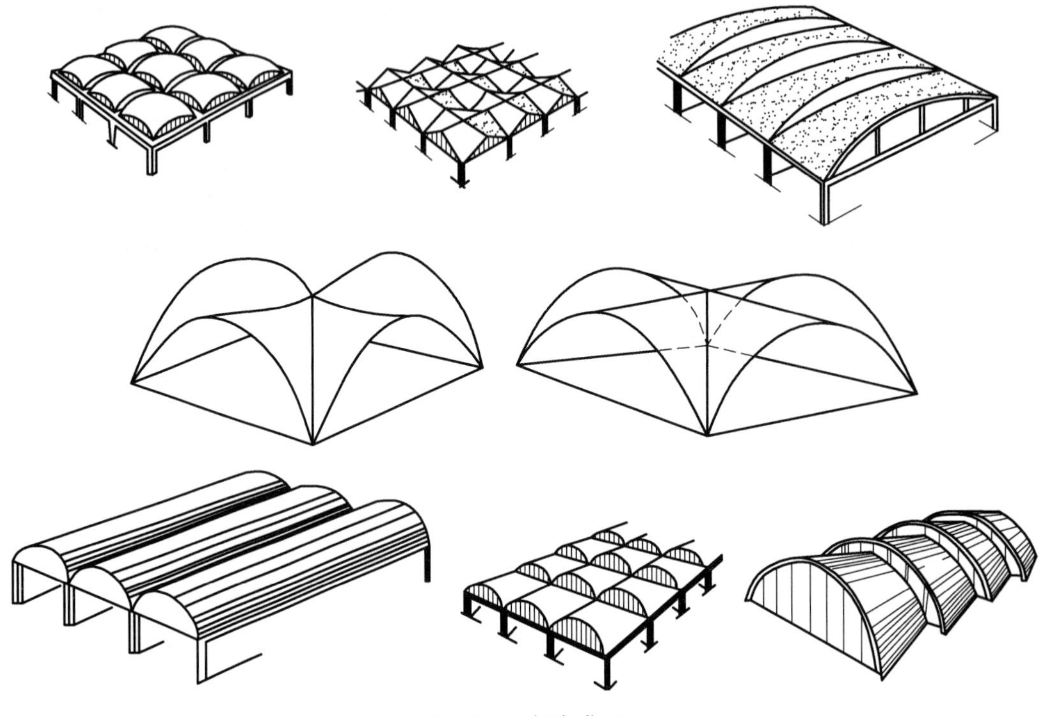

图 6.2.7　复杂曲面

6.3　圆　顶

圆顶结构是极古老的建筑形式，古人仿效洞穴穹顶，建造了众多砖石圆顶，其中多为空间拱结构。直到近代，由于人们对圆顶结构的受力性能的了解，以及钢筋混凝土材料的应用，采用钢筋混凝土建造的圆顶结构仍然在大量的应用。

圆顶结构为旋转曲面壳。根据建筑设计的需要，圆顶薄壳可采用抛物线、圆弧线、椭圆线绕其对称竖轴旋转而成抛物面壳、球面壳、椭球面壳等。圆顶薄壳结构具有良好的空间工作性能，能以很薄的圆顶覆盖很大的跨度，因而可以用于大型公共建筑，如杂技院、剧院、展览馆、天文馆等，也可作为圆形水池的顶盖。目前已建成的大跨度钢筋混凝土圆顶薄壳结构，直径已达 200 多米。

圆顶结构弯拱式的造型及四周传力的受力特点，使它既满足了天文馆等建筑功能上的要求，又具有很好的空间工作性能。圆顶的覆盖跨度可以很大而其厚度却很薄，壳身内的应力通常很小，钢筋配置及壳身厚度常由构造要求及稳定验算来确定，因此，圆顶结构的材料用量很省。如 1949 年以后建成的第一座天文馆—北京天文馆，其顶盖即是直径为 25 m 的半球形圆顶结构，壳体厚度只有 60 mm，混凝土利用喷射法施工，每平方米结构自重只有 200 kg 左右。

6.3.1　圆顶的组成及结构形式

圆顶结构由壳身、支座环、下部支承构件三部分组成，如图 6.3.1 所示。

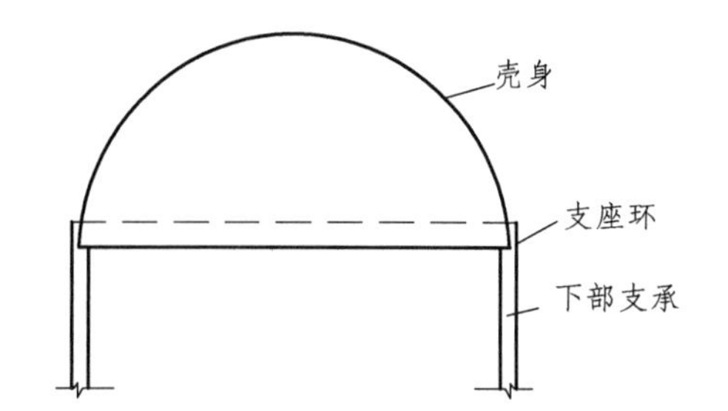

图 6.3.1　圆顶薄壳的组成

1. 壳　板

按壳板的构造不同，圆顶可以分为平滑圆顶、肋形圆顶和多面圆顶三种，如图 6.3.2 所示。其中，平滑圆顶在工程中的应用最为常见，如图 6.3.2（a）所示。

当建筑平面不完全是圆形以及其他需要将表面分成单独的区格时，可以把实心光板截面改变成带肋板，或波形截面、V 形截面等构造方案，使板底面构成绚丽图案，即采用肋形圆顶。肋形圆顶是由径向或环向肋系与壳板组成，肋与壳板整体相连，为了施工方便一般采用预制装配式结构，如图 6.3.2（b）所示。

当建筑平面为正多边形时，可采用多面圆顶结构，如图 6.3.2（c）所示。多面圆顶结构是由数个拱形薄壳相交而成，与平滑圆顶相比，多面圆顶的支座距离较大；与肋形圆顶相比，多面圆顶可节省材料用量，且自重较轻。

在建筑需要时，也可以把壳面切成三、四、五、六、七、八边形，形成割球壳，这样可改变圆顶薄壳原本呆板的造型，使壳体边缘具有丰富的变现力，造型变得更加活泼。

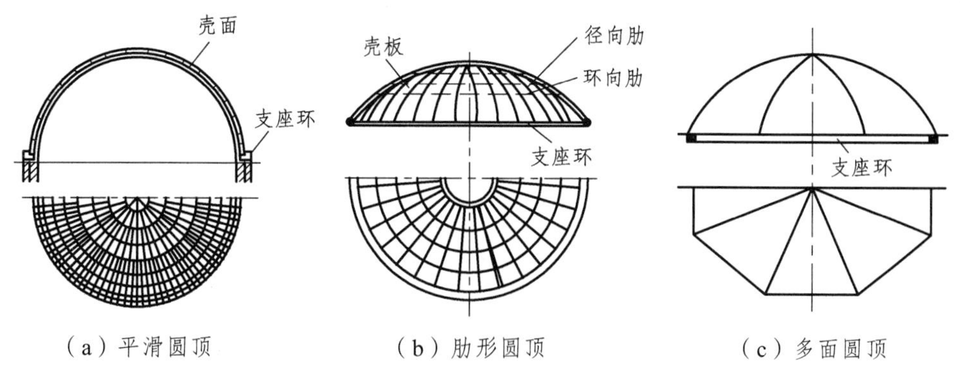

图 6.3.2　圆顶薄壳的组成

2. 支座环

支座环是球壳的底座，它是圆顶结构保持几何不变性的保证，对圆顶起到紧箍的作用。它可能要承担很大的支座推力，环内会产生很大的环向拉力，因此支座环必须为闭合环形，且尺寸很大，其宽度在 0.5 ~ 2 m，建筑上常将其与挑檐、周圈廊或屋盖等结合起来加以处理，也可以单独自成环梁，隐藏于壳底边缘。

3. 支承结构

圆顶的下部支承结构一般有以下几种：

（1）圆顶结构通过支座环支承在房屋的竖向承重构件上，如砖墙、钢筋混凝土柱等，如图 6.3.3 所示。这时径向推力的水平分力由支座环承担，竖向支承构件仅承受径向推力的竖向分力。这种结构型式的优点是受力明确，构造简单、但当圆顶的跨度较大时，由于径向推力很大，要求支座环的尺寸很大。同时这样的支座环，其表现力也不够丰富活跃。

（2）圆顶结构支承在框架上，利用圆顶下四周的围廊或圆顶周围的低层附属建筑的框架结构，把水平推力传给基础。这时，框架结构必须具有足够的刚度，以保证壳身的稳定性。如图 6.3.4 所示。

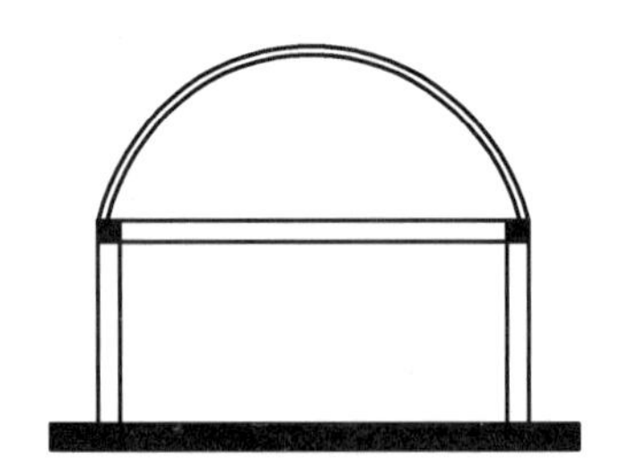

图 6.3.3　圆顶支承在竖向承重结构上

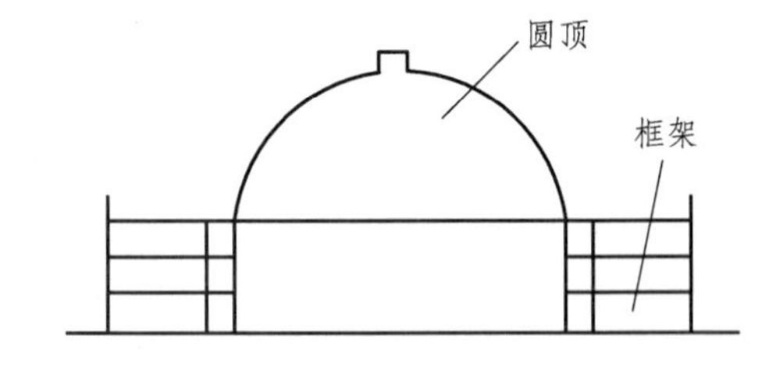

图 6.3.4　圆顶支承在框架结构上

（3）圆顶结构支承在斜柱或斜拱上。当结构跨度较大时，由于推力很大，支座环的截面尺寸就会很大，这样既不经济，也不美观。因而有的圆顶薄壳就不设支座环，而采用斜柱或斜拱支承。圆顶可以通过周围顺着壳体底缘切线方向的直线形、Y 形或叉形斜柱，把推力传给基础。有时，为了克服斜柱过密不利出入的问题，也可以将圆顶支承于周边顺着壳底边缘切线方向的单式或复式斜拱，把径向推力集中起来传给基础，如图 6.3.5 所示。

这种支承方式，往往会收到意想不到的建筑效果。在平面上，斜柱、斜拱可按正多边形布置，以便与建筑平面相协调，给人以“天圆地方”的造型美。在立面上，斜柱、斜拱可与建筑围护及门窗重合布置，也可暴露在建筑物的外面，取得较好的建筑立面效果。这种结构方案清新、明朗，即表现了结构的力量与作用，又极富装饰性。但有一点值得注意的是，倾斜的柱脚或拱脚将使基础受到水平推力的作用。

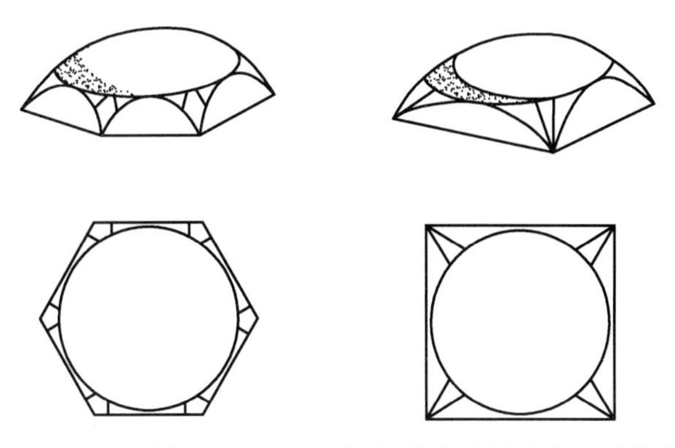

（a）复式斜拱支承　　（b）单式斜拱和交叉形斜柱支承

图 6.3.5　圆顶支承在斜拱上

（4）圆顶结构直接落地并支承在基础上，如图 6.3.6 所示。

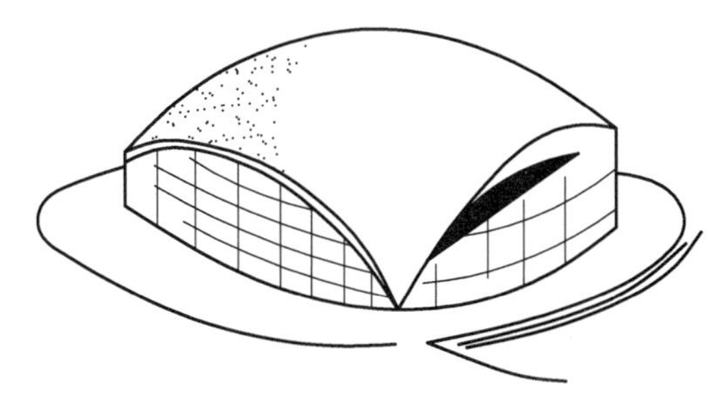

图 6.3.6　美国麻省理工学院礼堂

6.3.2　工程实例

1. 北京天文馆

天文馆建筑中的天象厅的顶部为表现人造星空的半球形天幕。天象厅只要求内部有半球形天幕，对外形并无特殊要求，因此天象厅外形既有圆顶的，也有非圆顶的。

北京天文馆 A 馆占地面积 20 000 m^2，建筑面积 26 000 m^2，于 1957 年正式对外开放，是我国第一座大型天文馆，也是当时亚洲大陆第一座大型天文馆，如图 6.3.7 所示。其天象厅为直径 23.5 m 的半球形圆顶薄壳结构，壳体厚度只有 60 mm，混凝土利用喷射法施工，每平方米结构自重只有 200 kg 左右。该馆是我国大陆地区最大的地平式天象厅，可供 600 人观看人造星空。2016 年 9 月，北京天文馆及改建工程入选首届中国 20 世纪建筑遗产项目名录。

（a）建筑外部

（b）建筑内部

图 6.3.7　北京天文馆

2. 罗马奥林匹克小体育宫

罗马奥林匹克小体育宫，如图 6.3.8 所示，为钢筋混凝土网状扁球壳结构。球壳直径为 59.13 m，葵花瓣似的网肋，把力传到斜柱顶，再由倾斜的斜柱把推力传入基础。从建筑外部看，36 个 Y 形支承构件承上启下，波浪起伏，结构清新、明朗、欢快、优美，极富有表现力。从建筑内部看，结构构件的布置协调而有韵律，形成了一幅绚丽的艺术图案，极富于装饰性。该结构采用装配整体式叠合结构。1620 块预制钢丝网水泥菱形构件既作为现浇壳身的模板，又与不超过 100 mm 厚的壳身现浇层共同工作。施工时，起重机安装在中央天窗处，十分合理。

（a）建筑外部

（b）建筑内部

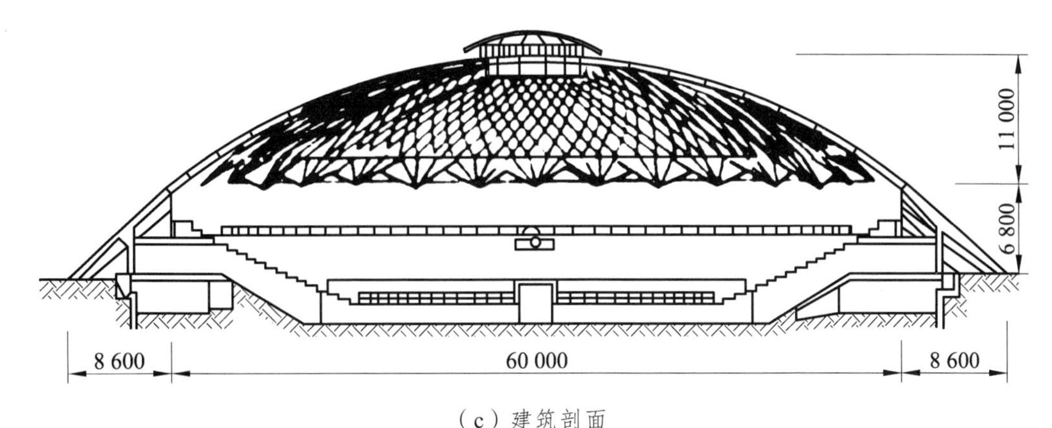

（c）建筑剖面

图 6.3.8 罗马奥林匹克小体育宫

3. 德国法兰克福市霍希斯特染料厂游艺大厅

德国法兰克福市霍希斯特染料厂游艺大厅主要部分为一个球形建筑物，系正六边形割球壳，见图 6.3.9。该大厅可供 1 000～4 000 名观众使用，可举行音乐会、体育表演、电影放映、工厂集会等各种活动。球壳顶部的孔洞是排气用的，同时也用作烟道。大厅内有很多技术设备，如舞台间、吸音格栅、放映室和广播室等，并有庞大的管道系统进行空气调节，在地下室设有餐厅、厨房、联谊室、化妆室和盥洗室及技术设备用房。

球壳的半径为 50 m，矢高为 25 m。底平面为正六边形，外接圆直径为 88.6 m。该球壳结构支承在六个点上，支承点之间的球壳边缘作成拱券形，有一个边缘桁架作为球壳切口的支承，其跨距为 43.3 m。

壳体的厚度为 130 mm。这是根据在壳体的每一点都能承受 20 kN 的集中荷载这一要求得出的。壳体沿着切口边缘不断地加强，在边缘拱券最高点处厚度增加到 250 mm，在支座端处厚度增加到 600 mm。

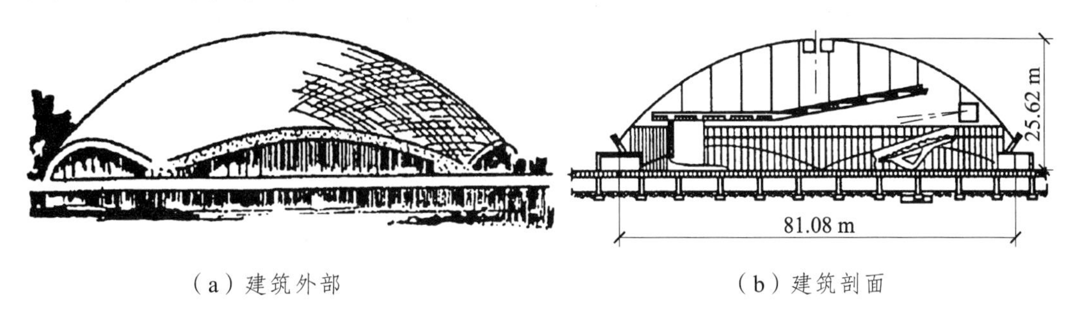

（a）建筑外部　　（b）建筑剖面

图 6.3.9 霍希斯特染料厂游艺大厅

4. 美国麻省理工学院礼堂

美国麻省理工学院礼堂由著名建筑师埃罗• 沙里宁设计，于 1953 年动工，1955 年落成，被公认为 20 世纪中叶美国现代建筑的最佳范例之一，如图 6.3.10 所示。整个建筑包含了 1226 间音乐厅、小剧场及其他附属用房。

礼堂的屋顶为球面薄壳，是由三个与水平面夹角相等并通过球心的平面从一个半径为 34 m 的球面上切割出 1/8 球面所构成的。薄壳平面形状为 48 mX41.5 m 的曲边三角形。薄壳边缘处的厚度为 94 mm，薄壳的三个边为向上卷起的边梁，壳面荷载通过边梁传至三个地面支座，支座为铰接（图 2-16（b）)，以利于温度应力的变形。

（a）建筑外部

（b）建筑内部

（c）边缘构件的铰支座

（d）建筑鸟瞰图

图 6.3.10　美国麻省理工学院礼堂

6.4 筒　壳

筒壳的壳板为柱形曲面，由于外形即似圆筒，又似圆柱体，故即称为筒壳，也称为柱面壳。

由于壳板为单向曲面，其纵向为直线，可采用直模，因而施工方便，省工省料，故筒壳在历史上出现最早，至今仍广泛应用于工业与民用建筑中。

6.4.1 筒壳的结构组成与型式

筒壳由壳板、边梁及横隔三部分所组成，如图 6.3.11 所示。两个横隔之间的距离 l_1 称为跨度；两个边梁之间的距离 l_2 称为波长。在实际工程中，根据需要，筒壳的跨度 l_1 与波长 l_2 的比例常常是不同的。一般当 $l_1/l_2 \geqslant 1$ 时，称为长壳，一般为多波单形，如图 6.4.1 所示；当 $l_1/l_2 < 1$ 时，称为短壳，大多为单波多跨，如图 6.4.2（b）所示。

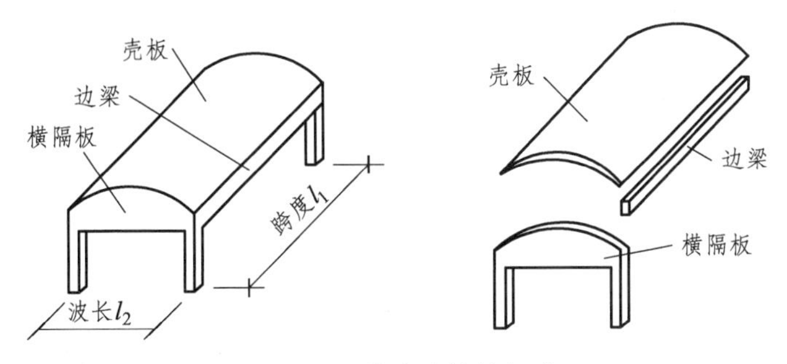

图 6.4.1 筒壳的结构组成

筒壳壳板的曲线线形可以是圆弧形、椭圆形、抛物线形等，一般采用圆弧形，可减少采用其他线形所造成的施工困难。壳板边缘处的边坡（即切线的水平倾角 ψ）不宜过大，否则不利于混凝土浇筑，一般 ψ 取 35° ~ 40°，如图 6.4.2（c）所示。

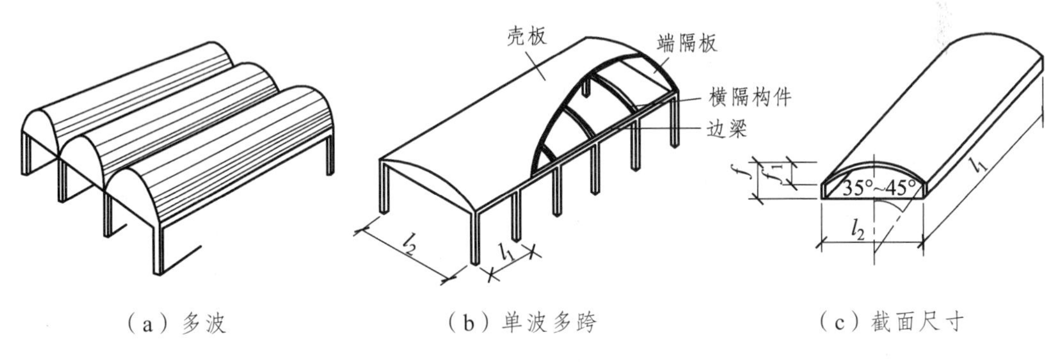

（a）多波　（b）单波多跨　（c）截面尺寸

图 6.4.2 筒壳的结构组成

壳体截面的总高度一般不应小于 l_1 的 1/10 ~ 1/15，失高 f_1 不应小于 $l_2/8$。

壳板的厚度一般为 50 ~ 80 mm，一般不宜小于 35 mm。壳板与边梁连接处可局部加厚，以抵抗此处局部的横向弯矩。

边梁与壳板共同受力，截面形式对壳板内力分布有很大影响，并且也是屋面排水的关键之处。常见的边梁形式如图 6.4.3 所示。

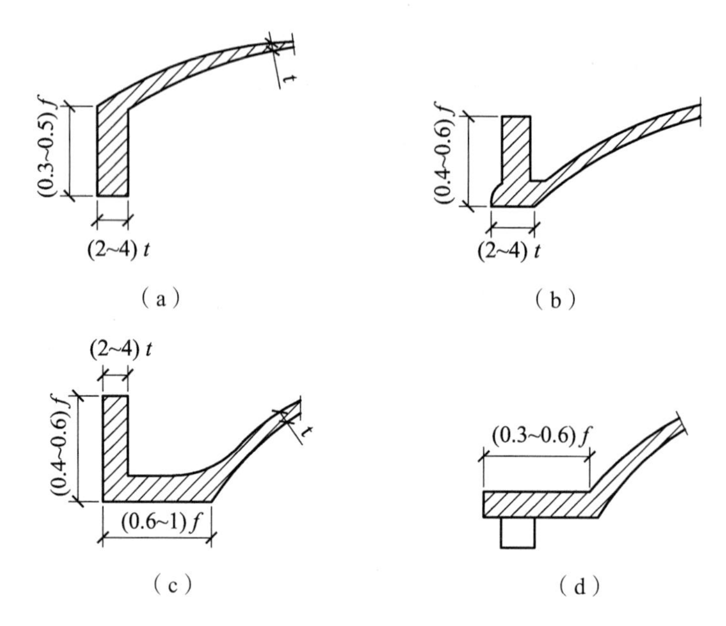

图 6.4.3 常见的边梁形式

形式（a）的边梁竖放，增加了薄壳的高度，对薄壳受力有利，是最经济的一种。

形式（b）的边梁平放，水平刚度大，有利于减小壳板的水平位移，但竖向刚度小，适用于边梁下有墙或中间支承的建筑。

形式（c）的边梁适用于小型筒壳。

形式（d）的边梁可兼做排水天沟。

横隔是筒壳的横向支承，没有它，就不是筒壳结构，而是筒拱结构。常见的筒壳横隔形式如图 6.4.4 所示。

此外，如有横墙，可利用墙上的曲线圈梁作为横隔，比较经济。

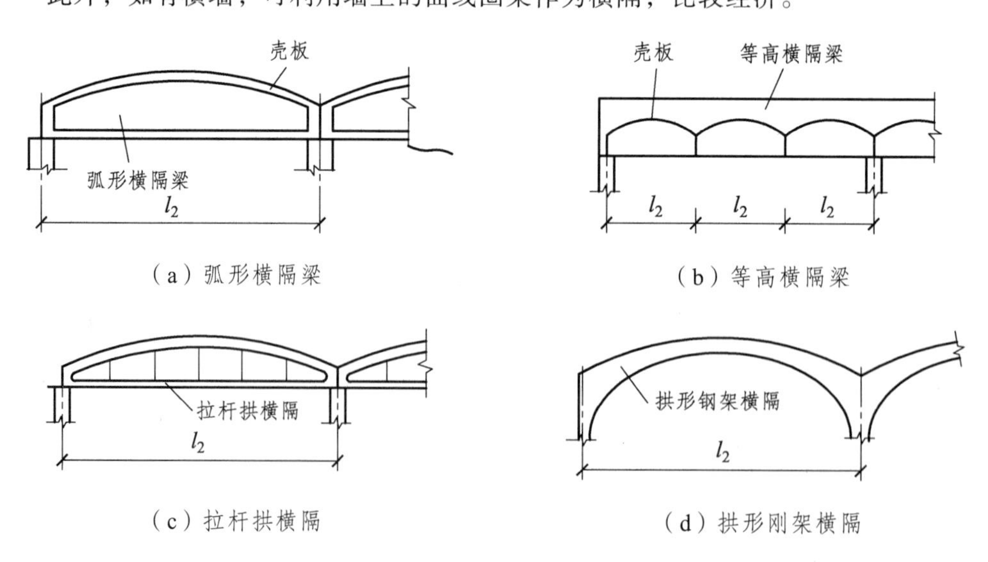

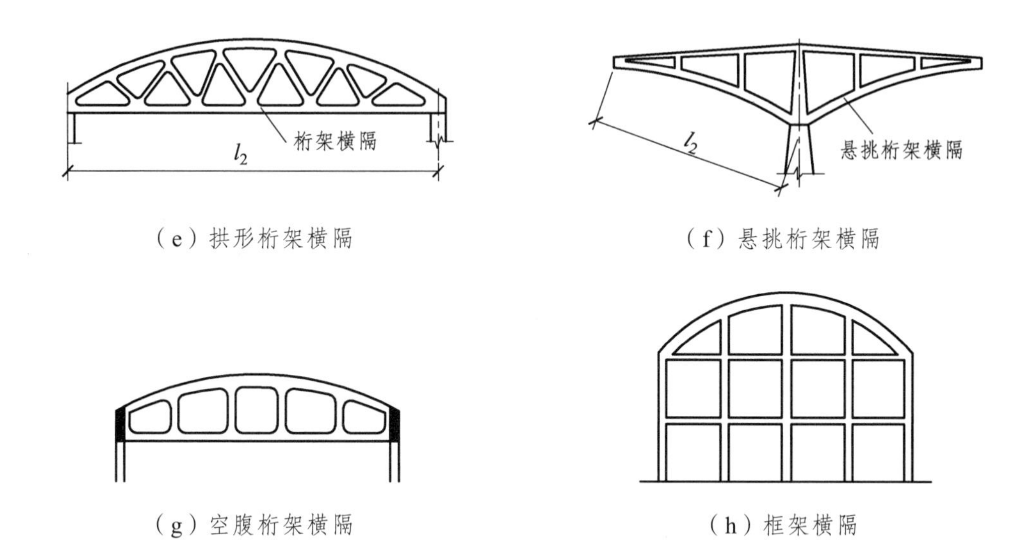

（e）拱形桁架横隔　（f）悬挑桁架横隔

（g）空腹桁架横隔　（h）框架横隔

图 6.4.4　横隔形式

6.4.2　筒壳的采光与洞口的处理

一般筒壳覆盖较大面积，采光和通风处理的好与坏，直接影响建筑物的使用功能。一般情况下，筒壳的采光可以采用以下几种方法。第一种，可在外墙上开侧窗；第二种，可利用在筒壳混凝土中直接镶嵌玻璃砖；第三种，可在壳顶开纵向天窗，如图 6.4.5 所示；第四种，可以布置锯齿形屋盖，如图 6.4.6 所示。

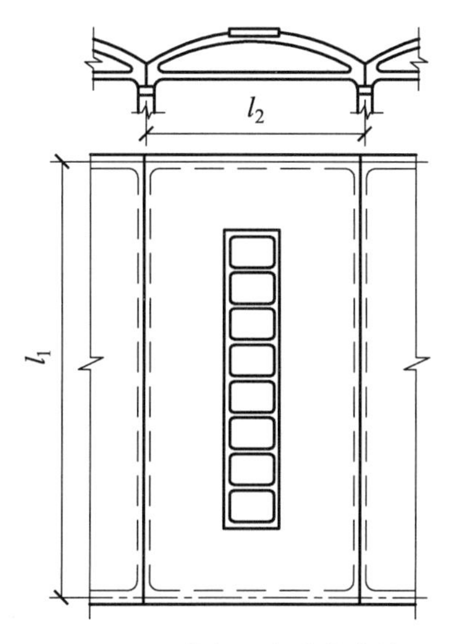

图 6.4.5　带有天窗孔的壳体

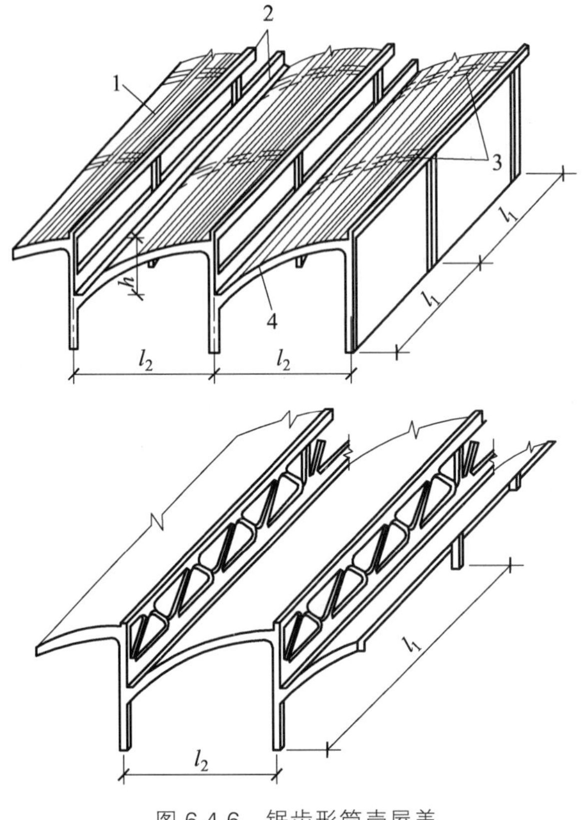

图 6.4.6　锯齿形筒壳屋盖

由于筒壳是整体受力，开设在筒壳上的天窗洞口或天窗带会直接影响壳体的受力性能，因此壳体上的洞口开设有严格的规定。

由于筒壳的壳体中央受力最小，故洞口宜在壳顶沿纵向布置。洞口的宽度，横向不宜过长 ，纵向长度不受限制，但孔洞的四边必须加边框，沿纵向还须每隔 2 ~ 3 m 设置横撑。

6.4.3　工程实例

1. 北京 798 艺术中心

北京 798 艺术中心，又称大山子艺术区，艺术区形成于 2002 年，前期是 798 工厂，总面积为 60 万平方米，是位于北京市朝阳区大山子地区的一个艺术园区。798 工厂于 1952 年开始筹建，1954 年开始土建施工，1957 年 10 月开工生产。随着北京都市化进程和城市面积的扩张，原来属于城郊的大山子地区已经成为城区的一部分，原有的工业外迁，原址上必然兴起更适合城市定位和发展趋势的、无污染、低能耗、高科技含量的新型产业。如今，798 艺术中心内有众多画廊、设计室、艺术展示空间、艺术家工作室、时尚店铺、餐饮酒吧等文化艺术元素，因当代艺术和 798 生活方式而闻名于世。艺术区内的包豪斯建筑被北京市政府列为优秀近现代建筑进行保护。如图 6.4.7 所示，为艺术中心内典型的锯齿形的长筒壳屋盖及建筑物内景。

（a）锯齿形的长筒壳

（b）建筑内景

图 6.4.7 798 艺术中心

2. 重庆山城宽银幕电影院

山城宽银幕电影院始建于 1959 年，1960 年完工。山城宽银幕电影院占地 7 000 多平方米、高 3 层，可容纳 1 514 人同时观影。电影院的屏幕高 7.1 m、宽 18 m，是当年我国唯一专为放映宽银幕影片而设计建造的电影院，也是西部第一家上映立体声影片的特级电影院。

整个建筑前面 5 个拱，后面 3 个拱，挺拔壮丽，既具民族特色，又颇富山城韵味。1989 年，山城宽银幕电影院与人民大礼堂、嘉陵江大桥等入选当时重庆首批十大建筑，经常出现在展现重庆城市风采的画册和明信片上，和作为商品的商标走遍天下，成为重庆人的骄傲，如图 6.4.8 所示。

图 6.4.8 重庆山城电影院

3. 金贝尔艺术博物馆

金贝尔艺术博物馆位于美国得克萨斯州沃斯堡，于 1972 年建成，是由建筑设计大师路易斯·康（Louis Kahn）设计的。该艺术博物馆是世界公认的公共艺术设施最为先进的艺术博物馆，路易斯·康的杰出设计理念在建筑设计界引起极大反响，受世人瞩目，如图 6.4.9 所示。

整个博物馆由十六个筒壳连续排列覆盖，其中两片为室外雨篷，每个筒壳的尺寸为 6.5 m × 30 m，均采用现浇钢筋混凝土结构。每个筒壳单元由四个边长为 0.6 m 的方柱支撑，墙为非承重墙，这样平面的展览空间内没有柱子出现，为室内布局提供了最大的可能性。两拱之间是混凝土平板，平板下面是布置通风管道和轨道灯的位置。

金贝尔艺术博物馆的另一个成功之处在于具有特设的自然采光，同时采光与建筑内外形象的完美结合。设计师在每个筒壳中间，做了一个 0.9 m 的通长天窗。天窗下面铝制穿孔把反射板顶棚呈人字形，造型十分优美，这样展室内既得到柔和地自然光，又避免了眩光的困扰。同时设计师还在筒壳与山墙交接处设计了一条细长的弧形采光带。这给建筑朴素的外观增添了一分细腻，又使壳顶产生一种悬浮感，室内也因此而显得生动。

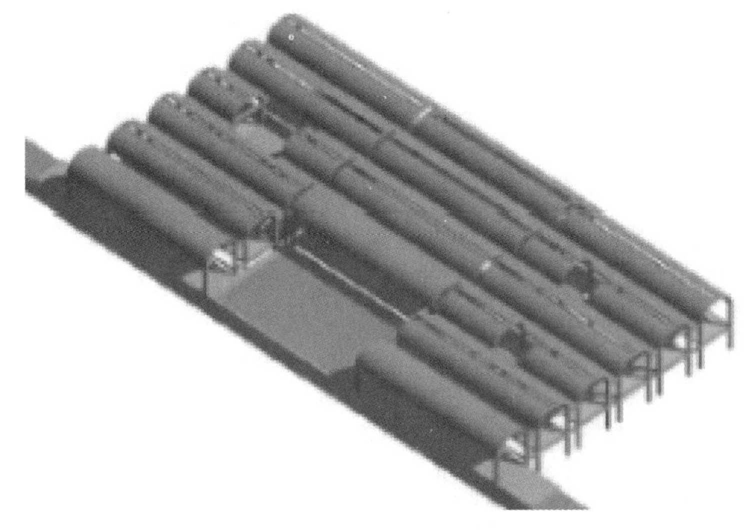

（a）博物馆屋盖效果图

（b）建筑外部

（c）建筑内部采光效果

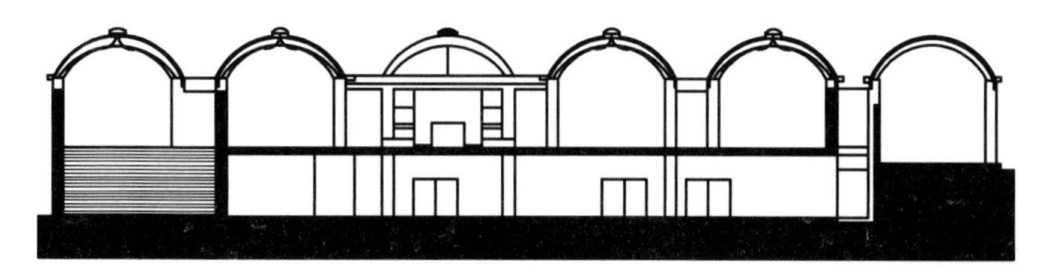

（d）剖面图

图 6.4.9 金贝尔艺术博物馆

6.5 双曲扁壳

筒壳与球壳的结构空间非常大，对无须如此大的使用空间者，会造成较大的浪费，因此都想降低其结构空间。当薄壳的失高 f 与被其覆盖的底面最小边长之比 $f/l \leqslant 1/5$ 时，被称为扁壳。因为扁壳的失高与底面尺寸和中面曲率半径相比要小得多，所以扁壳又称为微弯平板。实际上，有很多壳体都可作成扁壳，如属双曲扁壳的扁球壳就是球面壳的一部分，属单曲扁壳的扁筒壳为柱面壳的一部分等。如图 6.5.1 所示的双曲扁壳，为采用抛物线平移而成的椭圆抛物面扁壳。

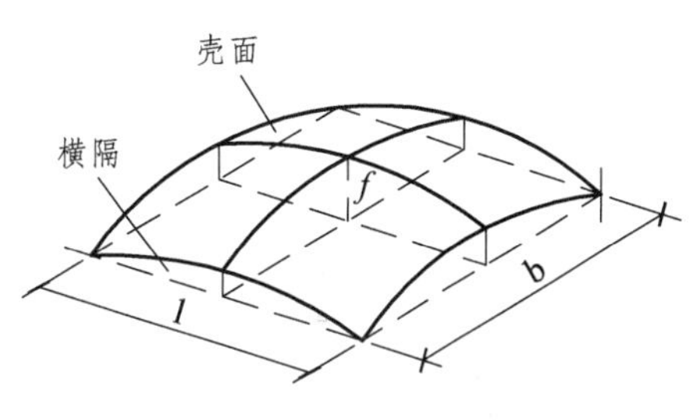

图 6.5.1 双曲扁壳

由于双曲扁壳失高小，结构空间小，屋面面积相应减小，比较经济，同时双曲扁壳平面多变，适用于圆形、正多边形、矩形等建筑平面，因此，实际工程中得到广泛应用。

6.5.1 双曲扁壳的结构组成与形式

双曲扁壳由壳板和周边竖直的边缘构件组成，如图 6.5.2 所示。

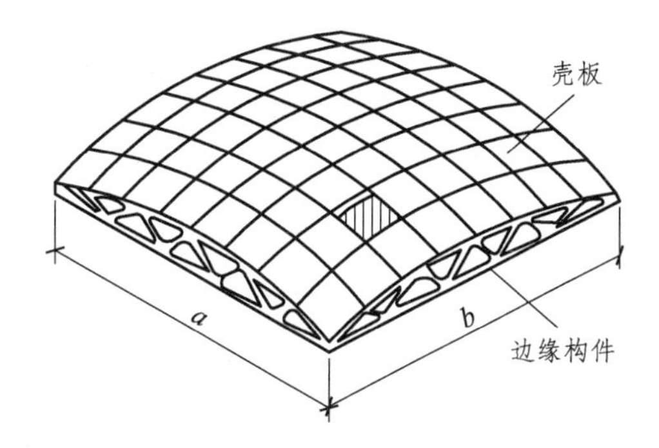

图 6.5.2 双曲扁壳的结构组成

壳板是由一根上凸的抛物线作竖直母线，其两端沿两根也上凸的相同抛物线作导线平移而成的。双曲扁壳的跨度可达 3 ~ 40 m，最大可至 100 m，壳厚δ比筒壳薄，一般为 60 ~ 80 mm。

由于扁壳较扁，其曲面外刚度较小，设置边缘构件可增加壳体刚度，保证壳体不变形，因此边缘构件应有较大的竖向刚度，且边缘构件在四角应有可靠连接，使之成为扁壳的箍，以约束壳板变形。边缘构件的形式多样，可以采用变截面或等截面的薄腹梁，拉杆拱或拱形桁架等，也可采用空腹桁架或拱形刚架。

双曲扁壳可以采用单波或多波。当双曲率不等时，较大曲率与较小曲率之比以及底面长边与短边之比均不宜超过 2。

6.5.2 双曲扁壳的采光与洞口的处理

双曲扁壳中根据壳板中内力分布规律，一般把壳板分为三个受理区，中部区域、边缘区域和四角区域。中部区域占整个壳板的大部分，约 80%，该区强度潜力很大，仅按构造配筋即可。因此，洞口一般开设在中部区域。在边缘区域和四角区域都不允许开洞。双曲扁壳的边缘构件的做法与筒壳的横隔相同。

6.5.3 工程实例

北京火车站的中央大厅和检票口的通廊屋顶共用了六个双曲扁壳，中央大厅屋顶采用方形双扁壳，平面尺寸为 35 m × 35 m，失高 7 m，壳板厚 80 mm。检票口通廊屋顶的五个双曲扁壳，中间的平面尺寸为 21.5 m × 21.5 m，两侧的四个为 16.5 m × 16.5 m，失高 3.3 m，壳板厚 60 mm。每个双曲扁壳四周的边缘构件均为两铰拱，以解决双曲扁壳屋顶结构的推力问题，并利用其四面采光，解决了整个中央大厅和通廊的日间采光的问题。此建筑能把新结构和中国古典建筑形式很好地结合起来，获得了较好的效果，是一个成功的建筑实例。如图 6.5.3 所示。

（a）北京火车站中央大厅及通廊双曲扁壳屋顶

（b）北京火车站外景

图 6.5.3　北京火车站

6.6　鞍壳、扭壳

鞍壳是由一抛物线沿另一凸向相反的抛物线平移而成的，而扭壳是从鞍壳面中沿直纹方向取出来的一块壳面。由此可见鞍壳、扭壳都为双曲抛物面壳，并且也是双向直纹曲面壳。鞍壳、扭壳受力合理，壳板的配筋和模板制作都很简单，造型多变，式样新颖，深受欢迎，发展很快。

6.6.1　鞍壳、扭壳组成和形式

双曲抛物面的鞍壳、扭壳结构是由壳板和边缘结构组成。

当采用鞍壳作屋顶结构时，应用最为广泛的是预制预应力鞍壳板。鞍壳一般用于矩形平面建筑。由于鞍壳板结构简单，规格单一，采用胎模叠层生产，生产周期短，造价低，因此已被广泛用于食堂、礼堂、仓库、商场、车站站台等。也可采用单块鞍壳作屋顶，但很少，如墨西哥城大学的宇宙射线馆，如图 6.6.1 所示。

（a）建筑外景

（b）施工中的射线馆

图 6.6.1　墨西哥大学宇宙射线馆

当采用多块鞍壳瓣形组合做屋顶时，可形成优美的花瓣造型，如由墨西哥工程师坎迪拉设计的墨西哥霍奇米尔科市的餐厅，即是由八瓣鞍壳单元以“高点”为中心组成的八点支承的屋顶。

当采用鞍壳作为屋顶的壳板时，一般其边缘构件根据具体情况而定。如当采用预制鞍壳板时，其边缘构件可采用抛物线变截面梁、等截面梁或带拉杆双铰拱等。

当屋盖结构采用扭壳时，常用的扭壳形式有双倾单块扭壳、单倾单块扭壳、组合型扭壳，如图 6.6.2 所示，可以用单块作为屋盖，也可用多块组合成屋盖。当多块扭壳组合时，其造型多变，形式新颖，往往可以获得意想不到的艺术效果，如图 6.6.3 为华南理工大学体育馆屋盖，是由四个扭壳组合而成。

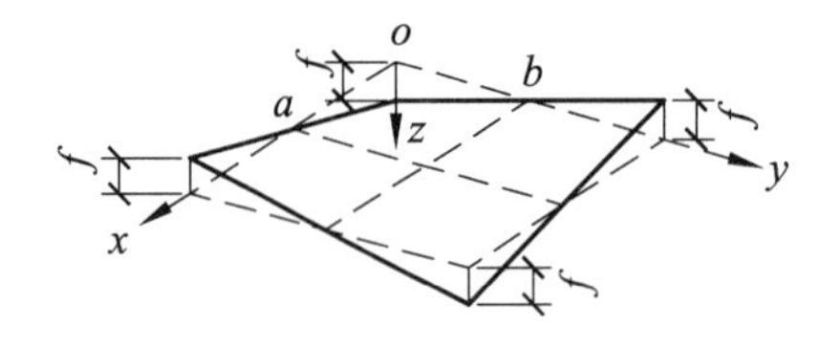

（a）双倾单块扭壳

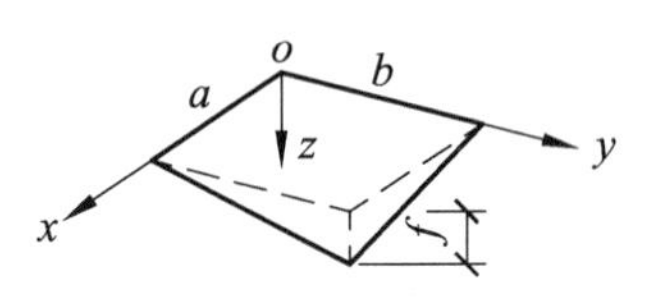

（b）单倾单块扭壳

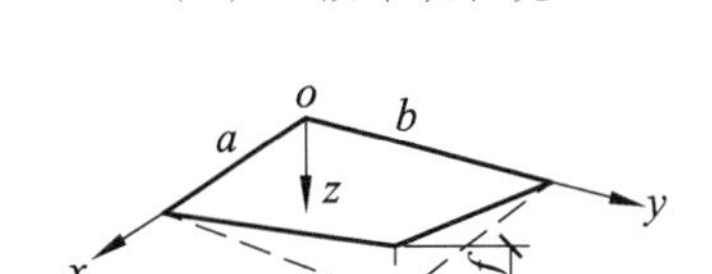

（c）单倾单块扭壳

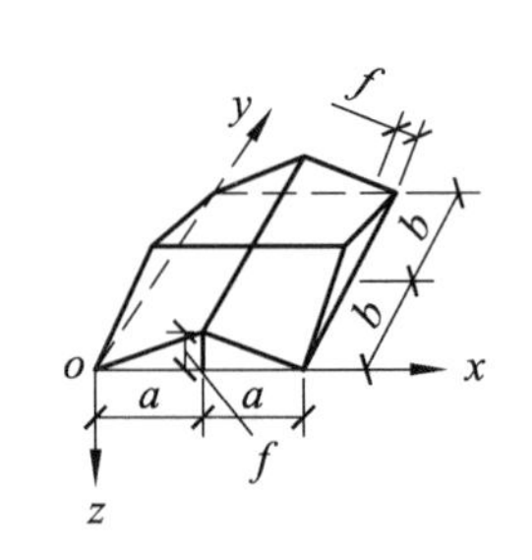

（d）组合型扭壳

图 6.6.2　双曲抛物面扭壳的形式

图 6.6.3　华南理工大学体育馆

6.6.2 鞍壳、扭壳的特点

1. 稳定性好

双曲抛物面壳结构中，壳面下凹的方向如同受拉的索网，而壳面上凸的方向又如同薄拱（图 6.6.4），当上凸方向产生压曲时，下凹方向的拉应力就会增大，可以避免壳体发生压曲现象，因此双曲抛物面壳结构具有良好的稳定性，壳板可以做到很薄。

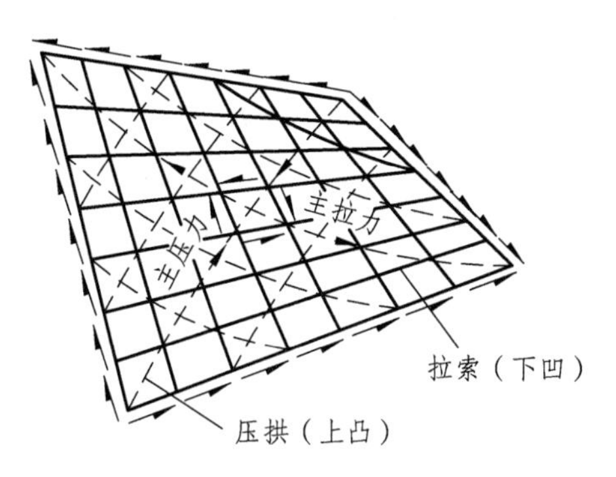

图 6.6.4 双曲抛物面壳体受力示意图

2. 施工建造方便

鞍壳和扭壳均属于直纹曲面，因此壳面的配筋和模板制作都比较简单方便，施工周期较短，经济性良好。

3. 造型丰富

扭壳可以单块作屋盖结构，也可以拼接成多种组合形扭壳结构，不同的切割组合方式能较灵活地适应不同建筑功能和造型的需要。

6.6.3 工程实例

1. 广州星海音乐厅（图 6.6.5）

星海音乐厅位于广东省广州市越秀区二沙岛，主体建筑采用了钢筋混凝土双曲抛物面壳体结构。壳体南北翘起，东西两翼落地，奇特的外观造型异常，富有现代感，犹如江边欲飞的天鹅，与蓝天碧水浑然一体，形成一道瑰丽的风景线。

这座以人民音乐家冼星海的名字命名的音乐厅，占地 1.4 万平方米，建筑面积 1.8 万平方米，设有 1500 座位的交响乐演奏大厅、460 座位的室内乐演奏厅、100 座位的视听欣赏室和 4 800 平方米的音乐文化广场。星海音乐厅总投资达 2.5 亿元，是我国当时规模最大，设备最先进，功能完备，具有国际水平的音乐厅。

图 6.6.5　广州星海音乐厅

2. 北京石景山体育馆（图 6-34）

北京石景山体育馆是为 1990 年第 11 届亚运会新建的摔跤比赛馆，屋面是由三块四边形的双曲抛物面扭壳组成，平面为三角形。其主要承重结构为三根由格构式钢结构构件组成的斜柱，三根斜柱交于中点，形成一个“三脚架”作为体育馆的主要受力骨架。每根斜柱由双肢组成，双肢之间作为体育馆的采光天窗带，阳光倾泻而下，满厅生辉，敞亮明快。每个四边形边框翘起的三个角，正好是体育馆的三个入口，其体形大起大落，体现了运动的爆发力，给人留下深刻的印象。

（a）体育馆外景

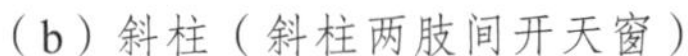

（b）斜柱（斜柱两肢间开天窗）

（c）斜柱柱脚

（d）体育馆内景

图 6.6.6 北京石景山体育馆

6.7 折 板

6.7.1 折板的特点

折板结构是以一定角度整体联系构成的薄板体系，它与筒壳结构同时出现，是薄壁空间结构体系的另一种形式，如图 6.7.1 所示。折板结构受力性能良好，构造简单，施工比筒壳结构更方便。与筒壳相比较的话，折板结构虽然不是典型的曲面结构，但是却有突出的空间工作的结构特征，其结构优势也非常明显。折板结构不仅可用于水平分系统的屋盖结构，如可用作车间、仓库、车站、商店、学校、住宅、亭廊、体育场看台等工业与民用建筑的屋盖，也可在竖向分系统的挡土墙、建筑外墙等工程中采用，如图 6.7.2 所示为屋面与墙体均采用折板的全折板结构建筑。

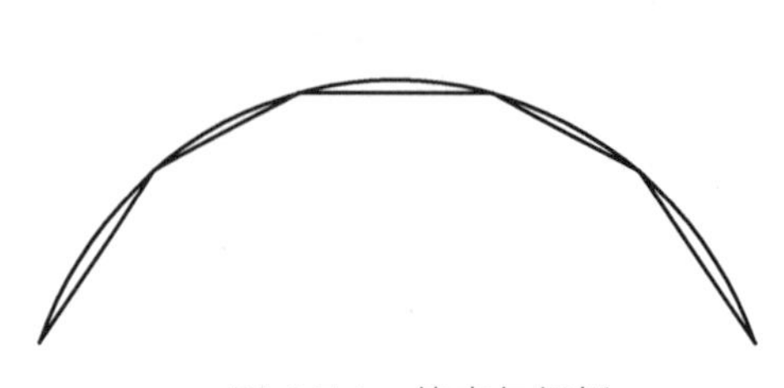

图 6.7.1　筒壳与折板

图 6.7.2　全折板结构建筑

6.7.2　折板结构的形式与尺寸

折板结构的形式主要分为有边梁和无边梁两种。

无边梁的折板结构由若干等厚度的平板和横隔构件组成，预制 V 形折板就是其中的一种，图 6.7.3 所示为一个折板结构做屋顶的建筑实例。

图 6.7.3　某折板结构水泵房外景和内景

有梁板的折板结构一般为现浇结构，由板、边梁和横隔三部分组成，与筒壳类似，如图 6.7.4 所示。两个横隔之间的间距 l_1 称为跨度，两个边梁之间的距离 l_2 称为波长。

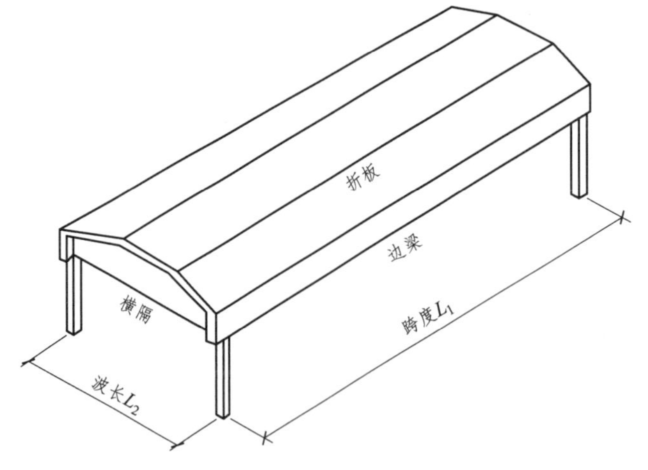

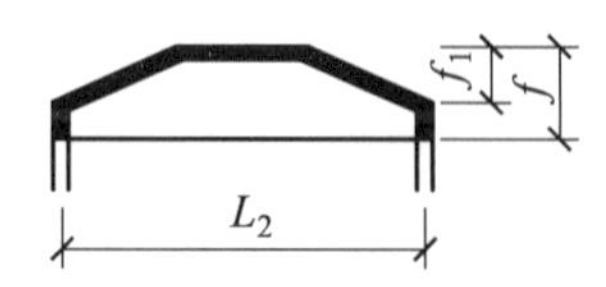

图 6.7.4　折板结构的组成

折板结构的形式有单波和多波，也有单跨和多跨，如图 6.7.5 所示。为了使板的厚度不超过 100 mm，板的宽度一般不宜大于 3.5 m，否则板内弯矩过大，板厚就必然增加，导致结构的自重过大，不经济。而且，当折板结构跨度增加时，一般需要同时增加失高和板厚以确保折板结构的整体刚度，这样也会带来结构自重的增大。综上所述，在一般情况下，顶板的宽度应为（0.25 ~ 0.4）l_2，波长 l_2 一般不应大于 12 m，跨度 l_1 则可达 30 m。

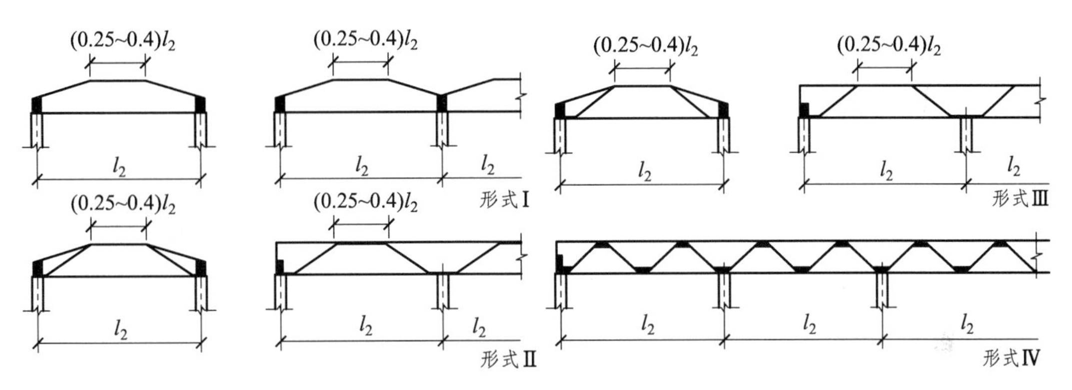

图 6.7.5 折板结构的截面型式

多波折板通常做成同样的厚度，以利于构件规格的统一。现浇折板的倾角不宜大于 30°，以避免坡度过大导致浇筑混凝土时不得不采用上下双面模板而造成施工困难。相较于现浇折板，预制折板的灵活度相对大些，倾角一般可取 26° ~ 45°。

与筒壳结构相同，当折板结构的跨度与波长之比 $l_1/l_2 \geqslant 1$ 时，称其为长折板；$l_1/l_2 < 1$ 时称其为短折板。在实际工程中，折板结构的跨度与波长之比一般都在 5 以上，属于长折板，其空间协同工作特点与长筒壳类似，相比之下，短折板则很少采用。折板结构一般按梁的理论进行计算，长折板的失高 f 一般不小于（1/15 ~ 1/10）l_1，短折板的失高 f_1 一般不小于（1/8）l_2，如图 6.7.6 所示。

折板结构的边梁与横隔构件的构造与筒壳结构基本相同。因折板结构的波长 l_2 一般都较小，所以横隔构件的跨度都不大，多采用横隔梁、三角形框架梁、刚性砖墙等形式。

6.7.3 工程实例

折板结构既可在作为梁板合一的构件，又可作为墙柱合一的构件，既可做成折板截面的刚架，也可做成折板截面的拱式结构，造型十分丰富。

1. 成吉思汗博物馆

成吉思汗博物馆位于内蒙古自治区鄂尔多斯市成吉思汗陵旅游区，建筑面积为 1.2

万平方米，屋面结构长 193.7 m，宽 94.4 m，高 36.5 m，屋面展开面积为 18 390 平方米，是一座展示成吉思汗文化和蒙元文化的综合型博物馆。该建筑造型独特，由复杂的空间折板拼成，折板数量多且大小不一，折板夹角复杂，设计及建造难度大。其屋盖采用管桁架+焊接球折板网壳结构体系，网壳结构具有较好的刚度，将 管桁架连接起来，放射状的 11 对管桁架在结构的中央汇交成一点，通过中央巨柱联系在一起，管桁架、折板网壳和中央巨柱有机结合，形成了一个整体空间结构，如图 6.7.6 所示。

（a）建筑外景效果图

（b）建筑鸟瞰效果图

图 6.7.6　成吉思汗博物馆

2. 美国伊利诺大学会堂

美国伊利诺大学会堂平面呈圆形，直径 132 m，屋顶为预应力钢筋混凝土折板组成的圆顶，由 48 块同样形状的膨胀页岩轻混凝土折板拼装而成，形成 24 对折板拱，拱脚水平推力由预应力梁承受。如图 6.7.7 所示。

图 6.7.7　美国伊利诺大学会堂

复习思考题

1. 薄壁空间结构在受力方面有哪些优点？
2. 薄壁空间结构的曲面形式有哪些？其形成的方法是什么？
3. 圆顶结构的特点是什么？适用于哪些建筑功能的使用？
4. 筒壳结构是由哪几部分组成的？各个组成部分的结构作用是什么？
5. 筒壳结构的跨度是如何规定的？为什么这样规定？
6. 筒壳结构与拱结构有哪些异同点？
7. 鞍壳、扭壳的是怎样形成的？其哪些优点可以给施工带来极大的方便？
8. 折板结构的受力特点是什么？

7 网架结构

【学习要点】

（1）网架结构的特点及适用范围。

（2）网架的结构形式分类及特点。

7.1 网架结构的特点与适用范围

网架是桁架结构立体化后的一种结构形式。它是由许多杆件按照一定规律组成的网状结构。空间网架结构的外形可以是平板状，亦可以呈曲面状。前者称为平板网架，常简称为网架；后者称为壳形网架或曲面网架，常简称为网壳，如图 7.1.1 所示。本章将介绍平板网架结构，下一章介绍壳形网架。

网架结构改变了一般平面桁架的受力状态，具有各向受力的性能，是高次超静定空间结构，倘若一杆局部失效，仅少一次超静定次数，内力可重新调整，整个结构一般并不失效，具有较高的安全储备。

网架结构的各杆件之间相互起支撑作用，因此，它整体性强，稳定性好，空间刚度大，能有效承受非对称荷载、集中荷载和动荷载，同时也是一种良好的抗震结构形式，尤其对大跨度建筑，其优越性更为显著。

在节点荷载作用下，网架的杆件主要承受轴向压力或者轴向拉力，能够充分发挥材料的强度，因此比较节省钢材。

平板网架与网壳相比，是一种无水平推力和拉力的空间结构，支座构造较为简单，一般简支即可，便于下部支承结构的处理。

网架结构组合有规律，大量杆件和节点的形状、尺寸相同，并且杆件和节点规格较少，适合于工厂化生产，便于集装箱运输，产品质量高，现场拼装容易，不需要大型起重设备，可有效提高施工速度。

网架结构能够利用较小规格的杆件建造大跨度结构，而且结构占用空间较小，更能有效利用空间，例如在网架上下弦之间的空间布置各种设备及管道等。

网架结构适用于多种建筑平面形状，如矩形、圆形、椭圆形、多边形、扇形等，建筑造型新颖、轻巧、壮观，极富表现力，因此在近年来得到了很大的发展和广泛的应用。

由于网架结构能适应不同跨度、不同平面形状、不同支承条件、不同功能需要的建筑物，不仅应用于中小跨度的工业与民用建筑中，而且大量应用于中大跨度的体育馆、展览馆、大会堂、影剧院、车站、飞机库、厂房、仓库等建筑中。

网架多采用钢结构，也有钢筋混凝土结构网架和钢-混凝土组合网架结构，但目前很少应用，因此本章主要介绍钢网架。

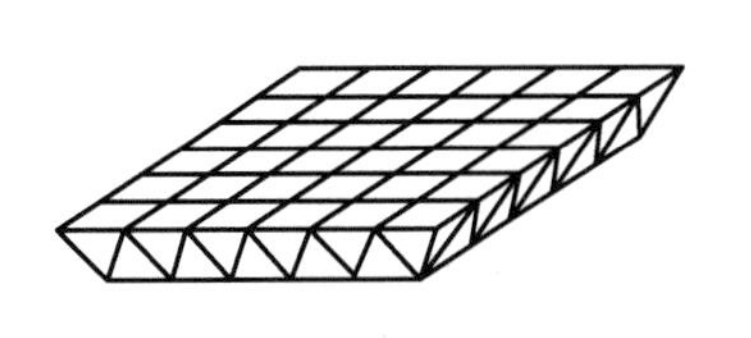

（a）平板网架

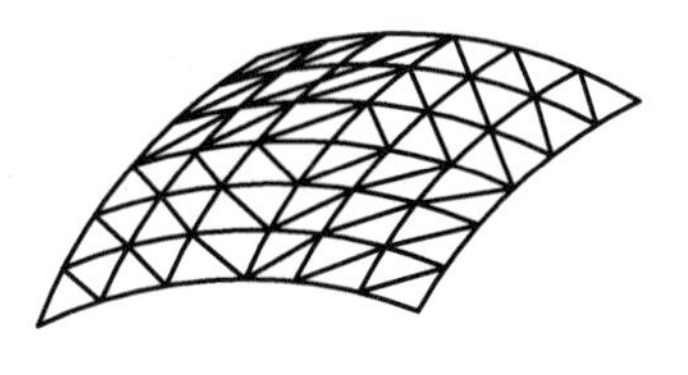

（b）壳形网架（单层）

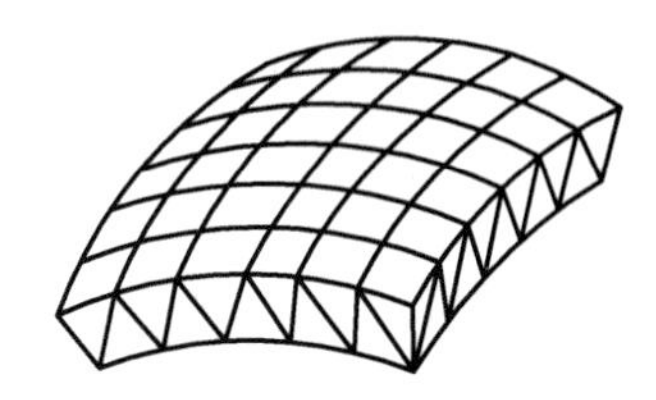

（c）壳形网架（双层）

图 7.1.1 网架型式

7.2 网架的结构形式

7.2.1 网架的组成

网架按弦杆层数不同可分为双层网架和三层网架。双层网架是由上弦、下弦和腹杆组成的空间结构，是最常用的网架形式，如图 7.2.1 所示。三层网架是由上弦、中弦、下弦、上腹杆和下腹杆组成的空间结构，如图 7.2.2 所示。当网架跨度较大时，三层网架比双层网架的用钢量少。但由于节点和杆件数量增多，尤其是中层节点所连杆件较多，使构造复杂，造价会有所提高。本书将主要介绍双层网架的结构形式。

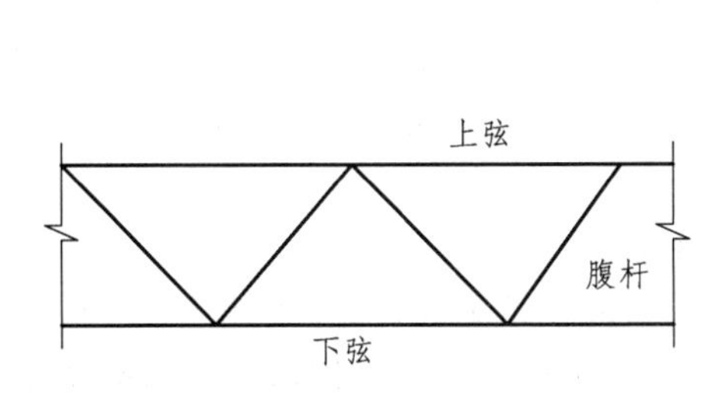

图 7.2.1 双层网架构成示意图

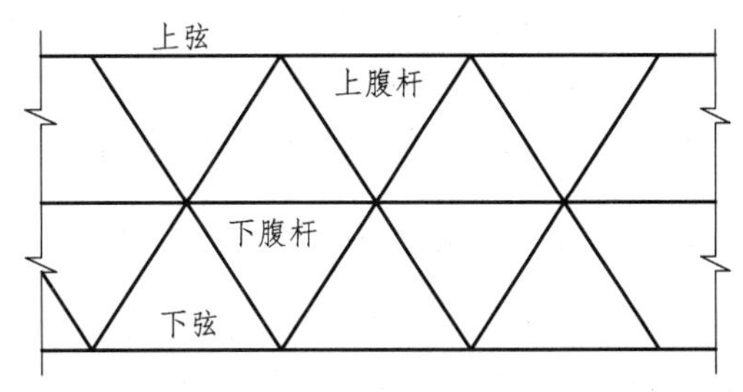

图 7.2.2 三层网架构成示意图

双层的平板网架有两大类，一类是由不同方向的平行弦桁架相互交叉组成的，称为交叉桁架体系网架。桁架交叉的形式既可以是两向交叉（图 7.2.3），也可以是三向交叉，以适应不同建筑平面形状的需要：两向交叉桁架可以是 90°正交，也可以是任意角度相交；三向交叉桁架的夹角一般为 60°。另一类是由三角锥、四角锥或六角锥等的锥体单元（图 7.2.4）组成的空间网架结构，称为角锥体系网架。

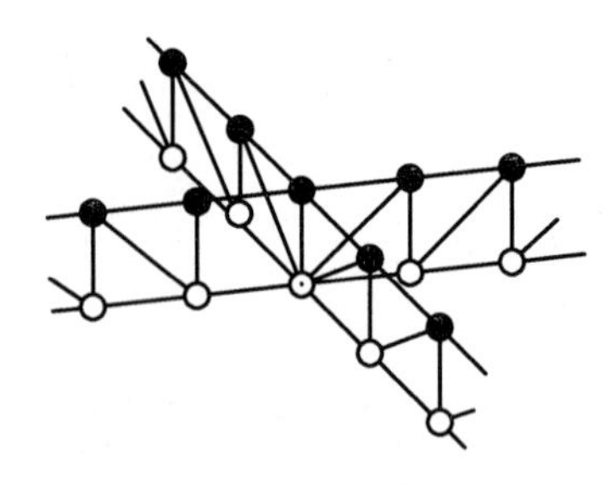

图 7.2.3　两向交叉桁架单元图

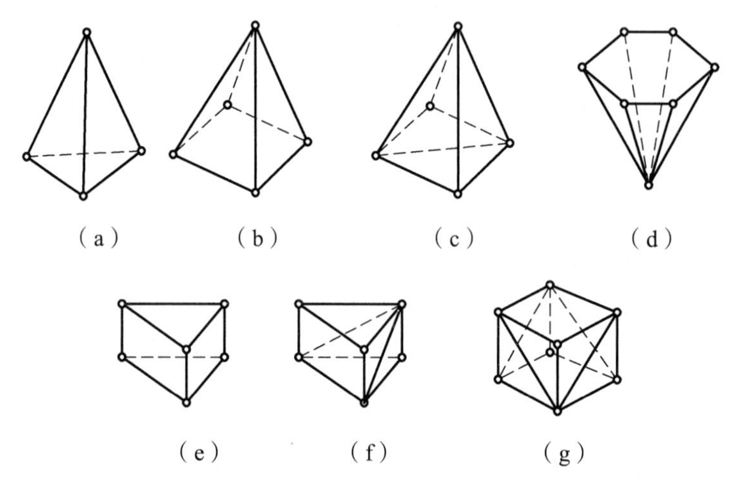

图 7.2.4　角锥单元图

7.2.2　交叉桁架体系网架

交叉桁架体系网架结构是由许多上下弦平行的平面桁架相互交叉连接形成的网状结构。结构体系中，上弦杆一般受压，下弦杆则一般受拉，腹杆则根据其布置方式的不同，有的受拉，有的受压。交叉桁架体系网架的主要结构类型可分为如下几种。

1. 两向正交正放网架

两向正交正放网架是由两组相互交叉成 90°的平面桁架组成，且两组桁架分别与其相应对的建筑平面边线平行，如图 7.2.5 所示。网架受平面尺寸及支撑情况的影响极大，适合于正方形或近似正方形的建筑平面，跨度以 30 ~ 60 m 的中等跨度为宜。当用于长方形的建筑平面时，网架内力分布不均匀。刚度不大，用钢量大。当为四点支承时，周边均向外悬挑，悬挑长度以 1/4 柱距为宜。

网架上下弦的网格尺寸相同，同一方向的各平面桁架长度相同，因此构造简单，便于制作安装。但同时，网架对应的上下弦网格平面都为方形网格，属于几何可变体系，需要适当设置水平支撑，以保证其在水平力作用下的几何不变性。如图 7.2.5（b）中虚线所示，即为水平支撑。

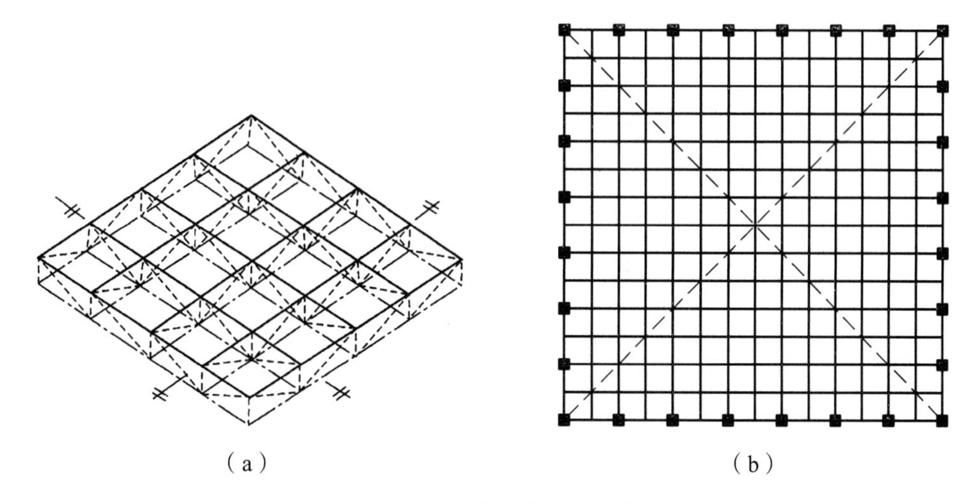

（a） （b）

图 7.2.5 两向正交正放网架

2. 两向正交斜放网架

两向正交斜放网架由两组相互交叉成 90°的平面桁架组成，且两组桁架分别与建筑平面边线成 45°角，如图 7.2.6 所示。网架适用于正方形建筑平面，而且也适用于不同长度的矩形建筑平面。空间刚度较大，用钢量较省。特别在用于大跨度时，其优越性更为明显。

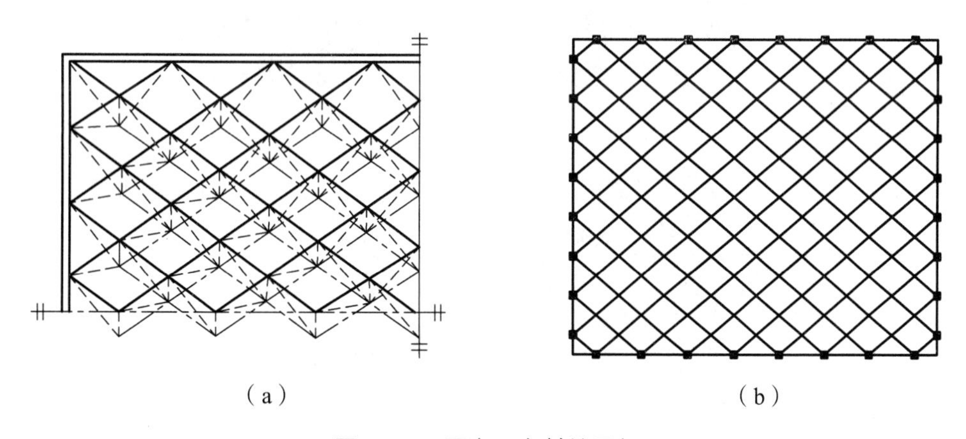

（a） （b）

图 7.2.6 两向正交斜放网架

3. 两向斜交斜放网架

由两组平面桁架斜交而成，桁架与建筑边界成斜角。该网架构造复杂，受力性能不好，并且对夹角要求很敏感，夹角太小就会影响到构造的合理性，因此在工程中很少采用。一般用于建筑平面两方向柱距不等的情况，如图 7-8 所示。

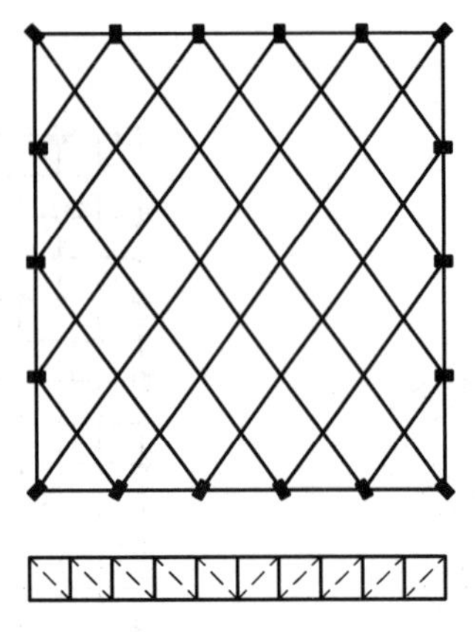

图 7.2.7　两向斜交斜放网架

4. 三向交叉网架

由三组互成 60°夹角的平面桁架相交而成。网架上下弦网格均为三角形，故空间刚度大，杆件内力均匀。但由于杆件多，节点构造复杂。适用于大跨度建筑，特别适合多边形和圆形的建筑平面。如图 7.2.8 所示。

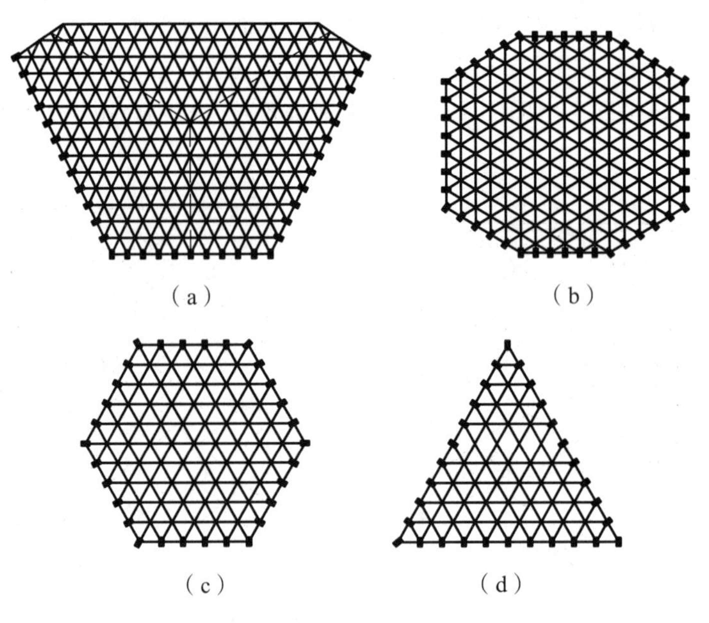

图 7.2.8　三向交叉网架平面简图

7.2.3　角锥体系网架

角锥体系网架是由三角锥、四角锥或六角锥等的锥体单元组成的空间网架结构。角锥体系网架比交叉桁架体系网架刚度大，受力性能好，并且还可以以预先做成的准锥体为单元进行安装、运输、存放，这为施工提供了很大的便利。

1. 三角锥网架

三角锥网架的基本组成单元是三角锥体。由于三角锥单元体布置的不同，可分为三角锥网架、抽空三角锥网架、蜂窝形三角锥网架等。三角锥体网架受力均匀，空间刚度最大，是目前各国在大跨度建筑中广泛采用的一种形式。它适合于矩形、三边形、六边形和圆形等建筑平面。图 7.2.9 为三角锥网架。

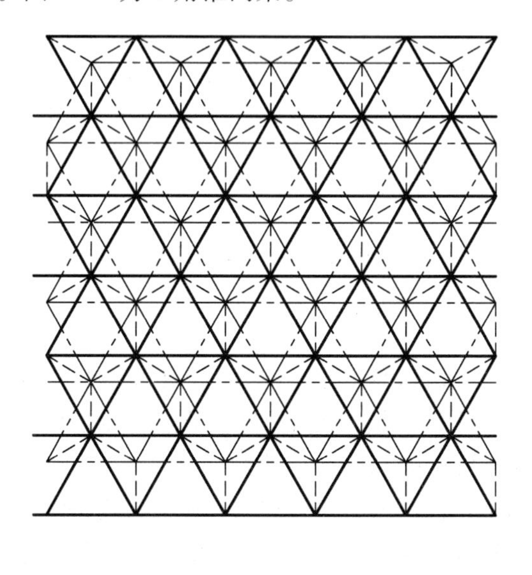

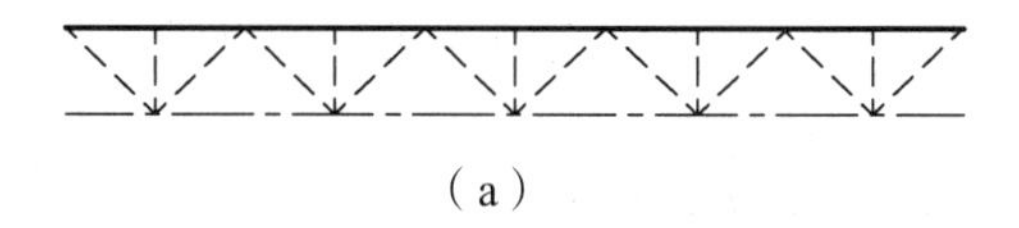

（a）

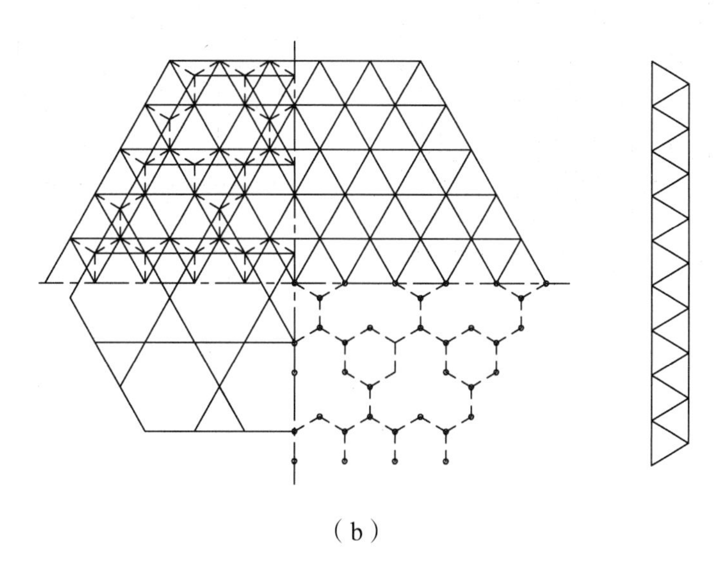

（b）

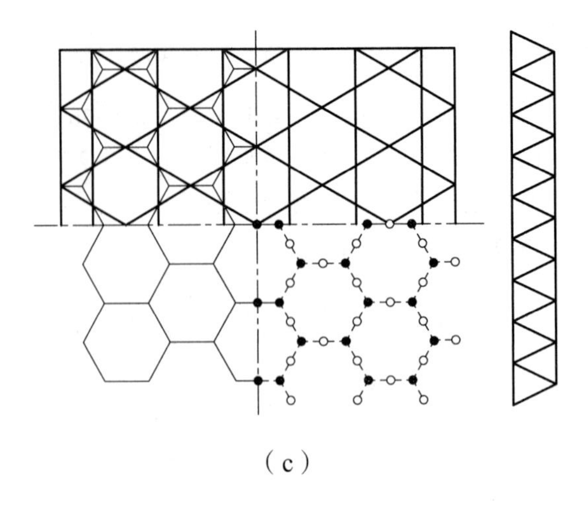

（c）

图 7.2.9　三角锥网架

2. 四角锥网架

四角锥网架的上下弦平面均为正方形网格，且相互错开半格，使下弦网格的角点对准上弦网格的形心，再用斜腹杆将上下弦的网格节点连接起来，即形成一个个互连的四角锥体。目前常用的四角锥网架有以下几种：

（1）正放四角锥网架：杆件内力比较均匀，屋面板规格统一，杆件等长、无竖杆，构造简单，如图 7.2.10 所示。该网架适用于平面接近于正方形的中、小跨度周边支承的建筑物，也适合于大柱网的点支承、有悬挂吊车的工业厂房和屋面荷载较大的建筑，但用钢量较大。为了降低用钢量，可以使用抽空式锥体网架。

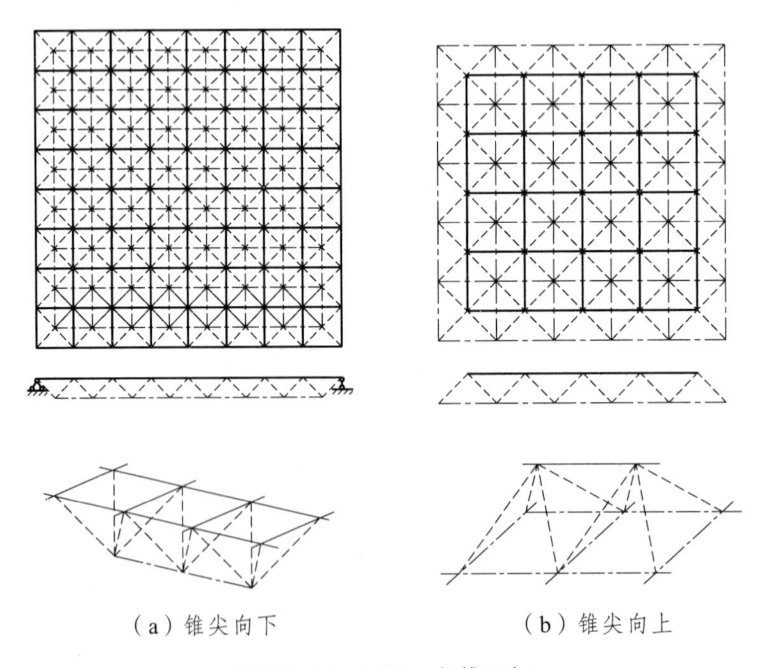

（a）锥尖向下　　（b）锥尖向上

图 7.2.10　正放四角锥网架

② 正放抽空四角锥网架：在正放四角锥网架的基础上，为了节约钢材，便于采光、通风，可适当抽去一些四角锥单元中的腹杆和下弦杆，使下弦网格尺寸扩大一倍而形成的，如图 7.2.11 所示。

（3）斜放四角锥网架：网架的上弦与建筑平面边界成 45°角，下弦与建筑边界平行或垂直，如图 7.2.12 所示。比正放四角锥网架受力合理，适用于中、小跨度和矩形平面的建筑。

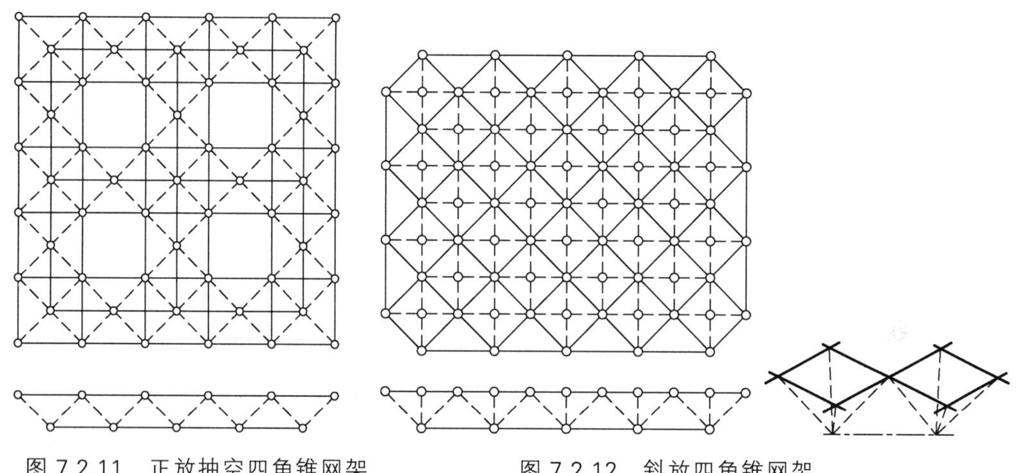

图 7.2.11 正放抽空四角锥网架　　图 7.2.12 斜放四角锥网架

（4）星形四角锥网架：网架的单元体由两个倒置的三角形小桁架相互交叉而成，外形类似小星星，网架因此而得名，如图 7.2.13、7.2.14 所示。其上弦杆比下弦杆短，受力合理，网架刚度较正放四角锥网架差，适用于中、小跨度周边支承的建筑。

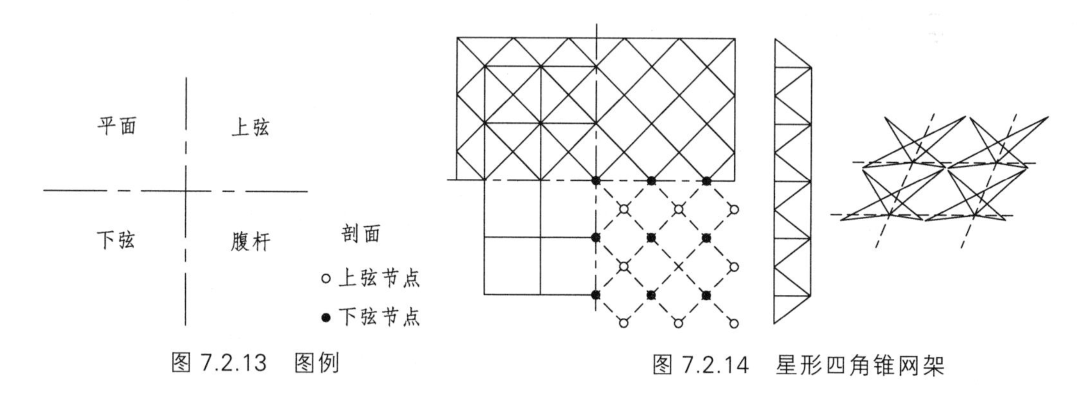

图 7.2.13 图例　　图 7.2.14 星形四角锥网架

（5）棋盘形四角锥网架：将斜放四角锥网架水平转动 45°，并加设平行于边界周边的下弦而形成的，如图 7.2.15 所示。网架受力均匀合理，杆件较少，屋面板规格统一，适用于小跨度周边支承的情况。

（6）单向折线形网架：由正放四角锥网架演变而来，网架适用于狭长矩形平面的建筑，如图 7.2.16 所示。

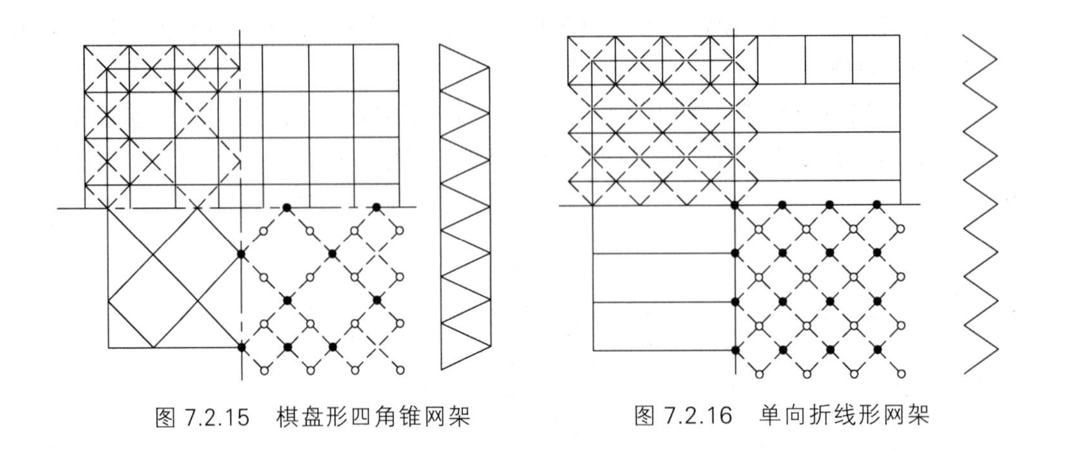

图 7.2.15　棋盘形四角锥网架　　　图 7.2.16　单向折线形网架

3. 六角锥体网架

由六角锥体单元组成，如图 7.2.17 所示。但由于此种网架的杆件多，节点构造复杂，屋面板为三角形或六角形，施工较困难，现已很少采用。

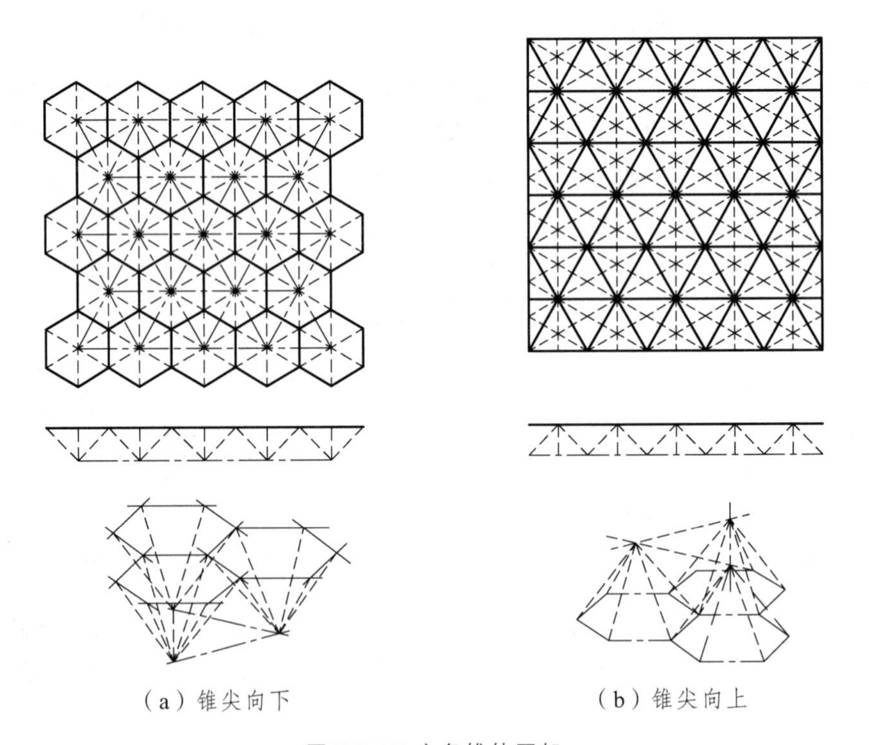

（a）锥尖向下　　　（b）锥尖向上

图 7.2.17 六角锥体网架

7.3 网架的杆件与节点

7.3.1 网架的杆件

网架杆件常用的类型有钢管和角钢两种。由于钢管比角钢受力更为合理，因此较节省材料，钢管的厚度最薄仅为 1.5 mm，一般可节省 30% ~ 40%的用钢量。在网架形式比较简单、平面尺寸又比较小的情况下，也可采用角钢。

7.3.2 网架的节点

平板网架节点汇交的杆件多，一般可达十几根，而且杆件之间呈空间交汇关系，因此节点形式和构造的合理与否，对网架结构的受力性能、制作安装、用钢量以及工程造价都有很大的影响。在杆件节点的设计上，要确保各杆件的形心线在节点上对中并汇交于一点，以避免引起附加的偏心力矩。同时，节点的设计应该做到安全可靠、构造简单，易于制作拼装、节约钢材。节点的类型很多，现介绍几个常见的典型节点。

1. 杆件为角钢的平板节点

平板节点刚度大，整体性好，制作加工简单，质量容易保证，成本低廉，适用于两向正交网架。

平板节点的连接方式可以采用焊接或者螺栓连接，如图 7.3.1 所示，亦可以采用焊接与螺栓连接相结合的方式，连接质量容易保证。螺栓连接适于高空作业安装使用主要受力杆件的连接应采用高强度螺栓。

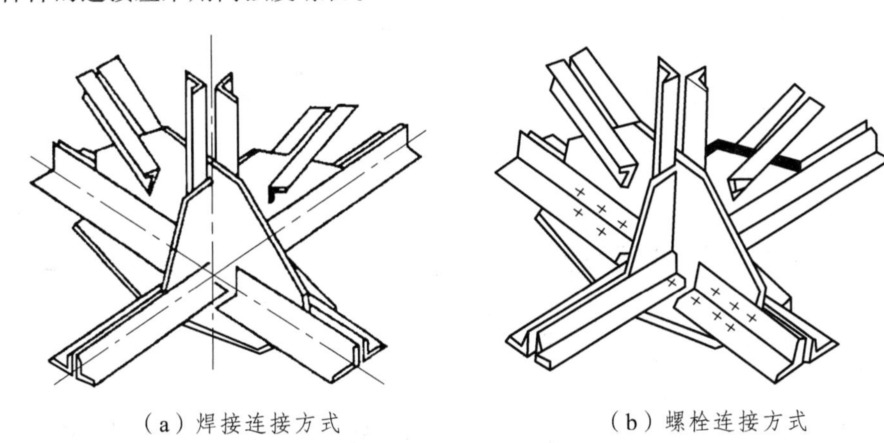

（a）焊接连接方式　　（b）螺栓连接方式

图 7.3.1　平板节点

2. 杆件为钢管的球节点

当杆件采用钢管时，节点宜采用球节点的形式，球节点又可分为焊接空心球节点和螺栓球节点两种。

焊接空心球节点的特点是各向杆件轴线容易汇交于节点球心，构造简单，用钢量少，节点体型小，形式轻巧美观，如图 7.3.2 所示。球节点是用两块钢板模压成半球，然后焊接成整体。为了加强球的刚度，球内可焊上一个加劲肋，因而焊接空心球节点又分为加肋与不加肋两种。

螺栓球节点是在实心钢球上钻出螺栓孔，用螺栓连接杆件，如图 7.3.3 所示。这种节点不需焊接，避免了焊接变形，同时大大加快了安装速度，也有利于构件的标准化，适合于工业化生产。螺栓球节点的缺点是构造复杂，机械加工量大。

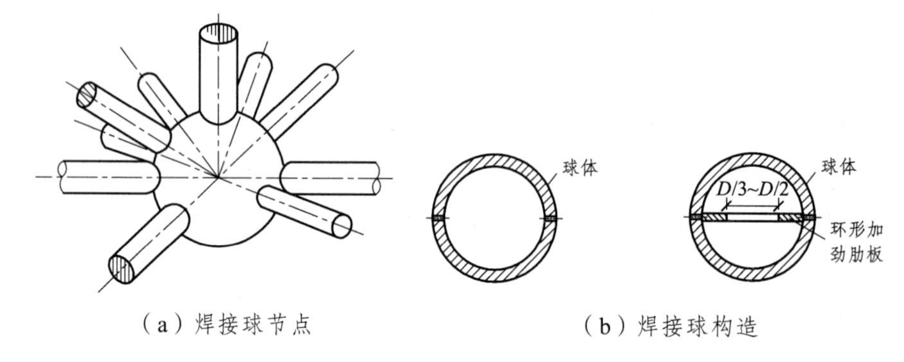

（a）焊接球节点　　（b）焊接球构造

图 7.3.2　焊接空心球节点

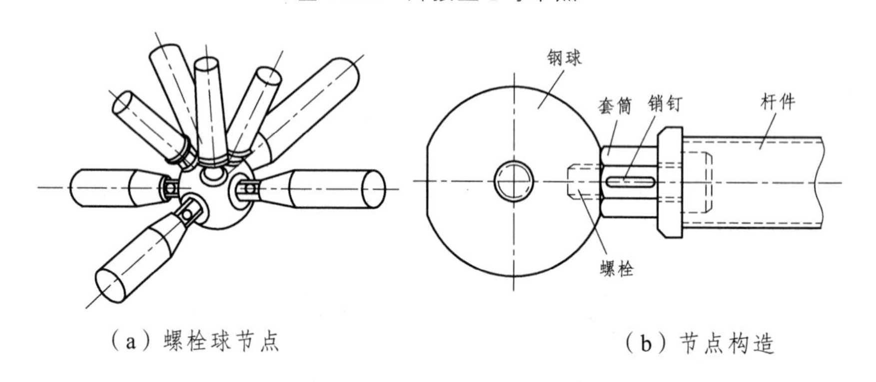

（a）螺栓球节点　　（b）节点构造

图 7.3.3　螺栓球节点

7.4　网架的支承方式与支座节点

7.4.1　网架的支承方式

网架的支承方式与建筑功能要求有直接关系，具体选择何种支承方式，应结合建筑功能要求和平立面设计来确定。目前常用的支承方式有以下几种。

1. 周边支承

这种网架的所有周边节点均设计成支座节点，搁置在下部的支承结构上，如图 7.4.1 所示。图 7.4.1（a）所示，所有边界节点都支承在周边柱上时，虽柱子布置较多，但传力直接明确，网架受力均匀，适用于大、中跨度的网架。图 7.4.1（b）所示，所有边界节点支承于梁上，这种支承方式，柱子数量较少，而且柱距布置灵活，从而便于建筑设计，且网架受力均匀，一般适用于中小跨度的网架。为网架支承在周边柱子上。

以上两种周边支承都不需要设边桁架。

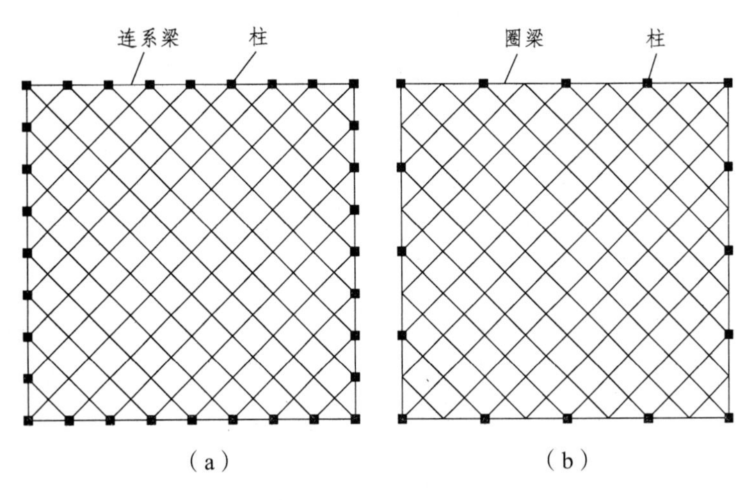

图 7.4.1 周边支承

2. 点支承

这种支承方式一般将网架支承在四个支点或多个支点上，柱子数量少，建筑平面布置灵活，建筑使用方便，特别对于大柱距的厂房和仓库较适用，如图 7.4.2（a）所示。

为了减少网架跨中的内力或挠度，网架周边宜设置悬挑，而且建筑外形轻巧美观，如图 7.4.2（b）所示。

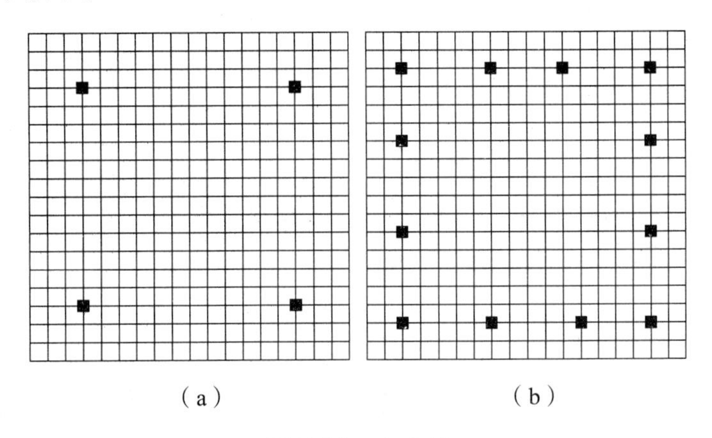

图 7.4.2 点支承

3. 周边支承与点支承结合

由于建筑平面布置以及使用的要求，有时要采用边点混合支承，或三边支承一边开口，或两边支承两边开口等情况，如图 7.4.3 所示。这种支承方式适合于飞机库或飞机的修理及装配车间。此时，开口边应设置边梁或边桁架梁。

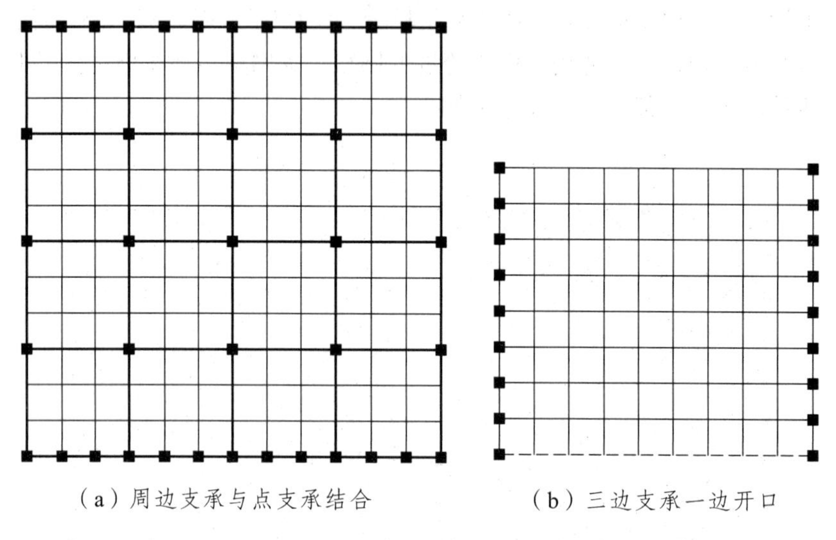

（a）周边支承与点支承结合　　（b）三边支承一边开口

图 7.4.3　周边支承与点支承结合

7.4.2　网架的支座节点

网架结构的支座节点一般采用铰支座。为安全准确地传递支座反力，支座节点要力求构造简单，传力可靠明确，且尽量符合网架的计算假定，以免网架的实际内力和变形与根据计算假定得到的计算值相差较大，而造成危及结构安全的隐患。

网架的支座节点类型较多，具体选择哪种，应根据网架的跨度的大小，支座受力特点、制造安装方法以及温度等因素综合考虑。

根据支座受力特点，网架的支座节点分为压力支座节点和拉力支座节点两大类。以下介绍几种常用的网架支座节点形式。

1. 平板压力支座节点（图 7.4.4）

这种支座底板与支承面间的摩擦力较大，支座不能转动、移动，与计算假定中铰接假定不太相符，因此只适用于小跨度网架。

2. 单面弧形压力支座节点（图 7.4.5）

支座底板和柱顶板之间加设一弧形钢板，支座可产生微量转动和移动，与铰接的计算假定较符合，这种支座节点适用于中小跨度的网架。

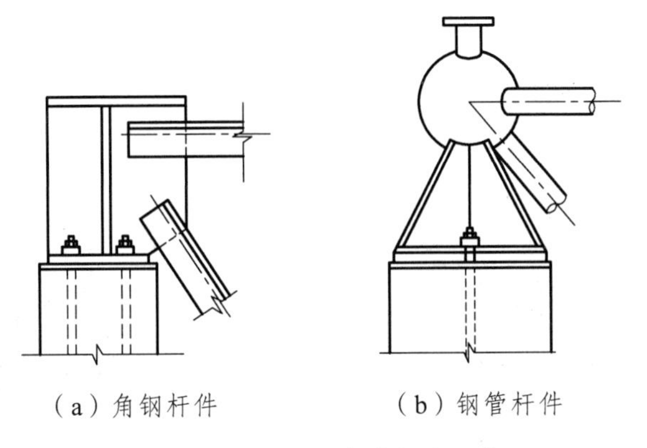

（a）角钢杆件　　（b）钢管杆件

图 7.44 平板压力或拉力支座

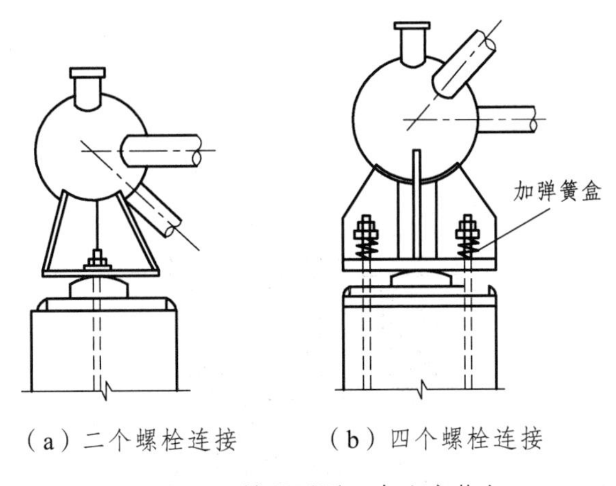

（a）二个螺栓连接　　（b）四个螺栓连接

图 7.4.5 单面弧形压力支座节点

3. 双面弧形压力支座节点（图 7.4.6）

这种支座又称为摇摆支座，它是在支座底板与柱顶板间加设一块上下两面为弧形的铸钢块，因而支座可以沿钢块的上下两弧形面作一定的转动和侧移。

当网架跨度大，周边支承约束较强，且温度影响较显著时，其支座产生的转动和侧移对网架受力的影响就不能忽视，此前两种支座节点一般不能满足计算假定对支座处既要产生自由转动，又要侧移的要求，而双面弧形压力支座节点比较适合。但这种支座节点构造较复杂，加工麻烦，造价高，而且只能在一个方向转动，不利于抗震。

4. 球铰压力支座节点（图 7.4.7）

这种支座节点是以一个凸出的实心半球嵌合在一个凹进半球内，在任意方向都能转动，不产生弯矩，并在 x、y、z 三个方向都不产生线位移因而此种支座节点有利于抗震。此种支座节点比较适合于多点支承的大跨度网架，或带悬挑的四点支承网架。

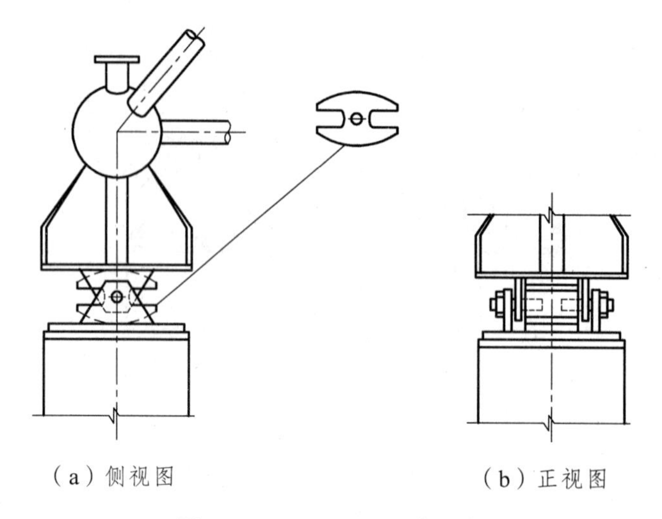

图 7.4.6　双面弧形压力支座

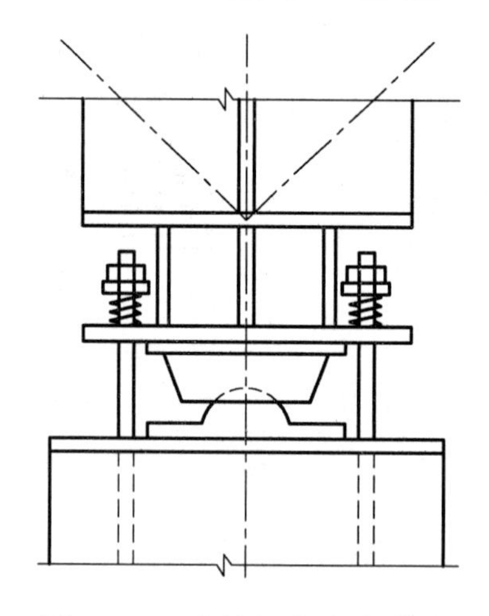

图 7.4.7　球铰压力支座节点

5. 板式橡胶支座节点（图 7.4.8）

这种支座节点是在支座底板和柱顶板间加设一块板式橡胶支座垫板，它是由多层橡胶与薄钢板制成的。这种支座不仅可沿切向及法向移动，还可绕两向转动。其构造简单，造价较低，安装方便，适用于大中跨度网架。

6. 平板拉力支座节点

这种支座节点连接形式同平板压力支座节点，支座的垂直拉力由锚栓承受，适用于较小跨度的网架。

7. 单面弧形拉力支座节点（图 7.4.9）

此种支座节点与单面弧形压力支座节点相似，适用于中小跨度网架。

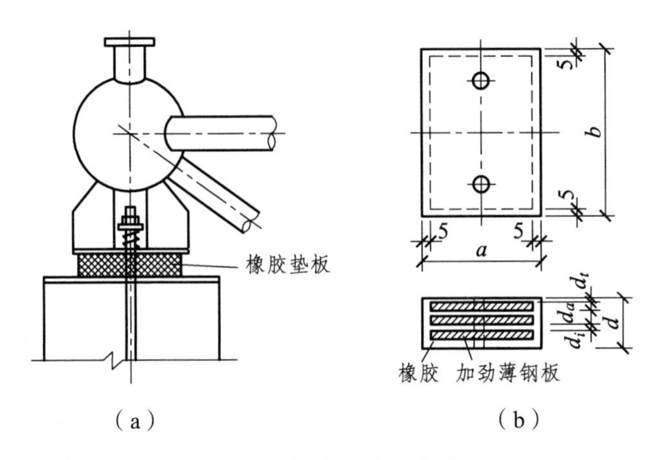

图 7.4.8 板式橡胶支座节点

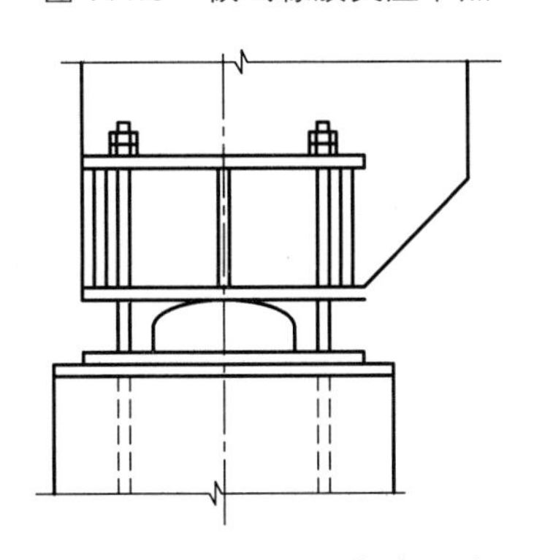

图 7.4.9 单面弧形拉力支座

平板拉力支座节点和单面弧形拉力支座节点只适用于有些在角部支座处产生垂直拉力的网架，如斜放四角锥网架、两向正交斜放网架。

通常考虑到网架在不同方向自由伸缩和转动约束的不同，一个网架可以采用多种支座节点形式。

7.5 网架的屋面做法与屋面坡度

7.5.1 网架的屋面做法

网架结构一般采用轻质、高强、保温、隔热、防水性能良好的屋面材料，以实现网架结构经济、省钢的优点。

由于选择屋面材料的不同，网架结构的屋面有无檩体系和有檩体系屋面两种。

1. 无檩体系屋面

当屋面材料选用钢丝网水泥板或预应力混凝土屋面板时，一般它们的尺寸较大，所需的支点间距也较大，因而多采用无檩体系屋面。通常屋面板的尺寸与上弦网格尺寸相同，屋面板可直接放置在上弦网格节点的支托上，并且至少有三点与网架上弦节点的支托焊牢。此种做法即为无檩体系屋面，如图 7.5.1 所示。

无檩体系屋面零配件少，施工、安装速度快，但屋面板自重大，会导致网架用钢量增加。

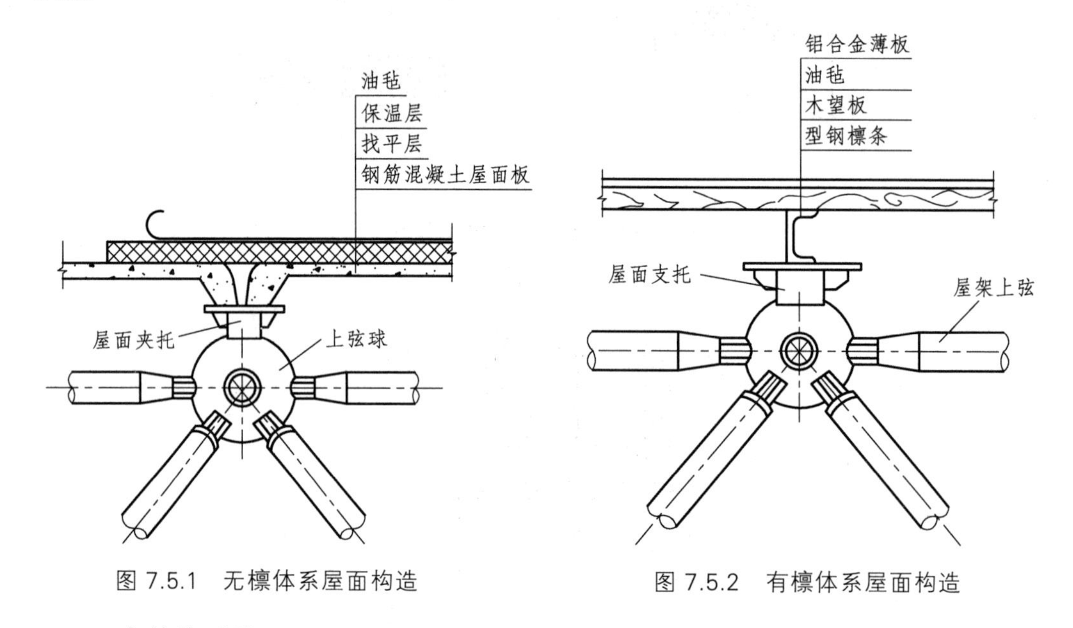

图 7.5.1　无檩体系屋面构造

图 7.5.2　有檩体系屋面构造

2. 有檩体系屋面

当屋面材料选用木板、水泥波形瓦、纤维水泥板或各种压型钢板时，此类屋面材料的支点距离较小，因而多采用有檩体系屋面。

有檩体系屋面通常做法如图 7.5.2 所示。

近年来，压型钢板作为新型屋面材料，得到较广泛的应用。由于这种屋面材料轻质、高强、美观、耐用，且可直接铺在檩条上，因而加工、安装已达标准化、工厂化，施工周期短，但价格较高。

7.5.2　屋面坡度

网架结构屋面的排水坡度较平缓，一般取 1% ~ 4%。屋面的坡度一般可采用下面几种办法：

（1）上弦节点上加小立柱找坡。

（2）网架变高。

（3）整个网架起坡。

（4）支承柱变高。

7.6 工程实例

7.6.1 上海大舞台（上海体育馆）

上海体育馆是国内大型的体育馆之一，1975 年建成使用。1999 年 10 月，在保留原体育馆功能的基础上改建成上海大舞台。大舞台分为上、下两层结构，舞台平面呈橄榄型，舞台左右两端最大有效使用距离 60 m，前后最大纵深 32 m，舞台面积约 1 250 m^2。大型文艺演出可容纳观众 8 000 ~ 10 000 人左右，体育比赛可容纳观众 12 000 人。

主馆呈圆形，屋顶采用平板型焊接空心球节点三向钢网架，建筑平面直径 110 m，周边支承于 36 根柱子上，屋盖挑出 7.5 m，网架高度 6 m，网格尺寸为 6.11 m（直径的 1/18），用钢量 47 kg/m^2，（节点 4.6 kg/m^2），屋面采用铝合金板、三防布、望板钢檩体系。

网架的杆件直径为 48 ~ 159 mm、壁厚为 14 mm，檐口钢球直径 300 mm，壁厚 10 mm，网架与柱子之间采用双面弧形压力支座，在满足支座转动的前提下，又能使网架有适量的自由伸缩，以适应温差引起的变形要求。

（a）建筑外景

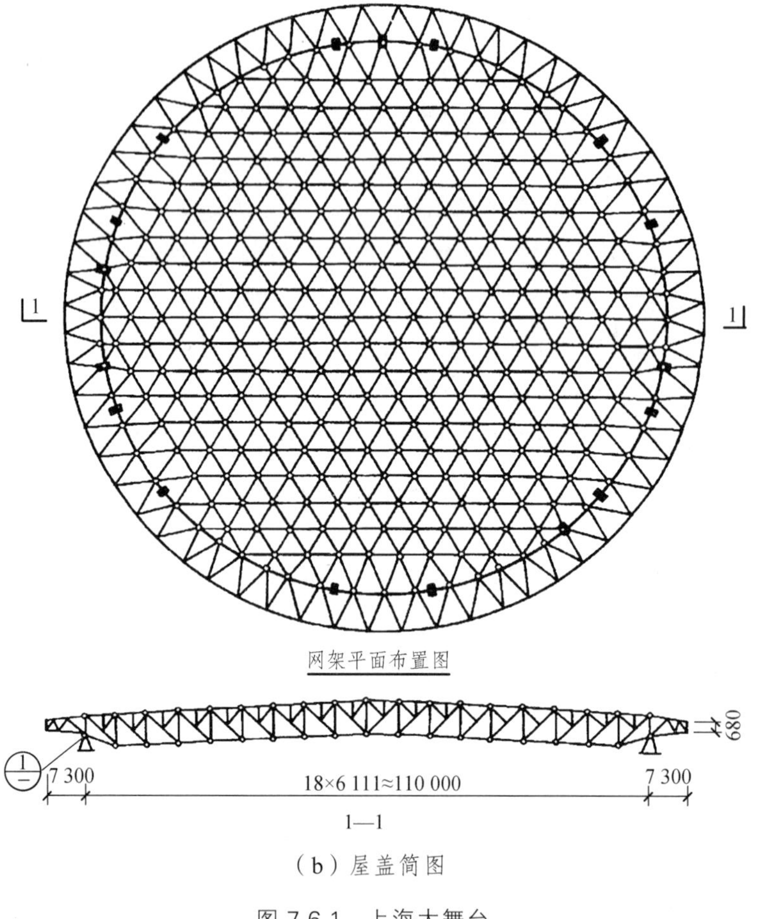

（b）屋盖简图

图 7.6.1 上海大舞台

7.6.2 北京首都国际机场 AMECO—A380 飞机维修机库

北京首都国际机场 AMECO—A380 飞机维修机库（图 76.2）是首都机场扩建工程的配套工程，由中国航空工业规划设计研究院设计。A380 机库是我国大型工程项目在国际招投标中由我国设计部门提出的设计方案成功中标、并完成全部设计的一个自主创新项目。

工程由维修机库大厅、航材库以及与之配套的办公、车间、动力站房、特种车库和餐厅等附属用房组成。机库单体建筑面积 62 626 m^2，其中机库大厅屋盖建筑面积 40 373 m，跨度（176.3 + 176.3）m，进深 114.5 m，屋顶标高 39.8 m。屋盖结构采用下弦支承的三层斜放四角锥网架，网格尺寸 6.0 m × 6.0 m，高度 8.0 m。机库大门处屋盖采用焊接箱形钢桁架，宽 9.5 m，高 11.5 m。网架节点大部分为焊接空心球节点，根据受力及构造要求，部分节点采用了主管贯通焊接空心球节点、焊接节点以及铸钢节点。屋盖支座采用了 42 个抗震球铰支座。机库大厅中间无柱，可同时维修客机 A380 以及大型客机 B747、B777 各 2 架和 B737 客机 4 架。

（a）机库透视图

（b）机库内景

图 7.6.2 北京首都国际机场 AMECO—A380 飞机维修机库

复习思考题

1. 试述网架结构的主要特点。
2. 网架结构采用单层或双层的依据是什么？
3. 网架结构主要有哪些类型？分别适用何种情况？
4. 交叉桁架体系和角锥体系网架有哪些相同点和不同点？
5. 网架结构常用的杆件有哪几种？优先选用哪种？为什么？
6. 网架结构常用的一般节点和支座有哪几种形式？
7. 网架结构的屋面坡度一般有哪几种实现方式？
8. 试述网架结构的主要优点和缺点。

8 网壳结构

【学习要点】

（1）网壳结构的特点及适用范围。

（2）网壳的结构形式分类及特点。

8.1 概 述

网壳结构即为网状的壳体结构，或者说是曲面状的网架结构。其外形为壳，构成为网格状，是格构化的壳体，也是壳形网架。其受力合理，覆盖跨度大，是一种颇受国内外关注、半个世纪以来发展最快、有着广阔发展前景的空间结构。

网壳结构具有优美的建筑造型，无论是建筑平面、外形和形体都能给设计师以充分地创作自由。建筑平面上，可以适应多种形状，如圆形、矩形、多边形、三角形、扇形以及各种不规则的平面；建筑外形上，可以形成多种曲面，如球面、椭圆面、旋转抛物面等，建筑的各种形体可通过曲面的切割和组合得到；结构上，网壳受力合理，可以跨越较大的跨度，由于网壳曲面的多样化，结构设计者可以通过精心的曲面设计使网壳受力均匀；施工上，采用较小的构件在工厂预制，工业化生产，现场安装简便快速，不需要大型设备，综合经济指标较好。

网壳结构兼有薄壳结构和平板网架结构的优点，是一种很有竞争力的大跨度空间结构，近年来发展十分迅速。但网壳结构也有其不足之处，其主要不足在于：杆件和节点几何尺寸的偏差以及曲面的偏离对网壳的内力、整体稳定性和施工精度影响较大，给结构设计带来了困难。另外，为减少初始缺陷，对于杆件和节点的加工精度应提出较高的要求，制作加工难度大。此外，网壳的失高很大时，增加了屋面面积和不必要的建筑空间，增加建筑材料和能源的消耗。这些问题在大跨度网壳中显得更加突出。

网壳结构在我国的发展和应用历史不长，但已显示出很强的活力，应用范围在不断扩大。多年来，我国在网壳结构的合理选型、计算理论、稳定性分析、节点构造、制作安装、试制试验等方面已做了大量的工作，取得了一批成果，且具有我国的特色。

8.2 网壳的分类

当网壳结构的曲面形式确定后，根据曲面结构的特性，支承的数目、位置、形式，杆件材料和节点形式等，便可确定网壳的构造型式和几何构成。其中重要的问题是曲面网格划分（分割）。进行网格划分时，一是要求杆件和节点的规格尽可能少以便工业化生产和快速安装；二是要求使结构为几何不变体系。不同的网格划分方法，将得到不同形式的网壳结构。网壳结构形式较多，可按不同方法分类。

8.2.1 按高斯曲率分类

网壳结构按高斯曲率划分有：零高斯曲率网壳、正高斯曲率网壳、负高斯曲率网壳。

零高斯曲率网壳又称为单曲网壳，有柱面网壳、圆锥形网壳等。

正高斯曲率网壳有球面网壳、双曲扁网壳、椭圆抛物面网壳等。

负高斯曲率网壳有双曲抛物面网壳、单块扭网壳等。

如图 8.2.1 所示。

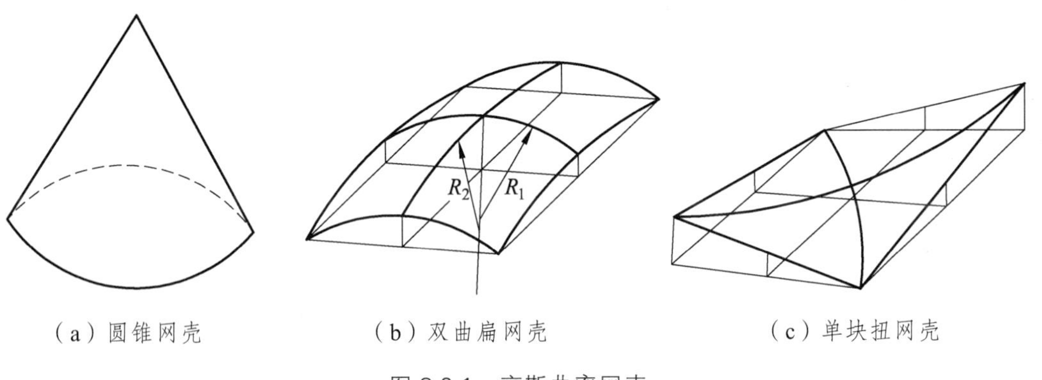

（a）圆锥网壳　（b）双曲扁网壳　（c）单块扭网壳

图 8.2.1　高斯曲率网壳

8.2.2 按层数分类

网壳结构按层数可分为单层网壳、双层网壳和变厚度网壳三种，如图 8.2.2 所示。

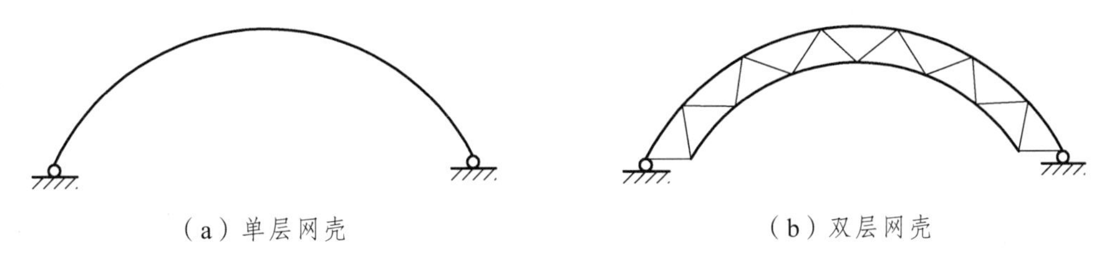

（a）单层网壳　（b）双层网壳

图 8.2.2　单层、双层网壳简图

8.2.2.1 单层网壳

1. 单层柱面网壳

单层柱面网壳形式有单斜杆柱面网壳和双斜杆柱面网壳，如图 8.2.3 所示。单斜杆柱面网壳杆件小，连接处理容易，但刚度较双斜杆柱面网壳差。

三向网格型柱面网壳（图 8.2.4）在单层柱面网壳中刚度最好，杆件品种也少，是一个较为经济合理的形式。

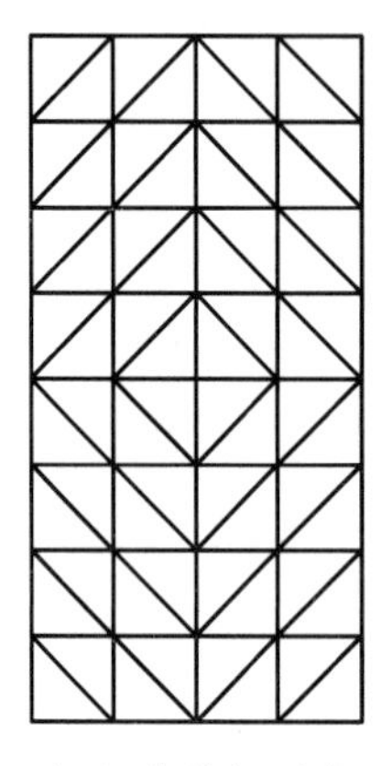

（a）单斜杆网壳

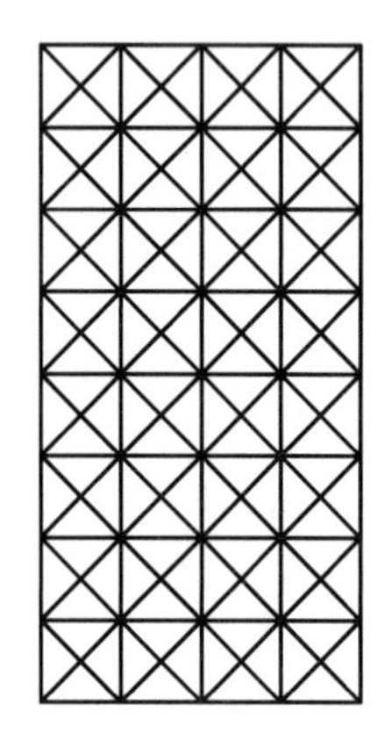

（b）双斜杆网壳

图 8.2.3 单层柱面网壳

图 8.2.4 三向网格型柱面网壳

2. 单层球面网壳

球面网壳的网格形状有正方形、梯形（如肋环形网壳）、菱形（如无纬向杆的联方型网壳）、三角形（如施威德勒型、有纬向杆联方型）和六角形等。从受力性能考虑，最好选用三角形网格。本书将简单介绍梯形、菱形和三角形三种形状网壳。

1）梯形（肋环型球面网壳）

肋环型球面网壳是从肋型穹顶发展起来的，肋型穹顶由许多相同的辐射实腹肋或桁架相交于穹顶顶部，下部安置在支座拉力环上，肋与肋之间放置檩条。当穹顶矢跨比较小时，支座上产生很大的水平推力，肋的用钢量较大。为了克服这一缺点，将纬向檩条（实腹的或格构的）与肋连成一个刚性立体体系，称为肋环型球面网壳，如图8.2.5 所示。此时，檩条与肋共同工作，除受弯外（当檩条上直接作用有荷载时），还承受纬向拉力。

肋环型球面网壳只有经向和纬向杆件，大部分网格呈梯形。由于它的杆件种类少，每个节点只汇交四根杆件，故节点构造简单，但是节点一般为刚性连接，承受节点弯矩。这种网壳通常用于中、小跨度的穹顶。

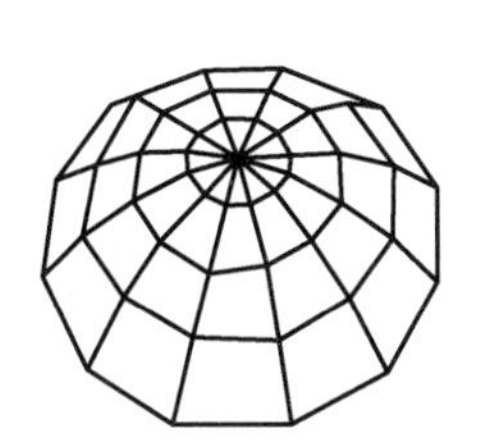
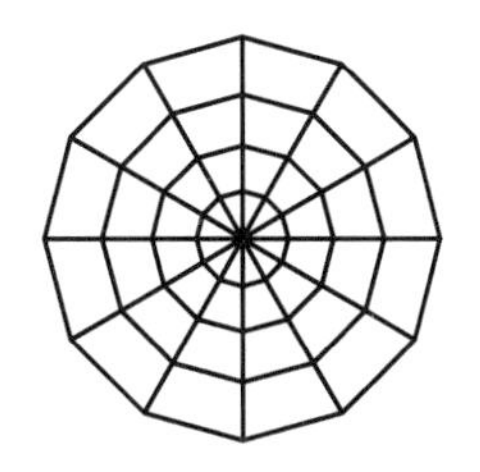

图 8.2.5　肋环型球面网壳

2）菱形（无纬向杆的联方型网壳）

由左斜杆和右斜杆组成菱形网格的网壳，如图 8.2.6 所示，两斜杆的夹角为 30° ~ 50°，其造型优美，通常采用木材、工字钢、槽钢和钢筋混凝土等构件建造。

3）三角形（有纬向杆联方型、施威德勒型）

为了增强无纬向杆的联方型网壳的刚度和稳定性能，可加设纬向杆件组成三角形网格，如图 8.2.7 所示，使得网壳在风荷载及地震灾害作用下具有良好的性能。从受力性能考虑，球面网壳的网格形状最好选用三角形网格。

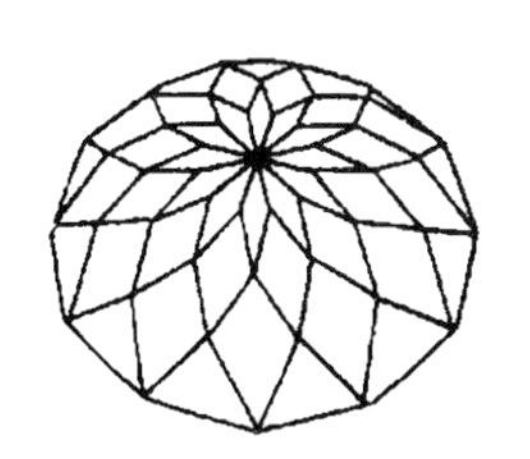

图 8.2.6　无纬向杆联方型球面网壳

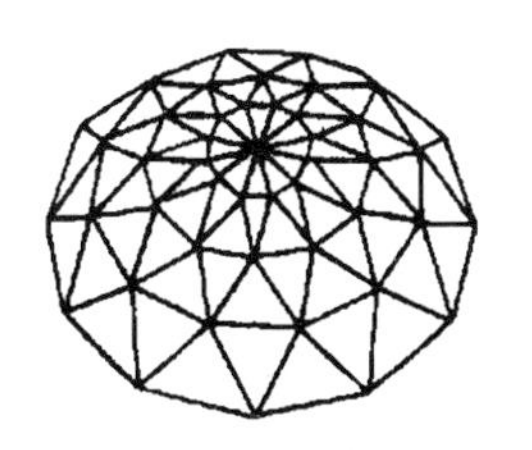
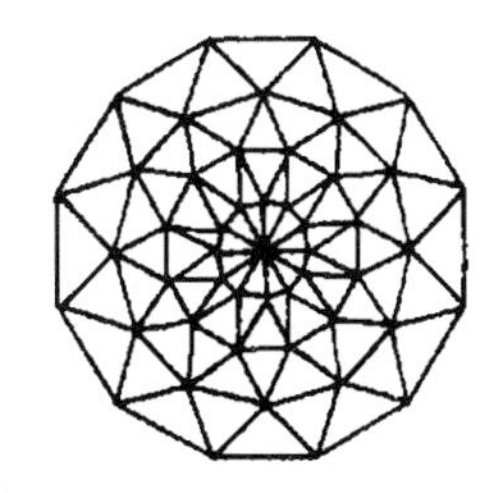

图 8.2.7　有纬向杆联方型球面网壳

施威德勒型球面网壳（图 8.2.8）是肋环型网壳的改进形式，因其刚度大，常用于大、中跨度的穹顶。这种网壳由经向杆、纬向杆和斜杆构成，设置斜杆的目的是增强网壳的刚度并能承受较大的非对称荷载。斜杆布置方法主要有：左斜单杆、左右斜单斜杆、双斜杆和无纬向杆的双斜杆。选用时根据网壳的跨度、荷载的种类和大小等确定。左斜单斜杆体系，因为其节点上汇交的杆件较少，应用普遍。

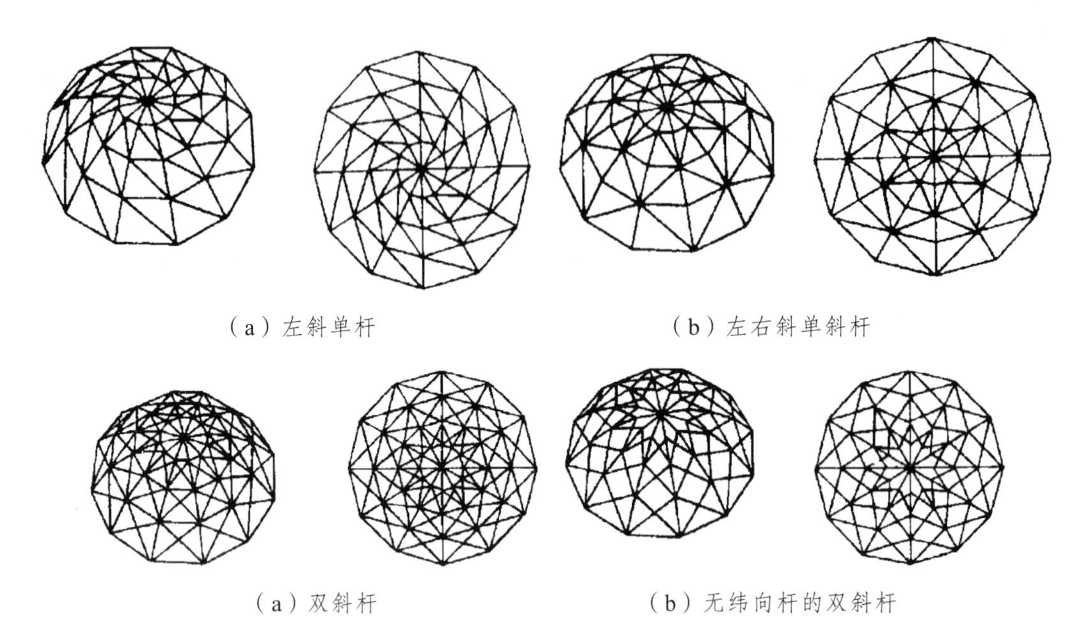

（a）左斜单杆　　（b）左右斜单斜杆

（a）双斜杆　　（b）无纬向杆的双斜杆

图 8.2.8　施威德勒型球面网壳

8.2.2.2　双层网壳

单层网壳的设计往往由稳定性控制，实际应力很小。具有构造简单，自重轻，材料省等特点。但由于稳定性差，仅适用于中、小跨度的屋盖。跨度在 40 m 以上，或者有特殊技术要求（如在两层之间安装照明、音响或空调等设备）时，往往选用双层网壳。

双层网壳是由两个同心或不同心的单层网壳通过斜腹杆连接组成的。

按照网壳曲面形成的方法，双层网壳又可分为双层柱面网壳和双层球面网壳，其结构型式可分为交叉桁架和角锥（包括三角锥、四角锥、六角锥，抽空的、不抽空的）两大体系。现举例说明如下：

1.）交叉桁架体系

交叉桁架体系是由两个或三个方向的平面桁架交叉构成。

对于双层球面交叉桁架体系，构造较为简单，可参照普通钢桁架进行设计，对于双层柱面交叉桁架体系，可分为两向正交正放网壳[图 8.2.9（a）]、两向正交斜放网壳[8.2.9（b）]和三向网壳[8.2.9（c）]，如图 8.2.9 所示。

在两向正交正放网壳的周边网格内有一部分弦杆，这是为了防止结构几何可变而设置的。三向网壳是由三个方向的平面桁架交叉构成，其中一个方向的桁架平行于曲面的母线。在一般情况下，上层网格为正三角形，下层网格为等腰三角形。也可采用一个方向的桁架平行于拱跨方向，如图 8.2.9（d）所示。

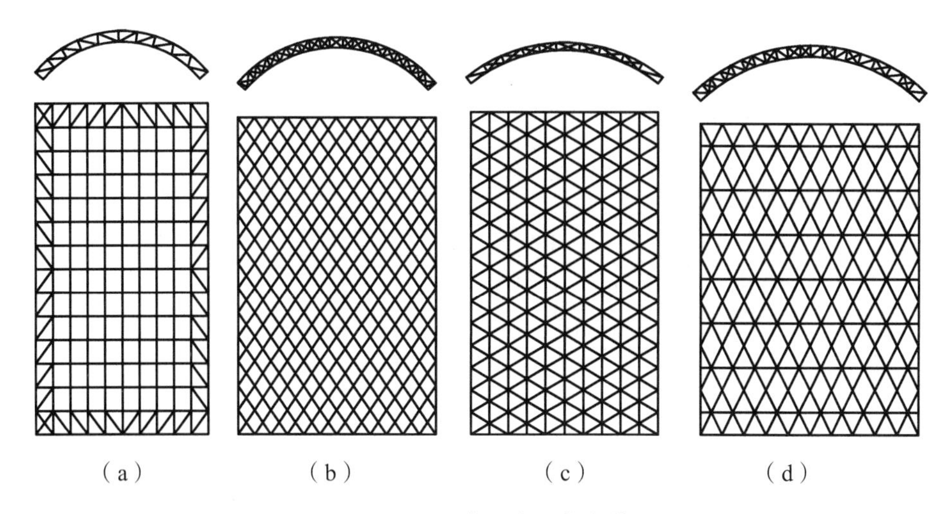

图 8.2.9　双层柱面交叉桁架体系

2）角锥体系

角锥体系包括三角锥、四角锥、六角锥等形式，在三角锥和四角锥单元中，有时适当抽掉一些腹杆和下层杆就形成了“抽空角锥”。

对于双层球面网壳，由三角锥体构成联方型三角锥球面网壳（图 8.2.10）；由四角锥体构成四角锥球面网壳（图 8.2.11）。

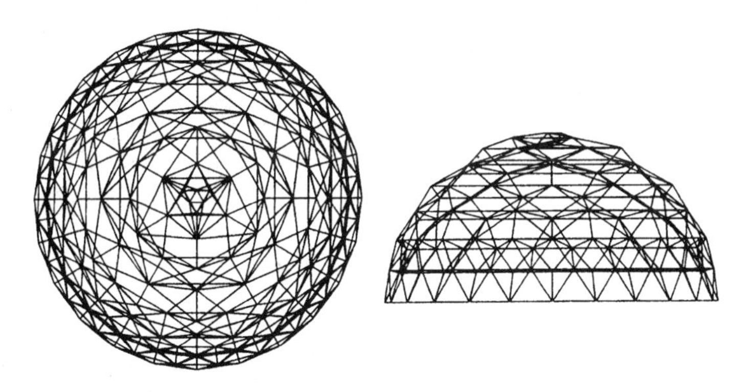

图 8.2.10　联方型三角锥球面网壳

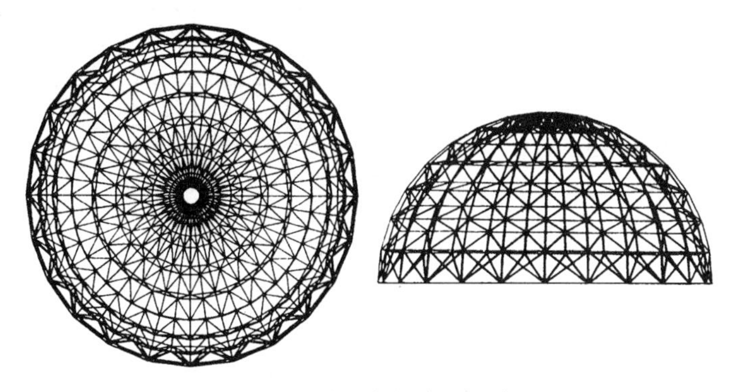

（a）肋环型四角锥球面网壳

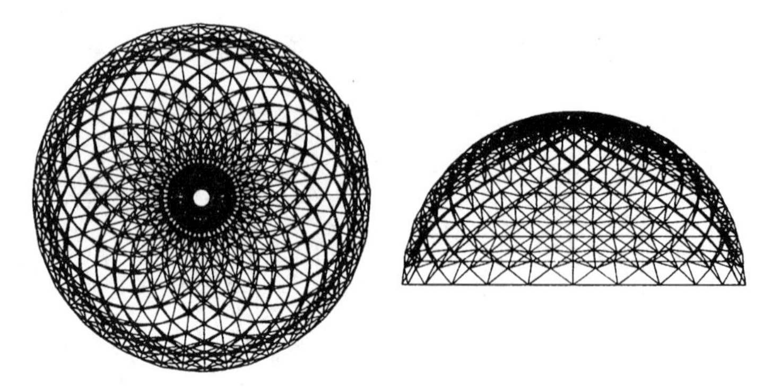

（b）联方型四角锥球面网壳

图 8.2.11　四角锥球面网壳

对于双层柱面网壳，由三角锥体构成三角锥柱面网壳[图 8.2.12（a）]和抽空三角锥柱面网壳[图 8.2.12（b）]；由四角锥体构成正放四角锥柱面网壳[图 8.2.13（a）]和正放抽空四角锥柱面网壳[图 8.2.13（b）]。

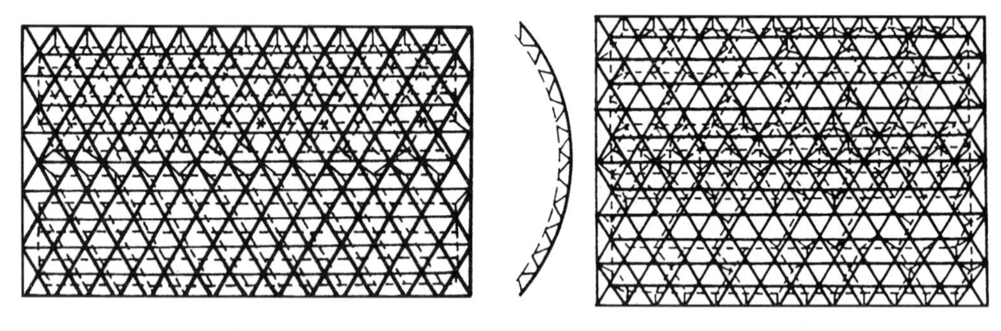

（a）三角锥柱面网壳　　（b）抽空三角锥柱面网壳

图 8.2.12　由三角锥体构成的双层柱面网壳

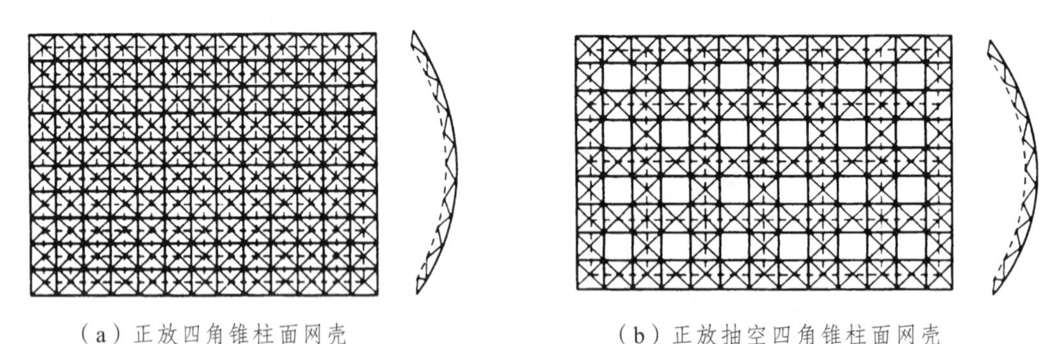

（a）正放四角锥柱面网壳　　（b）正放抽空四角锥柱面网壳

图 8.2.13　由四角锥体构成的双层柱面网壳

8.2.2.3　变厚度网壳

从网壳杆件内力分布来看，一般的周边部分构件内力大于中央部分的杆件内力。因此，设计中采用变厚度或局部双层网壳，使网壳既具有单、双层网壳的主要优点，又避免单层网壳稳定性不好的弱点，充分发挥杆件的承载力。这种网壳由于厚度不同，在网格和杆件布置时，应尽量使杆件只产生轴向力，避免产生弯曲内力，同时应使网壳便于制作和安装。

变厚度双层球面网壳的形式很多，常见的有从支承周边到顶部，网壳的厚度均匀地减少（图 8.2.14），大部分为单层，仅在支承区域内为双层（图 8.2.15）和在双层等厚度网壳上大面积抽空等。

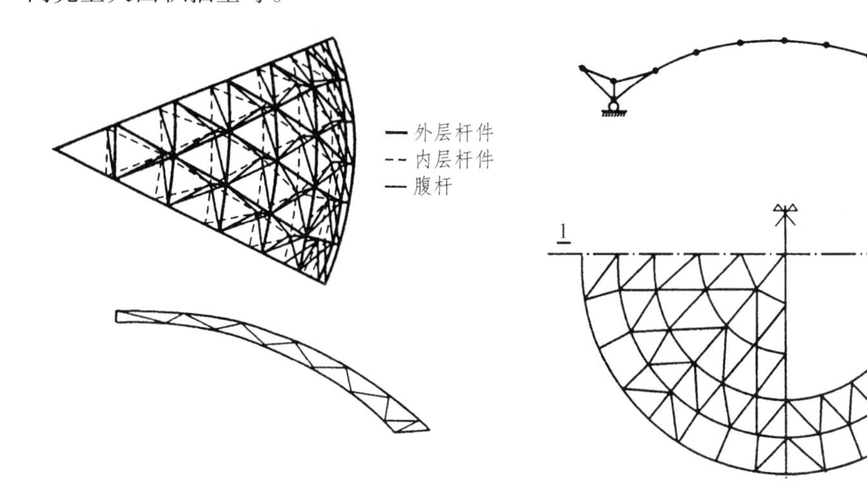

图 8.2.14　变厚度球面网壳　　图 8.2.15　仅支承区域内为双层的球面网壳

8.2.3　按材料分类

网壳结构所采用的材料较多，主要是钢筋混凝土、钢材、木材、铝合金、塑料及复合材料。主要发展趋势轻质高强材料的大量使用。材料的选择取决于网壳的型式、跨度与荷载、计算模型、节点体系、材料来源与价格，以及制造与安装条件等。

8.2.3.1　钢筋混凝土网壳

柱面联方型网壳常常采用钢筋混凝土预制网片建造。但由于钢筋混凝土网壳自重大，节点构造较复杂，在大跨度网壳中应用较少。

8.2.3.2　钢网壳

钢网壳结构通常采用的 HPB300 级钢，也有采用高强度低合金钢的。杆件形式主要采用钢管、工字钢、角钢、槽钢、冷弯薄壁型钢或钢板焊接工字型或者箱形截面。

肋型、肋环型体系的网壳多采用工字型截面，两向格子型网壳通常采用矩形截面的冷弯薄壁型钢或工字钢，其他体系的网壳大多采用圆钢管。还有一些网壳采用了两种或多种不同截面形式的杆件，如上、下弦使用普通或异形钢，而腹杆使用钢管。

8.2.3.3 铝合金网壳

铝合金型材具有自重轻、强度高、耐腐蚀，易于加工、制作和安装，很适合于控制空间受力的网壳结构。国外已建成的铝合金网壳，杆件为圆形、椭圆形、方形或矩形截面的管材，网壳直径达 130 m。国内的铝材规格和产量较少价格也高，用于网壳结构较少。

8.2.3.4 木网壳

木材较早应用于球面和柱面网壳，其中以肋环型和联方型网壳最多。层压胶合木广泛用于建造体育馆、会堂、音乐厅、谷库等网壳。木材的最大优点是经济，易于加工制造各种形式。目前世界上跨度最大的木网壳跨度达 162 m。

8.2.3.5 塑料网壳及其他材料

塑料在国外已开始应用于网壳结构。塑料的自重轻、强度高、透明或半透明，耐腐蚀、耐磨损，易于工厂加工制造。

另外，国外在 20 世纪 60 年代开始研究复合材料应用于网架结构，常见的有玻璃丝增强树脂（GRP，俗称玻璃钢）、碳纤维等。复合材料最大的优点是强度高、自重轻，单位密度的强度指标都很优越。目前复合材料已成功地用在修建连续体的壳体与折板上。它也可以用来制作索、棒与管。

8.3 工程实例

8.3.1 北京体育学院体育馆

北京体育学院体育馆（图 8.3.1），是一座多功能建筑。其屋盖结构为四块组合型扭网壳，采用了正交正放网格的双层扭网壳结构，建筑平面尺寸 59.2 m × 59.2 m，四周悬挑 3.5 m，为了充分利用扭壳直纹曲面的特点，布置选用了两向正放桁架体系，网格尺寸为 2.90 m × 2.90 m，网壳厚 2.90 m，矢高 3.5 m，格构式落地斜撑的支座为球铰，承受水平力和竖向力，边柱柱距为 5.8 m，柱顶设置橡胶支座，节点为焊接空心球。该网壳将屋盖结构与支承斜撑合成一体，造型优美，受力合理，抗震性好。整个结构桁架中上、下弦等长、竖腹杆也等长，大大简化了网壳的制作与安装。

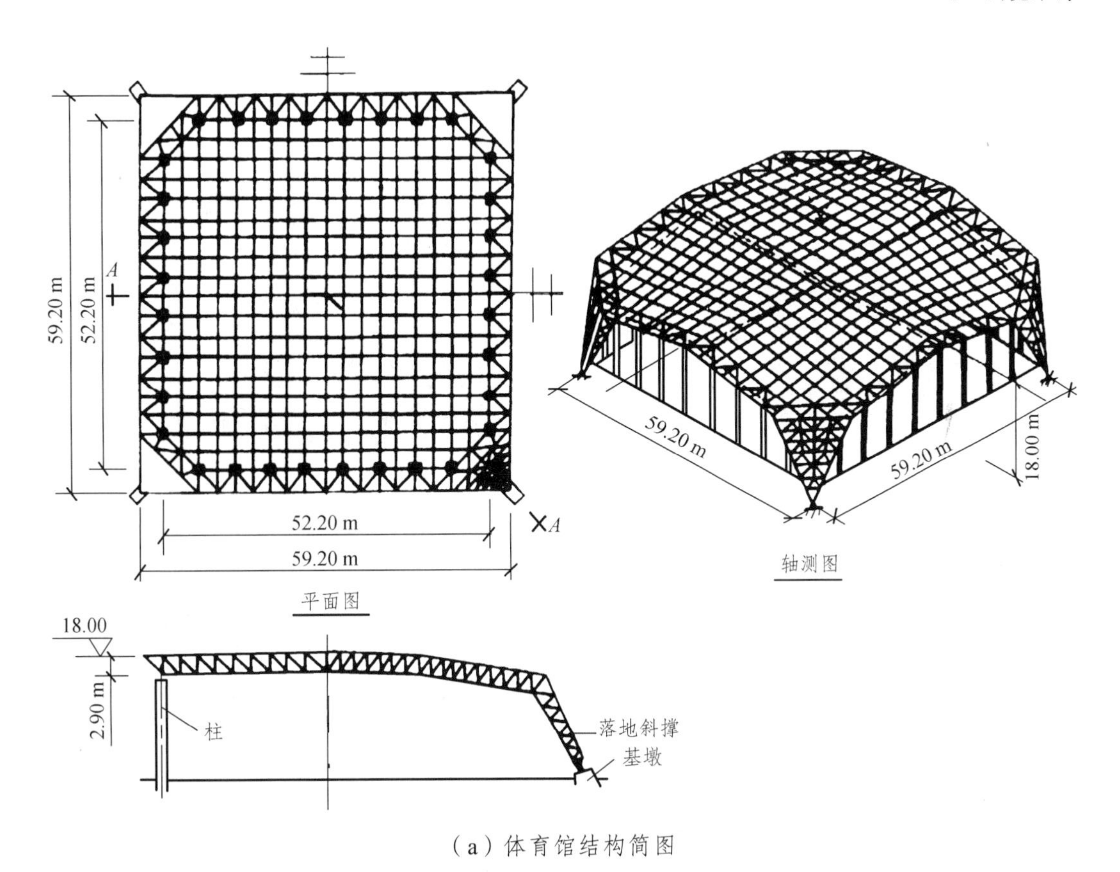

（a）体育馆结构简图

（b）体育馆鸟瞰图

（b）体育馆内景图

图 8.2.16　北京体育学院体育馆

8.3.2　河南南阳鸭河口电厂干煤棚

河南南阳鸭河口电厂干煤棚（图 8.3.2）采用螺栓球节点正放四角锥三心圆柱面网壳，跨度为 108 m，长度 90 m，网壳顶面标高 38.766 m，对边支承，用钢量仅 44 kg/m^2（投影面积），建成时为当时国内跨度最大的圆柱面网壳。该工程于 1999 年建成，曾获第三届空间结构优秀工程奖一等奖。

图 8.3.2　河南南阳鸭河口电厂干煤棚

8.3.3　中国国家大剧院

中国国家大剧院（图 8.3.3）采用双层椭球形空腹网壳结构，东西跨度 212.24 m，南北跨度 143.64 m，穹顶标高 46.29 m，地下最深 32.50 m，周长达 600 余米。整个壳体风格简约大气，其表面由 18398 块钛金属板和 1226 块超白透明玻璃共同组成，两种材质经巧妙拼接呈现出唯美的曲线，营造出舞台帷幕徐徐拉开的视觉效果。每当夜幕降临，透过渐开的“帷幕”，金碧辉煌的歌剧院尽收眼底。

（a）　　　　（b）

图 8.3.3　国家大剧院

复习思考题

1. 简述网壳结构的主要优点和缺点。
2. 网壳结构分类方法主要有哪些？
3. 试列举国内外网壳结构的新建实例，并总结它们的特点。

9 索承结构

【学习要点】

（1）掌握悬索桥、斜拉桥的基本组成、主要结构及构造，熟悉它们的总体布置。

（2）掌握悬索屋盖结构的基本类型及其组成。

（3）理解索承结构体系的刚度和稳定性问题。

9.1 索承结构概述

索承结构体系是由一系列拉索组成的张力结构体系，承重索一般不能受压，只有在张拉状态下才能形成承重骨架。

索承体系由来已久，最初主要应用于桥梁，承重索多为藤索、竹索等植物纤维，如四川灌县的珠浦桥，其承重的 24 根竹索均由细竹篾编织而成。后来，铁链逐渐代替了竹索，我国最早建造的铁链桥为云南的兰津桥，建于公元 57—75 年间；云南澜沧江铁索桥、贵州盘江铁索桥、四川泸定桥等铁链桥至今仍在使用。随着预应力钢丝、钢绞线等高强度材料的应用，索承体系桥梁由于其跨越能力大的特点而得到广泛应用。目前，索承体系桥梁主要有悬索桥和斜拉桥两类。

房屋建筑工程方面，索承体系主要应用于大跨度屋盖结构。为了满足生产和使用的要求，体育馆、展览馆、会议厅等大型公共建筑对跨度的要求越来越高，考虑工程的经济性，普通建筑材料已很难适应大跨度的要求，由于拉索具有强度高、自重轻、跨越能力大的特点，悬索屋盖结构在近几十年间应运而生。

9.2 索承体系桥梁——悬索桥

悬索桥是利用悬挂在塔架上的强大缆索作为主要的承重构件，利用吊杆支撑加劲梁和桥面系而形成的桥梁，是索承体系桥的主要类型之一。

9.2.1 基本组成与力的传递

悬索桥一般由主缆、桥塔及基础、吊杆、加劲梁及桥面系、锚碇等几部分组成（图

9.2.1)，其力学传递路径为：加劲梁和桥面系组成桥梁的通行机构，其所承受的自重、车辆荷载、风荷载等由吊杆传递给主缆，主缆两端由锚碇支撑并悬挂于桥塔上，将荷载传递给桥塔，桥塔通过基础最终将荷载传递给地基。悬索桥的承重主缆主要由高强度钢丝束构成，具有极高的承载力和较好的跨越能力，另外，悬索桥还具有美观的流畅线型和安全快捷的施工工艺，在大跨度（一般 800 m 及以上）桥梁中备受推崇。

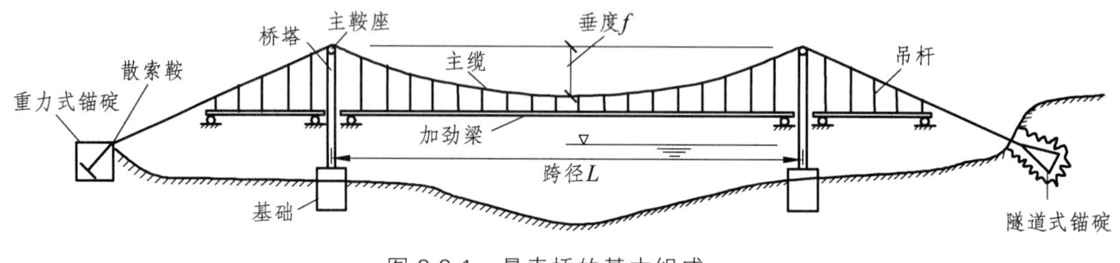

图 9.2.1 悬索桥的基本组成

9.2.2 主要结构及构造

9.2.2.1 主 缆

主缆是悬索桥最主要的承重构件，其材料应具有较高的抗拉强度、弹性模量、疲劳强度和截面密度，以及较小的拉伸延伸率和徐变。

主缆材料多为高强度钢丝和钢绞线。大跨度悬索桥多采用耐疲劳的高强度钢丝。使用钢绞线虽然施工方便，但弹性模量较低易使结构变形增大，且截面不易按照设计形状压紧，防腐较难，因此多用于中小跨径。

在主缆设计中，主要采用钢丝绳和平行钢丝束两种类型。钢丝绳一般由 7、9、37 或 61 根钢丝捻成股，然后 7 股绳再按照相反的方向捻成钢丝绳。钢丝绳可以分为钢绞线绳、螺旋钢丝绳和封闭式钢绞线索等类型，主要适用于跨径在 600 m 以内的悬索桥。

跨径在 400 m 以上的悬索桥多采用平行钢丝主缆，主缆截面一般先由 ϕ5 mm 左右的镀锌钢丝组成钢丝束股，然后再由若干根束股构成一根缆，成缆的主要方法有空中编丝法（AS 法）和预制平行束股法（PPWS 法）。

AS 法利用牵引索作为来回走动的编丝轮，每次将两根钢丝从一段拉到另一端，待钢丝数量达到设计数量后再编扎形成一根索股，每股所含钢丝数量较多（300 ~ 500 根左右），主缆所含总股数较少（30 ~ 90 股）。

PPWS 法的束股通常由 61、91、127 或 169 根钢丝平行排列定型制成，每根主缆所含总股数则多达 100 ~ 300 股。PPWS 法多采用工厂预制，避免了钢丝编制成束股的作业，现场架索施工时间较短，受气候影响较小，成缆效率较高，但需要较大吨位的起重运输设备和拽拉设备在搬运钢丝束股。

由于主缆是不可更换的受力构件，主缆材料又容易锈蚀，所以主缆防腐显得尤为重要。防腐措施可采用镀锌钢丝外涂底漆或树脂类防腐材料，然后手工满刮腻子，再缠绕退火镀锌钢丝，最后做外涂装的方式进行。

9.2.2.2 桥 塔

桥塔有塔基和塔身构成，其作用是支撑主缆并通过塔基把荷载传递给地基，同时提供桥梁的横向稳定性。

从横向看，按照腹杆的组合形式，桥塔可以分为桁架式、刚架式和组合式（图 9.2.2），腹杆的主要作用是提高桥塔的横向刚度以增加悬索桥的横向稳定性。

（a）桁架式　　（b）刚架式　　（c）组合式

图 9.2.2 桥塔横向腹杆组合形式

桥塔按照材料可以分为砌体桥塔、钢桥塔和钢筋混凝土桥塔。砌体桥塔多为石砌砌体，出现于早期小跨度悬索桥中，力学性质表现为刚性；20 世纪修建的悬索桥大多采用钢桥塔，现代大跨度悬索桥常用钢筋混凝土结构，多采用下端固结的单柱形式，为柔性桥塔。

9.2.2.3 锚 碇

悬索桥主缆索股锚固形式分为自锚式和地锚式。自锚式将主缆直接锚固到加劲梁上，不需要设置锚碇，一般仅适用中、小跨径悬索桥，而大跨度悬索桥主缆内力远超过加劲梁的承载能力，需要锚固在锚碇中。

锚碇是锚块基础、锚块、主缆锚固系统和防护结构的总称，主要作用是固定主缆的端头并防止其移动。锚碇分为重力式锚碇和隧道式锚碇两种（图 9.2.3）。

重力式锚碇一般由锚块、鞍部、缆索防护构造、散索鞍支承构造和基础构成，将主缆锚固于庞大的混凝土结构中，利用自重来抵抗主缆拉力，适用于持力层位于地面以下 20 ~ 50 m 的结构。

隧道式锚碇是通过在两岸天然岩体中开凿隧道，浇筑混凝土将连接主缆的锚碇架嵌固于两侧山体中的锚固方法。该方法利用山体对混凝土的嵌固作用来抵抗主缆拉力。相对于重力式锚碇，其混凝土用量更省，所以经济性更好，只是对两岸的岩体质量要求较高。

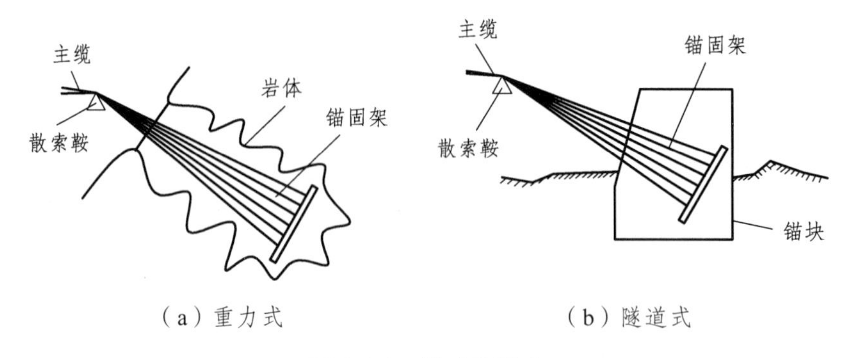

（a）重力式　　（b）隧道式

图 9.2.3　锚碇的形式

9.2.2.4　吊索（杆）

吊索（杆）用于连接主缆和加劲梁，主要起到荷载传递的作用，上端通过索夹与主缆相连，下端通过锚头与加劲梁梁体吊点相连。从材质上看，吊索（杆）有刚性吊杆和柔性吊索之分，刚性吊杆应用较少，主要见于少量小跨径悬索桥，材质多为圆钢和钢管；柔性吊索应用较多，与主缆材质类似，有钢丝绳和平行钢丝索两种。从立面布置上看，有竖直吊索和斜向吊索两种（图 9.2.4），其中竖直吊杆较为常见，倾斜吊杆具有桁架作用和张弛作用效应，可以提高桥梁的整体刚度和结构阻尼，但应用较少。

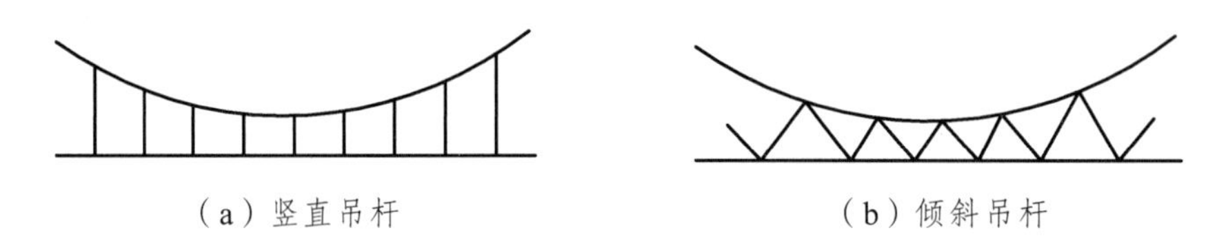

（a）竖直吊杆　　（b）倾斜吊杆

图 9.2.4　吊索（杆）的布置形式

9.2.2.5　加劲梁

加劲梁是悬索桥中提供桥面系支撑并直接承受各种活荷载的重要构件，其变形从属于主缆，虽然对悬索桥的总体刚度影响不大，但加劲梁自身要有足够的刚度，以抵抗车辆荷载等竖向活载下梁体的挠曲变形和风荷载等水平活载下的梁体扭曲变形，尤其水平活载对加劲梁变形的影响。

不同于主缆、吊索等线条形构件，加劲梁的迎风面积和风阻系数要大得多，所承受的横向风力也相对较大，由于加劲梁两侧支撑于吊杆，若梁身刚度不够，在横向风力的作用下极易发生颤振而威胁桥梁安全。1940 年 11 月 7 日，位于美国华盛顿州的塔科马（Tacoma）大桥通车仅仅 4 个月被风摧毁，当时风速仅为 67 km/h。这次风毁事故在一定程度上阻碍了悬索桥的发展进程，但也让人们认识到横向荷载的重要性，促进了桥梁设计理论的进步。目前，对于悬索桥设计，一般都需要通过风洞试验来确定桥梁的横向抗风稳定性，可以通过提高截面抗扭刚度、增设分流板等导风构件、采用格栅增加风透性等措施，以提高加劲梁的横向气动稳定性。

从材料上看，加劲梁有钢结构和混凝土结构两种。混凝土结构由于自重较大，为承受更大的拉力往往需要增大主缆界面，造成用料增多而不经济，所以较少采用。国内常用的钢结构加劲梁形式主要有桁架式和扁平钢箱式（图 9.2.5）。桁架式主要适用于铁路桥或公路铁路两用桥，钢箱梁式在跨江或海湾大桥中较为常见。由于截面尺寸更小，钢箱梁式加劲梁用量更省，抗风性能更好。

根据加劲梁在塔墩处是否连续，可以将加劲梁的支撑体系分为简支体系和连续体系。简直体系为铰支撑，主要用于公路桥梁，连续体系适用于铁路、公铁两用等对变形要求比较严格的桥梁。

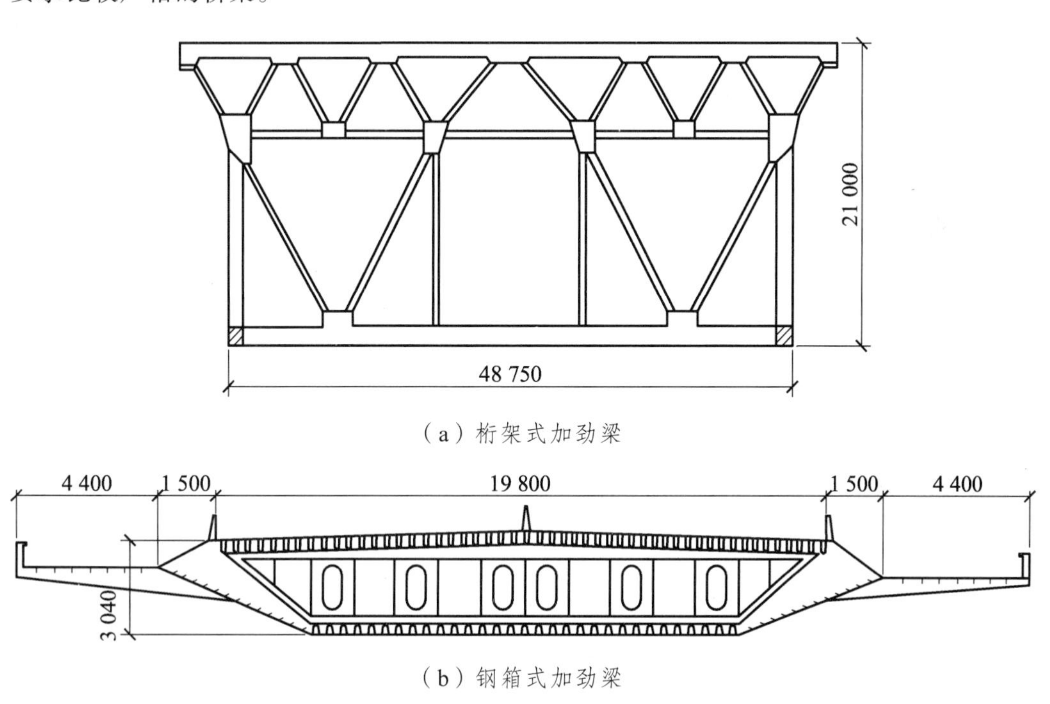

（a）桁架式加劲梁

（b）钢箱式加劲梁

图 9.2.5　加劲梁示意图（单位：mm）

9.2.2.6　其　他

其他悬索桥构件主要有索夹、鞍座、中央扣等。索夹是吊索与主缆的连接构件，刚性索夹与柔性主缆索体相连，可以保证主索在受拉产生收缩变形时不发生滑动，主缆与索夹的连接方式有四股骑跨式和双股销铰式两种。

鞍座（或索鞍），是主缆的支撑构件，位于主缆几何形状的转折处，可以使主缆方向平顺的改变。悬索桥的鞍座分为主塔鞍座（主鞍座）和散索鞍座（散索鞍）。主鞍座布置于主塔塔顶，将主缆拉力传递给主塔；散索鞍置于锚碇的前墙处或桥台上，使构成主缆的钢丝束股在竖直方向和水平方向分散以便于锚固。

9.2.3 总体布置

以三跨对称悬索梁为例，桥梁的中跨跨度 L、边跨跨度 L_1、垂度 f，如图 9.2.6 所示。悬索梁的总体布置主要包括跨度比、垂跨比、宽跨比等。

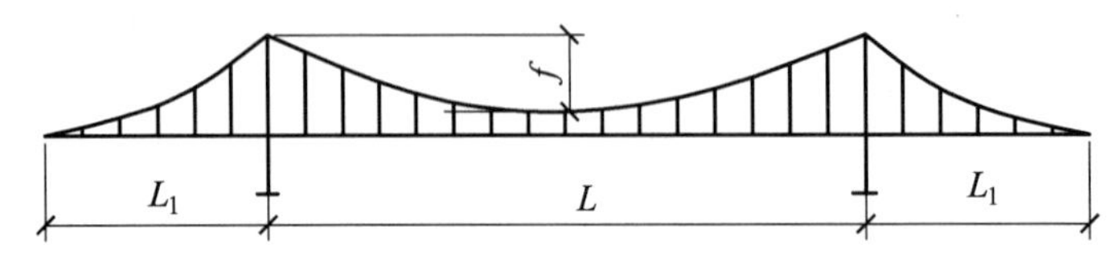

图 9.2.6 悬索梁布置图

9.2.3.1 跨度比

跨度比是指边跨跨径 L_1 与中跨跨径的比值，其比值的大小一般受控于经济因素、锚碇及锚固位置、桥位处地质及地形条件等因素，取值的自由度较小，一般为 1/4 ~ 1/2。在主孔跨度和垂跨比一定时，悬索桥单位桥长用钢量随跨度比增大而减小。

9.2.3.2 垂跨比

垂跨比是指悬索桥主孔跨内主缆垂度 f 与主孔跨径 L 的比值。垂跨比对悬索桥的主缆拉力、整体刚度和振动特性均有影响。一般垂跨比越小主缆拉力越大，主缆截面尺寸和单位桥长的用钢量也会增加；在其他参数确定的情况下，加劲梁的竖向变形和横向变形均随垂跨比的增长而增加，故悬索桥的整体刚度与垂跨比呈负相关关系。垂跨比的取值通常在 1/9 ~ 1/12。

9.2.3.3 宽跨比

宽跨比是上部结构中梁的宽度或主缆的中心距与主孔跨度 L 的比值。当主孔跨度为定值时，增加主梁的宽度，可以增大梁体截面的横向惯性矩，有利于梁体横向刚度的提升，并降低横向荷载作用下梁的横向挠度。对于大跨度悬索桥，宽跨比的选取还应考虑梁宽满足相应的交通需求。

9.2.3.4 高跨比

高跨比是加劲梁高度与主孔跨度 L 的比值。与其他桥梁一致，增加梁体的高度，可以提高截面的垂向惯性矩，有利于降低荷载作用下梁体的竖向挠度。

9.2.4 工程实例——香港青马大桥

香港青马大桥建于 1992 年，1997 年建成通车，是香港市区通往机场的主要通道，因连接青衣岛和马湾岛而得名。桥梁立面、加劲梁横截面和桥塔布置图如图 9.2.7 所示。

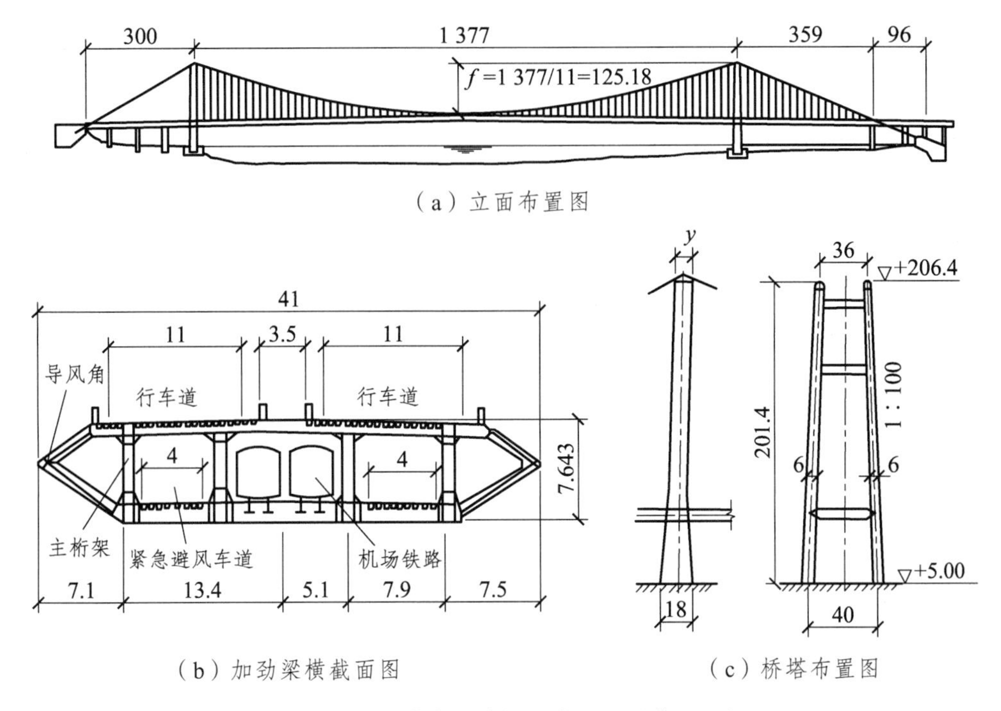

图 9.2.7 香港青马大桥示意图（单位：m）

桥梁采用三跨布置（300 m + 1 377 m + 455 m），其中两跨悬吊，主孔跨径 1 377 m，桥下通航净空高度为 62.1 m。由于公路偏离桥梁中线以及桥下水位较浅，青衣岛一侧（图左侧）边孔采用非悬吊的方式布置，由 4 孔跨径为 72 m 的简直连续引桥构成。马湾岛一侧（图右侧）的边孔采用悬吊布置，跨径 359 m，桥端有一跨跨径 72 m 的引桥；该侧桥塔位于离岸 350 m 处的浅滩上，采用沉箱基础，深 12 m。主缆采用 AS 法编制，主孔的每根主缆有 91 股平行钢丝束构成，每股由 360 ~ 368 根直径为 5.38 mm 的镀锌钢丝编制；边孔主缆含 97 索股，每股由 304 根钢丝构成；主缆总用钢量 24 700 t，垂跨比 125.18。

该悬索桥为公铁两用桥，加劲梁梁体总宽为 41 m，总高度为 7.643 m。上层为双向 3 车道公路，行车道宽度 2 × 11.0 m，中央为宽 3.5 m 的透风区；下层可通行双线轻载客运铁道，两侧各有 4 m 宽的紧急备用车道。从横截面布置图上看，加劲梁形似钢箱梁，但其构成实质为桁架，整个加劲梁由两片纵向主桁架、两根中央竖杆上下横梁及正交异性板和两侧导风角组成。加劲梁的总用钢量月 5 万吨，采用节段吊装施工，节段长多为 18 m，少数为 36 m，节段重约 500 t 和 1000 t。

桥塔采用混凝土结构，由两根空心塔柱和四层预应力混凝土横梁连接而成，横梁采用梁高加大的深梁。塔柱高约 201.4 m，垂向倾斜度 1 : 100，两塔柱柱底横向中心距为 40.0 m，柱顶为 36.0 m。塔柱横向尺寸沿高度方向无变化，宽度为 6 m，纵向由下及上宽度减小，塔柱底部宽 18.0 m，桥面以上至塔柱顶部宽度为 9.0 m。钢桁架加劲梁采用连续梁，在桥塔横梁处采用刚结的方式连接。

9.3 索承体系桥梁——斜拉桥

斜拉桥是利用锚固在主梁和索塔上的斜拉索作为主要传力构件的桥梁，是索承体系桥梁的主要类型之一。

斜拉桥的历史悠久，古代埃及海船上利用绳索斜拉的工作天桥以及老挝、爪哇等地斜吊在树干或树柱上的桥梁均可以看作是斜拉桥的雏形。19 世纪 20 年代左右，修建的几座斜拉桥因人群荷载或风振作用而破坏，以致斜拉桥的发展停滞了几十年。第二次世界大战后，随着新型材料的出现以及设计理论的进步，现代斜拉桥在德国得以重新发展，跨越莱茵河的杜塞尔多夫桥是世界上第一座现代化的斜拉桥。

我国自 1975 年在重庆云阳建成第一座试验性斜拉桥后，相继涌现出了杨浦大桥、徐浦大桥、南京长江二桥、南京长江三桥、杭州湾跨海大桥、香港昂船洲大桥、苏通长江大桥等一批著名斜拉桥。在建的沪（上海）通（南通）长江铁路大桥主跨 1 092 m，是世界上跨度最大的公路铁路两用斜拉桥。

9.3.1 基本组成与力的传递

斜拉桥主要由主梁、索塔和斜拉索三大部分构成（图 9.3.1）。相对悬索桥，斜拉桥的力学传递路径相对简单：主梁自重及其所承受的车辆荷载、风荷载等由斜拉索传递给索塔，索塔经由基础将荷载传递给地基。

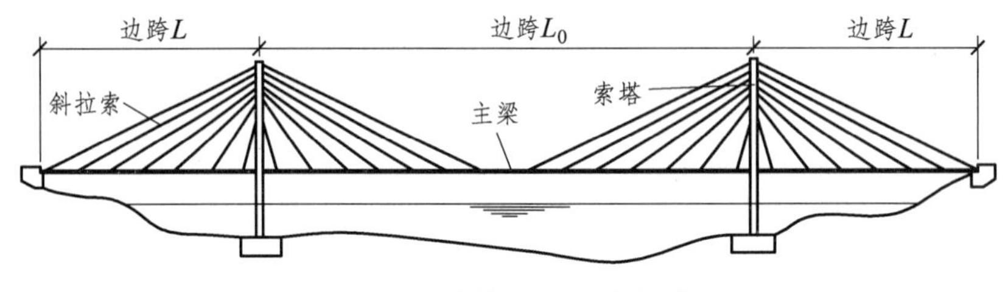

图 9.3.1 斜拉桥的基本组成

斜向布置且处于张拉状态的斜拉索连接主梁和索塔，其竖向分力使主梁承受多点支撑作用，类似于多跨简支连续体系桥梁，可大幅降低主梁弯矩值，从而大大减小主梁截面尺寸，减轻结构自重，节约材料，增加桥梁的跨越能力；斜拉索水平分力使主梁处于受压状态，可以大幅提高主梁抗裂性能，减少高强度钢材的用量，节约成本。

9.3.2 主要结构及构造

9.3.2.1 索 塔

索塔是斜拉桥的主要的承重构件，几乎所有的荷载均通过索塔及基础传递给地基。

索塔多采用钢结构、钢筋混凝土或预应力钢筋混凝土制作，钢结构一般采用空心断面，混凝土结构可以采用实心断面或空心断面。组成索塔的构件主要为塔柱和塔柱之间的横梁或其他连接构件。横梁一般可以分为非承重横梁和承重横梁。

如图 9.3.2 所示，索塔沿桥梁纵向布置依次为单柱形、A 形和倒 Y 形，后两种形式刚度相对较大，有利于承受索塔两侧不平衡拉力。

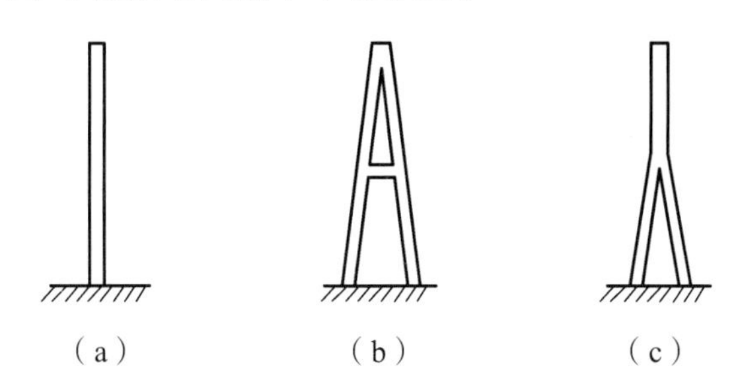

图 9.3.2 索塔的纵向布置

图 9.3.3 给出了索塔的横向布置，依次为独柱形、双柱形、门形、H 形、A 形、宝石形、倒 Y 形等。不同形式的索塔适用于不同的斜拉索索面和不同的横向刚度要求。

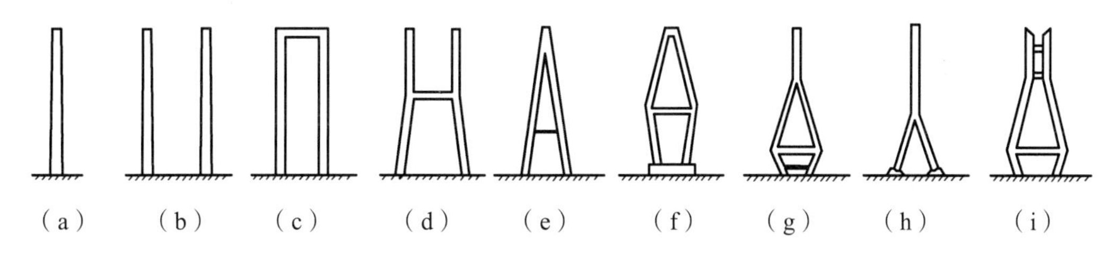

图 9.3.3 索塔的横向布置

9.3.2.2 主 梁

主梁是直接承受车辆荷载及其他活荷载的构件，其力学作用主要表现为三个方面：① 抵抗风、地震等水平作用；② 将恒载、活荷载分散传递给斜拉索；③ 由于拉索的斜向布置，主梁还需承受拉索的水平分力，要求主梁有足够的刚度防止压屈。

按材料不同，主梁可以分为钢梁、混凝土梁、钢梁上加设混凝土桥面板的叠合梁、主跨钢梁与边跨混凝土梁的混合梁等。从经济性上考虑，跨径在 200 ~ 400 m 时，宜采用混凝土主梁；跨径在 400 ~ 600 m 时，采用钢-混凝土组合梁较为经济，跨径大于 600 m 时，应采用钢主梁。

与悬索桥相似，钢主梁有钢箱梁和钢桁梁之分，例如南京长江二桥南汊大桥采用的是钢箱梁，安徽芜湖长江大桥则采用的是钢桁梁。

混凝土主梁常见的截面形式和普通桥梁类似，主要有板式、肋板式和箱式。板式分为实心板和空心板，箱形截面主要有分离式、半封闭式、封闭式、三角形、单室、单箱多室箱形截面等。

叠合梁是在钢主梁上用预制混凝土桥面板代替正交异形钢桥面板的主梁形式，一般采用钢双柱梁，断面形式主要有实腹开口工字形、箱形等。

两侧采用混凝土梁的混合梁，可以加大侧跨主梁的刚度和自重，有利于减少主跨内力和变形，避免边跨端支点处出现负反力，同时可以减少全梁钢材用量，降低造价。

9.3.2.3 斜拉索

斜拉索连接索塔和主梁，是斜拉桥的主要承重构件。斜拉索需要承受较低的拉力，与悬索桥相同，斜拉索常采用平行钢丝束或平行钢绞线束制作。在高应力状态下，斜拉索更容易腐蚀，所以斜拉索的防腐尤为重要，一般可以采用涂料保护、卷带保护、套管保护和塑料保护等防腐措施。

9.3.3 总体布置

9.3.3.1 孔跨布置及中边跨比

斜拉桥的孔跨布置有独塔单跨式、独塔双跨式、双塔单跨式、双塔三跨式、多塔多跨式等（图 9.3.4）。

由于没有边跨，单跨式悬索桥一侧斜拉索需采用地锚的形式锚固，索塔或塔墩还要承受斜拉索的不平衡水平推力。日本的秩父桥和胜濑桥分别采用的独塔单跨式和双塔单跨式。

（a）独塔单跨式　　（b）独塔双跨式　　（c）双塔单跨式

图 9.3.5 孔跨布置

双塔三跨式是最常见的斜拉桥孔跨布置方式，由于中间跨跨径较大，一般用于跨越河面较宽的河道。

中边跨比是指中跨跨径 L_0 与边跨跨径 L 的比值，其大小对斜拉桥的整体刚度、端锚索的应力变化有较大影响。采用较大的中边跨比，有利于提高斜拉桥的整体刚度和边跨对索塔的锚固作用。对于刚斜拉桥，中边跨比一般取 2.2～2.5，其他斜拉桥取值一般为 2.0～3.0，其中以 2.5 较常见。

独塔双跨式也是一种较常见的孔跨布置方式，其跨越能力比双塔三跨式小，主跨（长跨）与边跨（短跨）的比值为 1.2～2.0，其中以 1.5 最为常见。

9.3.3.2 索塔的高跨比

索塔的高跨比是指索塔高度（桥面以上的索塔高度）与主跨跨径（单跨时为跨径）的比值。高跨比与斜拉桥的经济性密切相关，采用较高的索塔，可以减小斜拉索倾角，增大垂向分力，有利于荷载的传递，但索塔和斜拉索（因长度增大）材料用量会增大。已建成的斜拉桥，索塔的高跨比一般为 1/4 ~ 1/7，其中以 1/4 较常见。

9.3.3.3 主梁的高跨比

主梁的高跨比是指主梁梁高与主跨跨径的比值。梁高的选择主要与斜拉索的布置有关，早期稀索体系，高跨比一般为 1/50 ~ 1/70，现代密索体系一般为 1/70 ~ 1/200；双索面斜拉索，高跨比一般为 1/100 ~ 1/150，单索面一般为 1/50 ~ 1/100。

9.3.3.4 斜拉索的布置

（1）斜拉索的横向布置

沿桥梁横向，斜拉索布置方式可以分为单索面、竖向双索面、斜向双索面和多索面等形式（图 9.3.5）。斜拉索的布置方式应与桥塔的横向布置相协调。独柱形、倒 Y 形等桥塔适用于单索面，双柱形、门形和 H 形则适合于竖向双索面，而斜向双索面则需要 A 形、宝石形等索塔。

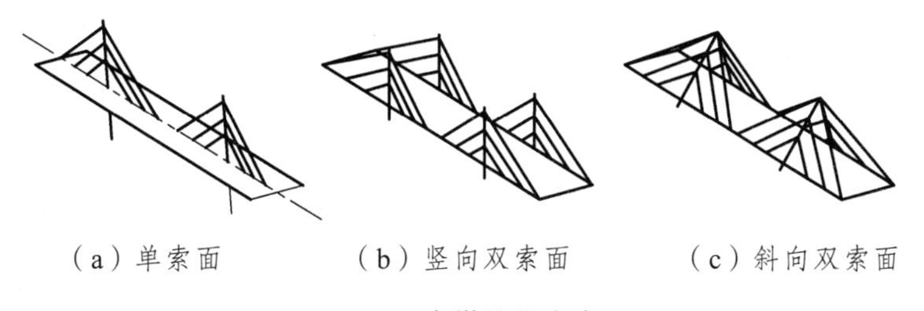

（a）单索面　　（b）竖向双索面　　（c）斜向双索面

图 9.3.5　索塔的纵向布置

2. 斜拉索的纵向布置

斜拉索沿桥梁纵向的布置形态有辐射形、扇形、竖琴形、星形和混合形等(图 9.3.6)。

辐射形、扇形和竖琴形是基本的三种类型，三者的区别在于斜拉索与索塔的锚固位置。辐射形斜拉索在索塔塔顶集中锚固，可以称为标准扇形；扇形斜拉索在索塔上分散锚固，但斜拉索不平行，可以成为半扇形；竖琴形斜拉索相互平行布置，也可以成为平行形。辐射形斜拉索倾角较大，垂直分力较大，可以节省钢材用量；竖琴形美观，但斜拉索倾角较小；扇形布置兼具两者的特点。

星形斜拉索因不利于主梁受力而较少采用，混合型是指扇形和竖琴形混合使用的斜拉索。

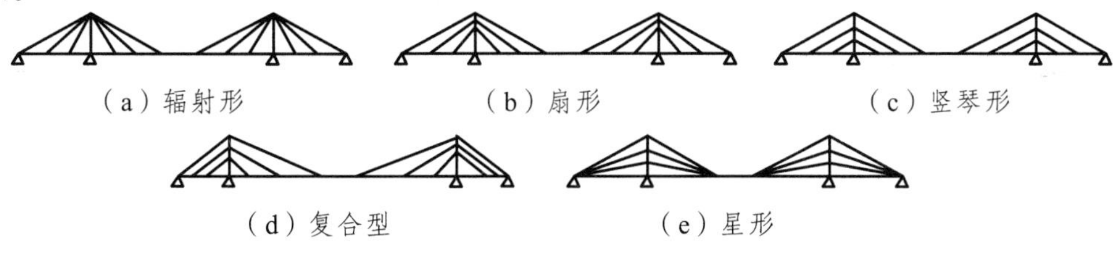

（a）辐射形　　（b）扇形　　（c）竖琴形

（d）复合型　　（e）星形

图 9.3.6　索塔的纵向布置

3. 斜拉索倾角及间距

斜拉索倾角的大小对斜拉桥的整体受力具有较大的影响。倾角增大时，虽然可以增加斜拉索的垂直分力，减少斜拉索的数量，但相应地会增加索塔高度和斜拉索长度，反之亦然。斜拉索一般倾角为 25° ~ 45°，辐射形和扇形多在 21° ~ 30°范围，其中以 25°最为普遍，竖琴形斜拉索倾角以 26° ~ 30°较多。

索距的选择需要考虑主梁类型及其施工工艺，从斜拉桥发展历程看，斜拉索索距逐渐由稀索向密索发展。采用密索，索距较小，可以降低主梁弯矩，减少主梁截面尺寸；单索受力较小，锚固点构造相对简单；利于悬臂施工，便于索的更换。采用悬臂法施工时，混凝土主梁索距宜采用 4 ~ 12 m，钢主梁索距可以采用 8 ~ 24 m。

9.3.3.5 斜拉桥的结构体系

斜拉桥的结构体系是主要构件之间的连接方式。按照主梁是否连续分类，有连续体系、单悬臂体系、T 构体系等；按照斜拉索的锚固方式，分为自锚体系、部分地锚体系和地锚体系等。按照塔、梁、墩的连接方式，分为漂浮体系、半漂浮体系、塔梁固结体系和钢构体系等。（图 9.3.7）

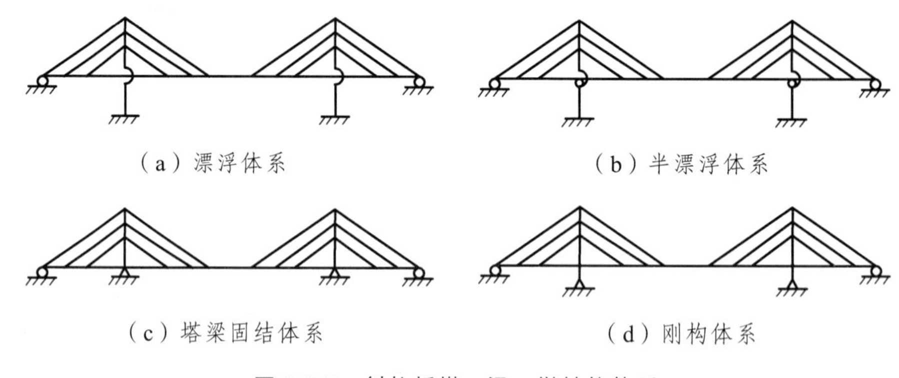

图 9.3.7　斜拉桥塔、梁、墩结构体系

漂浮体系是索塔与主梁采用分离的方式组合，塔柱处的主梁截面不出现负弯矩峰值，且温度、收缩、徐变等附加内力较小，有利于抗震，适合于跨度 400 m 以上的大跨度斜拉桥。半漂浮体系又称为支撑体系，是塔墩固结，墩顶设置可调节高度支座或用弹簧支撑代替塔柱中心的吊索，在成桥式调整支座反力，用以消除大部分收缩、徐变等变形附加内力。塔梁固结体系是将塔梁固结并支撑在墩上，可以降低主梁中部承受的轴向拉力，索塔和主梁的温度内力较小。钢构体系是塔、梁、柱相互固结的结合方式，斜拉桥整体刚度较大，施工方便，但固结处负弯矩较大，一般用于独塔斜拉桥。

9.3.4 工程实例——苏通长江大桥主桥

苏通长江大桥位于江苏省东南部，是连接苏州和南通两市的特大桥梁，是我国沿海高速公路跨江的重要通道。该桥 2003 年 6 月开工建设，2008 年 6 月建成通车，其主孔跨度、主塔高度、斜拉索长度、基础平面尺寸等均创造了新的纪录，是世界上首个跨径超过千米的斜拉桥。

如图 9.3.8 所示，该斜拉桥为主跨 1 088 m 的双塔双索面斜拉桥，边跨设置三个桥墩，其跨径布置为 100 m + 100 m + 300 m + 1 088 m + 300 m + 100 m + 100 m = 2 088 m。桥面纵坡坡度为 1.5%，公路等级为平原微丘区全封闭双向六车道高速公路。

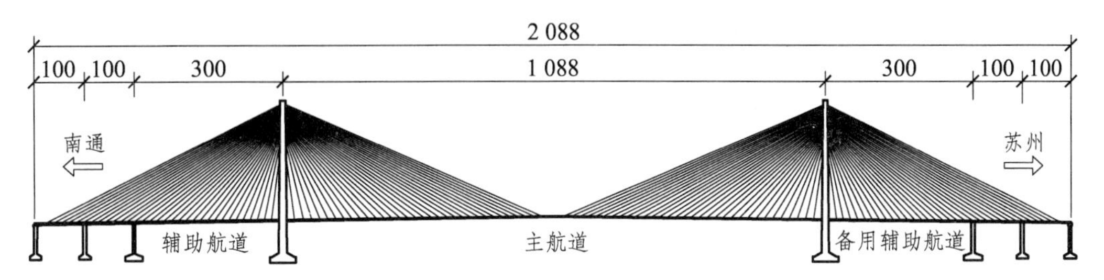

图 9.3.8 苏通长江大桥主桥立面布置图（单位：m）

如图 9.3.9 所示，主梁采用抗风性能较好的扁平流线型钢箱梁，其上翼缘为正交异形板结构，含风嘴全宽 41.0 m，不含风嘴顶板宽度为 35.4 m，底板采用 9.0 m + 23.0 m + 9.0 m 布置，中心线处梁的高度为 4.0 m。采用悬臂吊装法施工，主梁节段标准长度 16 m，采用桥面吊机施工；边跨尾索区节段标准长度 12 m，将几个两端焊接后利用大型浮吊大块件吊装。顶板采用 14 mm、18 mm、20 mm 和 24 mm 四种不同厚度以满足受力的需求，索塔附近板厚最大；除中央分隔带处设置两板肋外，其余顶板均采用 U 型加劲肋加劲。底板包括水平底板和斜底板两部分，水平底板采用 12 ~ 24 mm 五种不同的厚度以适应受力，斜底板采用了四种不同的钢板厚度，底板同样采用 U 型加劲肋。外腹板除索塔两侧厚度为 36 mm 外，其余厚度均为 30 mm，设置两道平板加劲肋以提高梁体抗压屈能力。采用整体式横隔板，标准间距 4.0 m。钢箱梁内横向设置两道纵隔板，除受力较大区域采用实腹式外，其余采用桁架式。

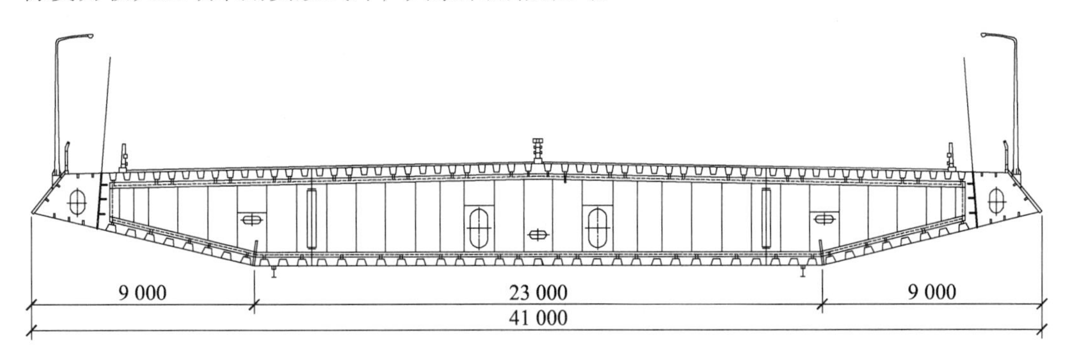

图 9.3.9 苏通长江大桥主梁构造图（单位：m）

采用 1 770 MPa 的高强度平行钢丝斜拉索，单根钢丝直径 7 mm，弹性模量 19 500 MPa，热膨胀系数为 0.000 012。全桥共使用 4 × 34 × 2 = 272 根斜拉索，最长的斜拉索尺寸达 577 m，单根最大重量为 59 t。斜拉索采用双面斜向布置，单面单侧斜拉索数量为 34 根，外围 12 根在主梁上的锚固间距为 12 m，其余斜拉索主梁锚固间距为 16 m。斜拉索采用镀锌和高密度聚乙烯保护层相结合的双防腐系统或多防腐系统，以保证斜拉索的使用寿命。

采用混凝土索塔，塔柱为倒 Y 形，包括上塔柱、中塔柱、下塔柱和下横梁几个部分。索塔总高度 300.4 m，中下塔柱横桥向外侧面斜率为 1/7.929 5，内侧为 1/8.448 9，桥面以上索塔高度为 230.41 m，高跨比为 0.212。塔柱采用空心箱形截面，上塔柱为对称单箱单室，中、下塔柱为不对称单箱单室截面。索塔与主梁之间仅设置横向抗风支座和纵向带限位功能的黏滞阻尼器，不设竖向支座。

9.4 悬索屋盖结构

虽然索承体系应用于桥梁工程历史悠久，但作为房屋建筑屋盖的时间则较短。近几十年来，日益增长的大跨度房屋建造需求，以及悬索结构自重轻、节省材料，施工方便、便于造型的诸多特点，催生了悬索屋盖结构的出现并快速发展。1953 年建成的美国 Raleigh 体育馆被认为是世界上第一个现代悬索屋盖结构。20 世纪 80 年代后期，悬索屋盖结构进入快速发展期，工程数量迅速增大，结构趋于多样化。

索网一般由高强度钢丝组成的钢丝束、钢丝绳或钢绞线组成，这些柔性索不能抗压和抗弯，只有在受拉时才能承重，因此屋盖结构刚度和稳定性较差。为提高结构整体刚度，利用具有一定抗弯和抗压刚度的实腹或格构式构件代替柔性索，形成劲性索屋盖结构。悬索屋盖的结构形式主要有单层悬索体系、双层悬索体系和交叉索网体系等，也可将两个及以上的悬索体系结合形成组合悬索结构。

9.4.1 单层悬索体系

单层悬索体系是由一系列单根悬索按照一定的规律布置而成的悬索结构。结构构造简单、受力明确，但刚度和稳定性较低，是现代悬索体系发展早期应用较多的一种形式。单层悬索体系的布置方式有平行布置、辐射状布置和网状布置三种形式（图 9.4.1）。

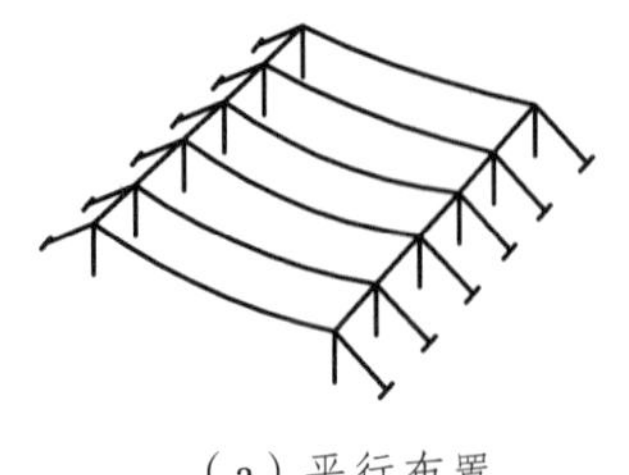

（a）平行布置

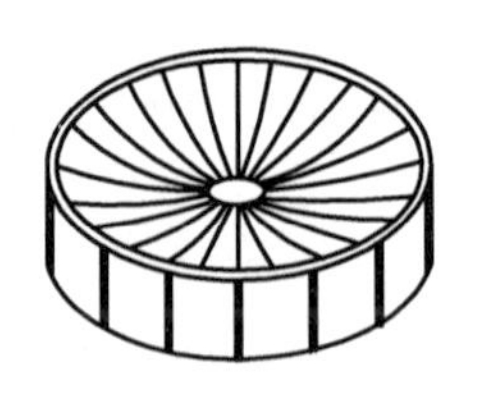

（b）辐射状布置

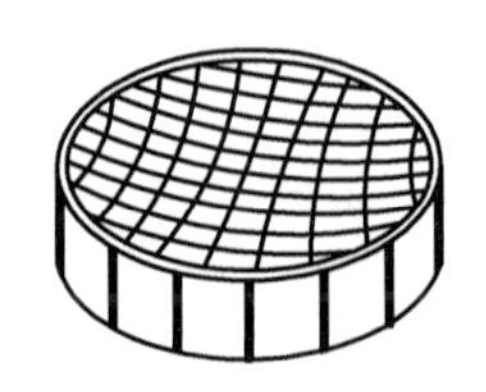

（c）网状布置

图 9.4.1 单层悬索体系

由于悬索单层布置，在重力作用下索往往呈悬链线状态，从而形成下凹的曲面屋盖形态。平行布置的单层索系主要适用于矩形或多边形建筑平面，辐射状布置则适用于圆形或椭圆形建筑平面，其跨度往往大于平行布置；网状体系两个方向的索多呈正交布置，可用于矩形屋盖，也可以用于圆形屋盖。.

美国奥克兰 Alamlda 郡比赛馆建于 1966 年，可容纳观众 15 000 多人。该体育馆采用圆形建筑平面，直径 128 m，屋盖为典型的辐射状单层悬索体系，由 96 根钢索连接内外环形成下凹的双曲率蝶形屋面，每根钢索长 60 m，采用镀锌钢绞线束制成。内环采用焊接箱形截面，工厂预制后在现场利用高强度螺栓组装，外环采用梯形截面，工厂预制后在工地现浇接缝制作。

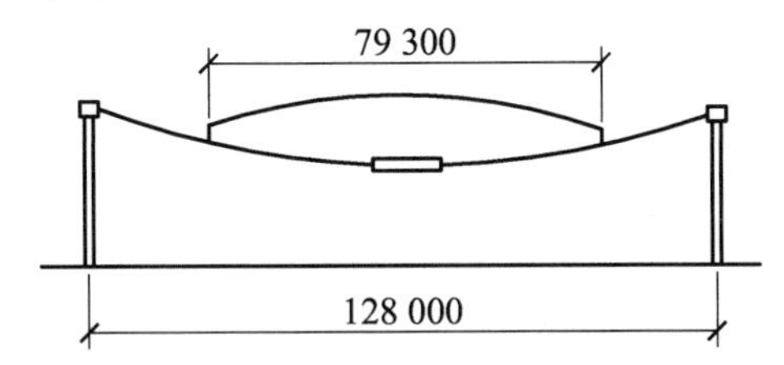

图 9.4.2 美国奥克兰 Alamlda 郡比赛馆剖面简图（单位：mm）

9.4.2 双层悬索体系

双层悬索体系由两层悬索构成，分别为承重索和稳定索，承重索呈下凹形态，稳定索为上凸形态，两索之间由连系杆相连，索和杆件多布置在同一平面内。

承重索、稳定索的相对位置以及杆件的形态存在多种样式，因此双层悬索体系的布置也多种多样。如图 9.4.3（a）所示，承重索位于稳定索之上，两索不相连，连系杆为竖杆，处于受拉状态，丹麦的 Heming 体育馆采用的就是这种形式双层索系屋盖。承重索和稳定索在跨中可以相连，例如无锡体育馆的屋盖结构[图 9.4.3（b）]。连系杆也可以采用斜杆的方式，如瑞典斯德哥尔摩约翰尼绍夫滑冰场[图 9.4.3（c）]和荷兰鹿特丹体育馆的屋盖结构。另外，承重索和稳定索也可以相交[图 9.4.3（d）、（e）、图 9.4.3（d）为吉林滑冰馆屋盖结构简图]，或承重索位于稳定索的下方[图 9.4.3（f），北京工人体育馆屋盖结构简图]。

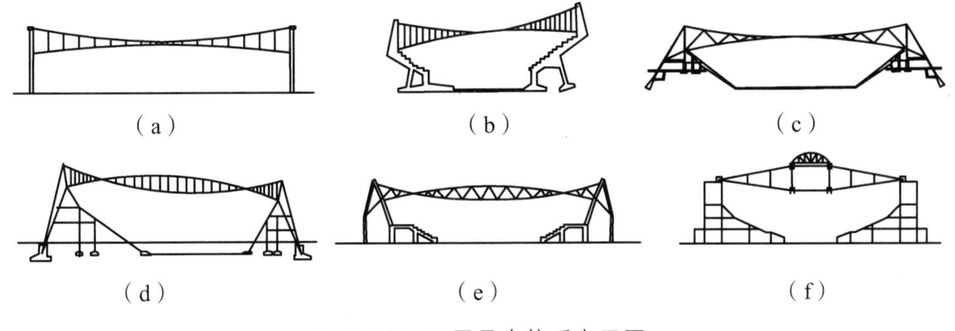

图 9.4.3 双层悬索体系布置图

与单层索系相同，双层索系的索网也分为平行布置、辐射状布置和网状布置三种。相对于单层索系，处于相反曲率的稳定索以及相应连系杆的存在，可以通过对体系施加预应力，使索系处于张拉状态，从而提高索网的整体刚度和稳定性，所以双层悬索体系比单层索系具有更好的抗风和抗震能力。

9.4.3 交叉索网体系

交叉索网体系的构成和工作原理与双层索系类似，都是由两组相互正交、曲率相反的钢索组成，承重索下凹，稳定索上凸。不同之处在于，双层索系由承重索、稳定索和连系杆组成基本结构单元，平行、辐射或网状组成平面结构体系；而交叉索网体系没有连系杆，承重索和稳定索在相交处利用夹具直接相连，曲率相反形成空间结构体系。

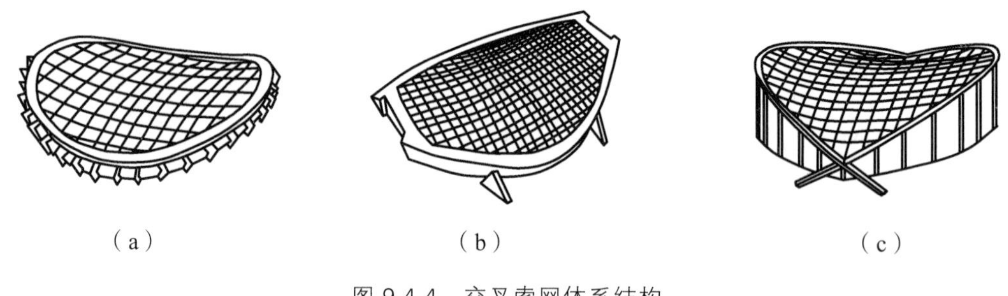

图 9.4.4 交叉索网体系结构

两组钢索通过张拉并悬挂在边缘构件上，可以形成多种样式的双曲面几何形态，因此也可称为鞍形索网体系。图 9.4.4（a）为意大利米兰体育馆结构示意图，该体育馆采用的是双曲抛物面正交索网体系，而日本香川县立体育馆的整个建筑酷似一个船体[图 9.4.4（b）]，美国雷立体育馆的屋盖索网则支撑在两个相对倾斜的平面抛物线拱上[图 9.4.4（c）]。

9.4.4 劲性索网体系

前文三种悬索屋盖结构体系的索网均由钢索组成，钢索属于柔性构件，不能抗压也不能抗弯，柔性悬索体系需要在张拉状态下并配以支撑构件才能承载，所以整体刚度和稳定性较差。单层悬索体系构造最为简单，刚度也最小，可以采用一些措施增加索网的刚度和形状稳定性：采用装配式钢筋混凝土屋盖，增加自重以促使钢索保持较大的张拉力；或对钢筋混凝土屋面板施加预应力，以形成预应力混凝土悬挂薄壳结构。双层索系和交叉索网体系采用两组钢索，并对悬索进行预应力张拉，其刚度和稳定性要好很多，但强大的预应力往往对边缘构件的要求较高，在很大程度上降低了悬索结构的经济性。除上述方法外，也可以利用具有一定抗弯和抗压刚度的实腹式或格构式劲性构件部分或全部代替钢索，以提高结构的整体刚度和稳定性，这里统称为劲性索网体系。

对于单层索系，可以用劲性构件全部代替钢索，形成劲性索结构，其布置方式也可分为平行布置、辐射状布置和网状布置三种。如图 9.4.5（a）所示，1960 年建成的日本横滨工场体育馆，为三跨连续的劲性索结构，劲性索支撑于沿建筑短边布置的两根主梁上，劲性索采用桁架形式，桁架由角钢支撑，截面高度 0.5 m。对于平行布置的单层悬索体系，可以在固定好的钢索上沿其垂直方向敷设劲性构件并予以固定，形成横向加劲单层悬索体系，称为索-梁（桁）结构体系。通过压迫劲性构件并固定，使钢索处于预张拉状态，两者共同受力从而提高结构体系的刚度和稳定性。1989 年建成的上海杨浦区体育馆[图 9.4.5（b）]，主索采用高强度钢丝束，沿建筑短边布置，跨度 1.5 m；横向加劲构为梯形桁架，采用圆钢管制作，间距 4.5 m，跨中高度 2.5 m。

对于双层索系或交叉索网体系，可以用劲性构件代替稳定索，形成索拱体系。通过张拉承重索或对拱的两端强迫下压，使索和拱相互压紧，共同受力，相对于双层索系，结构整体刚度大幅提高。拱的位置可以在承重索的上方也可以在其下方，例如，苏联列宁格勒泽尼特体育馆的承重索位于拱的下方[图 9.4.5（c）]。

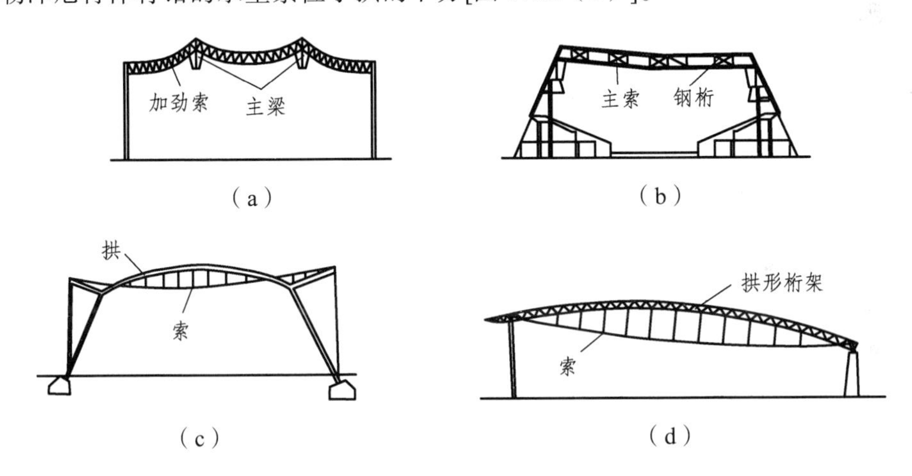

图 9.4.5　进行索网体系结构

如果使用刚度较大的梁、拱或桁架等刚性构件代替稳定索，利用撑杆把承重索支撑于刚性构件上，就形成了一种特殊的索拱体系，称为张弦结构。张弦结构与一般索拱体系的区别在于：索拱体系两端多为刚接，或索、拱分别支撑于不同构件，索、拱为相互独立的受力构件，索的拉力一般不能抵消拱脚水平推力；张弦结构如同“弓”一样，属于封闭受力体系，拱脚水平推力全部由拉索承担。刚性构件和拉索形成结构基本单元，可以按照单向、双向或辐射状等形式布置。2003 年建成的哈尔滨国际会展体育中心[图 9.4.5（d）]，其主馆屋盖结构为单向布置的张弦桁架结构，跨度 128 m，跨中高度 14 m，上弦刚性构件为倒三角拱形桁架，采用无缝钢管制作，下弦拉索为高强度低松弛镀锌钢丝束。

9.5 索承结构的刚度问题

索承结构体系的承重构件主要为柔性索，钢索不能够承受压力和弯矩，只有在充分受拉时才能承载，并且为单向受力状态，所以不论是用于桥梁工程还是屋盖结构，索承体系的刚度和稳定性都比较差。

首先，拉索的单向受力特性决定了索承结构体系不能够有效的抵抗风力、地震等作用。风作用到屋盖结构时，会形成不同的正压区和负压区，分别表现为压力和吸力，地震对建筑物的作用也是随机的，单向受拉的柔索受到不确定作用时更容易变形或波动，造成建筑物功能损失或结构破坏。其次，相对于其他建筑结构，柔性索更容易出现振动，尤其共振、颤振问题，极易造成建筑物失稳破坏。

塔科马大桥的风毁事故表明，提高索承结构体系的刚度和稳定性，对于保障结构的安全尤为重要。对于斜拉桥、悬索桥，应提高主梁或加劲梁的抗风能力（刚度）和透风能力，以减小风压和作用效应；对于悬索屋盖结构，可以采用装配式钢筋混凝土屋盖、预应力混凝土悬挂薄壳结构、加劲索结构体系等，以提高屋盖的刚度和稳定性。

复习思考题

1. 简述悬索桥的基本组成和力的传递路径。
2. 简述悬索桥主要构造的分类。
3. 简述斜拉桥的基本组成和力的传递路径。
4. 简述斜拉桥的主梁类型。
5. 简述斜拉桥的孔跨布置类型。
6. 简述斜拉索的布置类型。
7. 简述斜拉桥的结构类型。
8. 试论述悬索桥和斜拉桥的区别。
9. 简述悬索屋盖结构的基本类型。
10. 简述提高索承结构体系刚度和稳定性的措施。

10　膜结构

【学习要点】

（1）了解膜结构的特点，建筑膜材的组成及分类。

（2）熟悉膜结构的主要类型。

10.1　概　述

膜结构是将张拉状态的高强度薄膜材料覆盖于支撑构件表面形成的一种空间结构形式，因其自重轻、跨度大，目前广泛用于体育场等公共建筑上（图 10.1.1）。

（a）

（b）

（c）

（d）

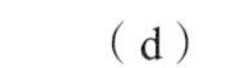

10.1.1　膜结构

如图 10.1.1 所示，现代膜结构与我们日常用到的帐篷和雨伞较为相似，虽然在规模上差别很大，但可以把它们看作膜结构的雏形。20 世纪中期，随着对大跨度建筑需求的日益增长，对轻质覆盖材料的不断探索，现代膜结构才逐渐发展起来成为一种新型的建筑结构形式。1946 年，Walter Bird 为美国军方制作了一个球形雷达罩，并将这种充气膜结构申请了专利，现代膜结构才逐渐被人们所知。1970 年，在日本大阪博览会上，膜结构首次被集中系统的展示，同时，一些高强度、具有防水、透光性能，且耐久性较好的新型薄膜材料的出现，促使膜结构进入快速发展期。

与其他建筑结构相比，膜结构呈现出如下特点：

（1）工程的经济性。作为一种轻质覆盖材料，张拉状态下的薄膜能够极大的减少建筑材料的用量，从而降低工程造价。

（2）优越的跨越能力。膜材料厚度很小，一般为 0.5 ~ 1.0 mm；自重很轻，仅有 0.5 ~ 2.0 kg/m^2；所以具有较大的跨越能力，常作为大跨度结构的屋盖覆盖层。

（3）造型的美观性。柔性的薄膜材料，在张拉状态下支撑于加强构件上，可以形成任意的形态。区别于普通的钢筋混凝土建筑，膜结构的造型往往充满张力、线性优美、形态多变，给人以强烈的艺术感染力。

（4）施工的便捷性。膜结构的建造，不需要混凝土的浇筑、养护等复杂的工序，施工人员可以在现场通过简单的定位和安装就可以完成。所以，膜结构具有易建设、易拆除、易更换、易搬迁的特点，充分体现了施工的便捷性。

（5）绿色环保。膜结构能够充分利用阳光和空气，室内光线明亮而柔和，极大的减少了能源的消耗；能够与自然环境有机融合，创造出较为舒适的室内外环境，体现出膜结构良好的绿色、环保性能。

（6）良好的耐久性和抗震性能。随着技术的进步，新的薄膜材料不断出现，这些新材料表现出更好的强度、防水性能、透光性能、抗老化性能、防火性能等，使膜结构具有较好的耐久性。柔性的膜结构，具有良好的韧性，地震作用下，更容易吸收地震能以减轻震害。

10.2 膜结构的材料

用于膜结构的薄膜材料为涂层织物。涂层织物是一种复合材料，由基层和涂层组成；基层主要起到承载的作用，决定膜材抗拉强度、弹性模量等力学特性；涂层是功能层，很大程度上决定了膜材的防水、防火、透光等物理性质；基层和涂层结合在一起，形成具有一定力学强度和使用功能的建筑材料。

10.2.1 膜材基层

建筑用膜材的基层材质多为玻璃纤维和聚酯纤维。玻璃纤维的主要成分为二氧化硅、氧化铝、氧化钙、氧化硼、氧化钠等，是一种性能优异的无机非金属材料，具有良好的绝缘性、较高的耐热性和抗腐蚀性，弹性模量和强度均较高，不足之处在于玻璃纤维属于脆性材料，且耐磨性较差。聚酯纤维是由有机二元酸和二元醇缩聚而成的聚酯经纺丝所得的合成纤维，具有较好的化学稳定性和耐光性能，缺点是在拉力和紫外线的长期作用下，徐变较大且易起皱。

10.2.2 膜材涂层

涂层决定了膜材的物理性质，给予膜材各种使用功能。建筑结构长期暴露于自然环境下，用作建筑外围的膜材应具有良好的光学、保温、防水、防火和自洁性能以满足建筑使用的各种需求。所以，涂层的选择，应充分考虑膜材的使用功能。

目前，常用的膜材涂层为聚氯乙烯（PVC）和聚四氟乙烯（PTFE）。

PVC 是应用最早的涂层材料，具有较好的柔韧性且便于与其他构件连接，但耐光性和自洁性较差。在长期阳光照射下，经紫外线作用容易发生老化，造成灰尘、油渍附着，不易清洗而影响其透光性能，一般用于临时性建筑。可以通过涂抹聚偏氟乙烯的方式改善其性能，用于半永久性和永久性结构。

PTFE 是一种无毒惰性材料，具有良好的稳定性。能够抵抗紫外线的长期照射并且具有较低的渗透性，长期暴露于大气环境中，表面性能保持不变；不溶于强酸、强碱和有机溶剂，具有良好的耐酸碱性能；在高温和低温条件下，能够很好地保持其力学特性，具有良好的耐温性；具有突出的不黏接性能，是很好的防粘材料，用于涂层可使膜材具有良好的自洁性能。PTFE 的缺点是刚度相对较大，施工方便性较差，重复变形下容易出现裂纹从而影响基层的强度和使用寿命。

除上述两种材料外，硅酮和聚氨酯也用于膜材涂层。硅酮是一种比较新的涂层材料，具有良好的防水性能。

10.2.3 膜材产品

不同的基层与涂层组合，可以形成多种建筑膜材制品，如外涂聚氯乙烯的聚酯纤维膜、外涂聚氯乙烯的玻璃纤维膜、外涂聚四氟乙烯的玻璃纤维膜和外涂硅酮的玻璃纤维膜等。其中聚酯纤维织物涂覆聚氯乙烯膜和玻璃纤维织物涂覆聚四氟乙烯膜较为常用。

聚酯纤维织物外涂聚氯乙烯膜，也称为 PVC 膜材，具有价格低、折叠性能好、加工方便等特点，是我国应用较为广泛的一种建筑膜材。但这种膜材抗紫外线能力较弱，已老化且自洁性能相对价差，一般用于临时性建筑，通过表层涂抹化学稳定性更好的附加层，可以改善其性能，使用年限一般在 10 ~ 15 年，属于半永久性膜材。

玻璃纤维织物外涂聚四氟乙烯膜，也称为 PTFE 膜材，具有较高的强度和弹性模量，能够有效抵抗紫外线照射，由于表层采用不粘结材料，自洁能力较好，主要用于永久性建筑。这种膜材刚度较大，抗折叠能力较差，对膜材的加工制作和施工工艺要求较高，成本相对昂贵，我国较少采用，在美国和日本应用较为广泛。

ETFE 膜材，是一种新型的建筑膜材，实际使用始于 20 世纪 90 年代。ETFE 是乙烯和四氟乙烯共聚物的英文简称，它不但保持了 PTFE 材料良好的耐热和化学稳定性，还具有更好的耐辐射性和力学性能，其抗拉强度可以达到 50 MPa，约为 PTFE 材料的 2 倍。ETFE 膜材厚度很小，通常小于 0.20 mm，透光率高达 95%，具有较高的防火等级和自清洁能力，另外，这种膜材还可以循环使用，使用寿命可达 25 ~ 35 年。ETFE 膜材优越的使用性能，自出现以来，使其成为透明建筑结构的主要材料。目前 ETFE 膜材主要应用于充气膜结构，2008 年北京奥运会主体育场“鸟巢”和主游泳馆“水立方”均使用的这种膜材。

10.3 膜的剪裁与连接

膜材属于平面材料，要形成具有张力的空间曲面形态，需要对膜材进行剪裁和连接。膜结构的设计主要包括初始平衡形状设计、荷载设计、尺寸构件设计、连接设计和剪裁设计等几个环节，其中初始平衡形状设计、尺寸构件设计、剪裁设计都是针对膜材形状和剪裁的设计。由于平面的和曲面的差异，膜结构的剪裁和拼接过程总会产生误差，早期膜结构常借助于模型来完成膜结构形态和尺寸设计，往往误差较大。随着计算机技术的发展，目前膜结构形状设计主要借助于计算机和多媒体技术来实现。

膜结构的连接包括膜节点、膜边界、膜角点、膜脊和膜谷等。膜节点是膜与膜的连接节点，可以采用缝合、焊接、粘结、螺栓、束带、拉链等方式进行结合。膜边界是指膜与支撑结构的连接节点，也就是膜的外缘与边缘构件的连接节点，主要起到荷载传递的作用，把膜所承受的荷载传递给支撑结构，膜边界可以分柔性边界、刚性边界和弹性边界。膜角点是指两个膜边界的交汇点，柔性边界的膜角点可以采用膜带、夹板、滑轮、拉力螺栓等连接方式，刚性边界的膜角点一般采用弧形以避免膜角。膜脊和膜谷分别指膜结构中较高和较低位置的交汇处，需要刚性或柔性结构支撑并连接，可以采用膜套或螺栓进行连接。

10.4 膜结构的类型

膜结构的类型丰富，分类方法也较多。张其林（2002）将膜结构分为气承式或充气膜结构、框支式膜结构和张拉膜结构。沈世钊等（2005）根据膜结构的受力特点，将膜结构分为空气支承式膜结构、骨架支撑式膜结构、整体张拉式膜结构和索系支撑式膜结构。叶献国（2003）则根据结构方式，将膜结构简单的分为张拉式和充气式两大类。

膜材作为柔性材料，需要保持张拉状态才能承载，需要支撑构件才能形成完整的结构体系，因此，膜结构的区别主要在于形成张力的方法和支撑体系两个方面，所以上述分类方法虽然优异，但其实质是相同的。本节将按照充气式膜结构和张拉式膜结构对膜结构类型进行论述。

10.4.1 充气式膜结构

充气式或气承式膜结构是将膜材固定于屋顶结构周围，依靠送风系统使室内气压上升并保持一定压力，利用室内外压力差来维持膜曲面形状并且形成刚度的一种膜结构形式。充气膜是膜结构发展初期的结构类型。1917 年，英国人 W. Lanchester 提出了利用鼓风机吹胀膜布作为野战医院的设想，可以认为是现代膜结构思想的起源。

充气膜结构利用气压支撑曲面形态，无须复杂的梁、柱支撑系统，具有自重轻、安装速度快、造价低而跨越能力好的特点，在膜结构发展前期得到了很好的发展。1975 年，在美国密歇根州建造的“银色穹顶”，椭圆平面尺寸 220 m × 150 m，是当时世界上最大跨度的充气膜结构。

虽然充气膜结构实现了大型场馆的封闭化，但也存在很多问题。首先，为了维持一定的气压差以保持膜的形状，往往需要持续不断的送风系统，维护费用相对较高；其次，室内压力条件下，环境舒适度相对较差；最后，气压控制系统和融雪热风系统的不稳定，可能造成膜局部下瘪或整体坍塌事故多发。20 世纪 80 年代中后期，日本建成东京穹顶后，充气膜结构逐渐淡出了膜结构发展的历史舞台。

10.4.2 张拉式膜结构

张拉式膜结构是通过对膜材施加预拉力，使膜维持一定形状并具有抵御外荷载能力的膜结构形式。20 世纪 50 年代，德国建筑师 Otto 首先创立了预应力膜结构理论，并与 1955 年为德国联邦园艺博览会设计了一个临时性音乐台，这是第一个现代张拉膜结构。张拉膜结构造型丰富，结构形态富有张力和美感，是目前膜结构采用的主要类型。

区别于充气式膜结构，张拉膜结构往往需要钢柱、钢索等支撑体系来维持膜的张拉状态。支撑体系不但为膜材提供拉力支撑，其结构形态也为张拉膜提供了丰富多彩的造型。根据支撑体系的不同，可以将张拉膜结构分为骨架支撑式膜结构、整体张拉式膜结构和索系支撑式膜结构三种。

骨架支撑式膜结构的支撑体系为传统的刚性结构或者是柱、索等钢结构，其特点是膜材主要起覆盖及局部受拉的作用，一般仅作为围护构件，不能承重。

整体张拉式膜结构利用桅杆、钢柱、拱、梁等刚性构件形成承重骨架并提供吊点，将索和膜悬挂起来，通过张拉索对膜施加预拉力，使膜保持一定形状并具有刚度和稳定性。区别于骨架支撑式的膜材，整体式张拉膜起到承载和围护的双重作用。通过悬吊状态的张拉索对膜材张拉，可以形成鞍形、伞形等结构轻盈、曲线优美的几何形态。如图 10.4.1 所示，沙特阿拉伯利亚德体育场的看台由 24 个连在一起的形状相同的单支柱伞形膜结构单元组成。

（a）建筑全景图

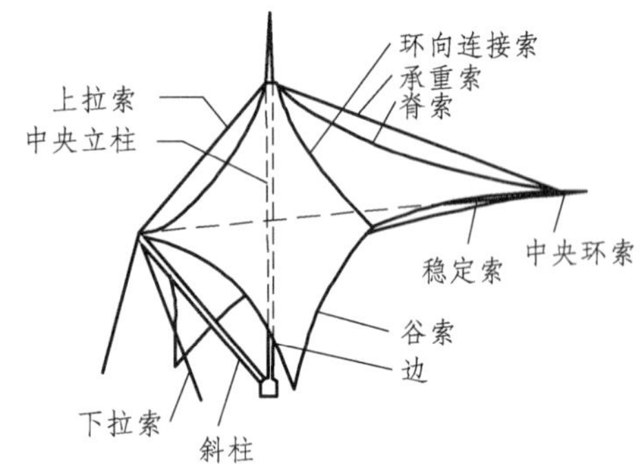

（b）结构简图

图 10.4.1　沙特阿拉伯利雅得体育场（引自沈世钊等，2006）

索系支撑式膜结构也称为张拉索-膜结构，它利用空间索系作为主要的承重构件，在索系表面形成的曲面上安装并拉紧膜材形成围护结构。建筑膜材在结构体系中主要起到围护作用，用于采用拉索作为支撑构件，这种膜结构主要适用于大跨度建筑结构。索系支承式膜结构的典型代表是索穹顶，是由美国工程师 David Geiger 在 Fuller 的整体张拉概念基础上提出的。1986 年，索穹顶结构在韩国汉城奥运会的体操馆和击剑馆中首次应用。索穹顶一般由中心受拉环梁、径向脊索、环向拉索、受压立杆、斜向对角索和外侧受压环梁构成。美国建筑师 Mathys Levy 对 Geiger 穹顶技术进行了改进，提出了“双曲抛物面-张拉整体穹顶”的新型结构体系。1992 年，美国亚特兰大奥运会的 Georgia 穹顶首次采用这种结构形式（图 10.4.2），体育馆呈准椭圆形，轮廓尺寸 241 m × 192 m，整个结构由联方形索网、3 道环索、中间长 56 m 的索桁架、斜索及飞杆（共 158 根）组成，用钢量仅 30 kg/m^2，是世界上最大的室内体育馆。

（a）建筑全景图

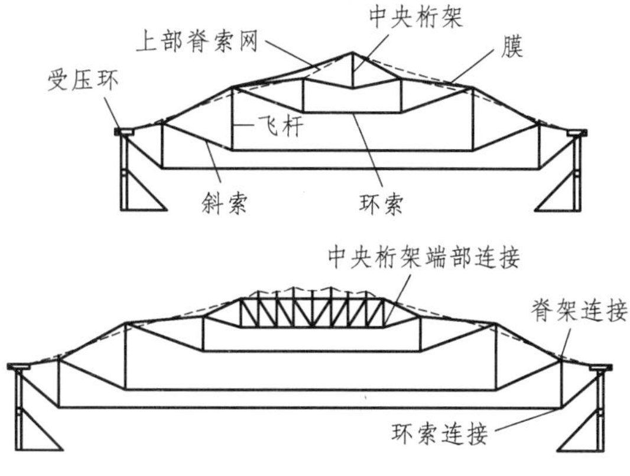

（b）结构简图

图 10.4.2 Georgia 穹顶（引自杨庆山等，2004）

自 20 世纪末，膜结构在我国的应用也逐渐增多，建造了一批大型的膜结构工程，如上海八万人体育场、青岛颐中体育场、郑州航海体育场、“鸟巢”“水立方”等。截至 2016 年，在国内已建成无锡新区科技交流中心索穹顶、山西太原煤炭交易中心索穹顶和内蒙古伊金霍洛旗全民健身中心索穹顶三个索穹顶工程。

10.5 工程实例-国家游泳中心（水立方）

国家游泳中心（图 10.5.1），又称为“水立方”，位于北京奥林匹克公园内，与国家体育馆、国家体育场并称为北京奥运会三大标志性建筑。工程占地 62 828 m^2，建筑面积 79 532 m^2（不含地下车库），基地平面尺寸 177 m × 177 m，建筑物檐口高度 31 m，场内设置座位 17 000 个，其中永久性观众座席 6000 个。

图 10.5.1 国家游泳中心（水立方）

工程下部结构采用钢筋混凝土筒体剪力墙-框架扁梁-大板体系，上部结构采用基于 Weaire-Phelan 多面体理论生成的空间刚架结构，屋盖和墙体的内外表面均采用 ETFE 膜结构。ETFE 膜是一种新型的建筑膜材，国家游泳中心是国内首个应用 ETFE 膜的建筑工程，为我国 ETFE 的生产研究和工程应用开了先河。

该工程采用的膜结构为充气式膜结构，结构单元为充气枕，ETFE 充气枕不仅在视觉上充分满足了建筑美学对泡沫状态下的水分子结构表达，并且与主体钢结构的泡沫设计相配合。充气枕由两层或多层 ETFE 膜组成，将边缘夹住充气形成[图 10.5.2(a)]，内部压力使薄膜产生张力，生成初始形状并提供气枕的刚度。建筑物屋顶和墙体均由双层充气枕构成，中间为空腔[图 10.5.2（b）]。屋顶气枕覆盖面积 58 757.48 m^2，外墙覆盖面积 34 687.81 m^2，内墙覆盖面积 9 382.80 m^2，总计 102 828.09 m^2。屋顶外层气枕数量 803 个，内层 743 个；墙体气枕数量 1 436 个，泡泡吧气枕数量 126 个；总计 3 099 个。

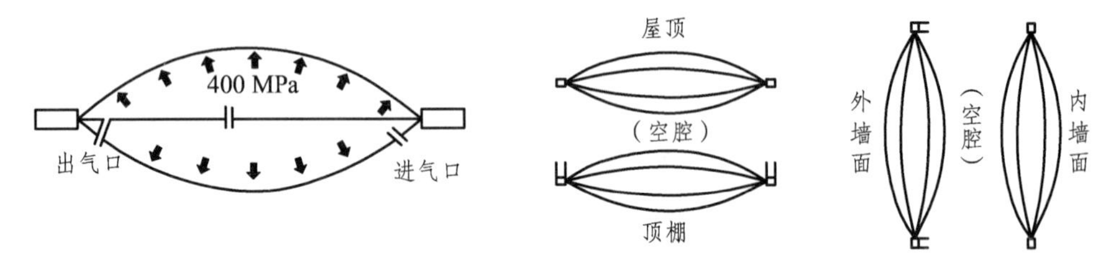

（a）气枕示意图（引自傅学怡，2004）　（b）屋盖和墙体气枕结构示意图（引自陈先明，2008）

图 10.5.2　水立方膜结构的气枕

膜材利用计算机进行分析和放样，然后在剪裁设备上统一剪裁，最后热合成型组装成气枕。墙体气枕的安装采用加拿大法尔可公司垂直升降平台或搭设脚手架进行，屋面气枕利用天沟进行安装，吊顶气枕的安装通过分区域搭设脚手架进行。

膜结构的充气系统有 18 个永久气泵组成，其中 8 个位于地下室，为墙体气枕供气；屋面和吊顶的充气泵均为 5 个，位于核心筒的上表面。每个充气泵有两个风扇、1 个干燥单元和 4 个空气调节器组成。充气系统能够保证气枕中 250 MPa 的正常工作气压。

国家游泳馆历时 4 年半的建设并顺利投入使用，具有优美的外观和优良的功能，是现代膜结构的一次成功运用。

复习思考题

1. 简述膜结构的主要特点及应用范围。
2. 简述建筑膜材的组成及主要类别。
3. 简述膜结构的主要类型及其特点。
4. 试搜索几个典型的膜结构，并结合本章内容进行分析。

11 高层建筑结构

【学习要点】

（1）掌握高层建筑主要的结构体系及其特点。

（2）了解常见结构体系的受力及位移特征。

（3）掌握框架和剪力墙的布置要点。

（4）了解不同结构体系的适用高度和高宽比。

11.1 概 述

随着城镇化进程的加速，城市建设用地的供需矛盾日益突出，迫使房屋建筑向高空发展。设计理论的日臻完善，建筑新材料和施工新技术的不断涌现，电梯的发明等为高层建筑的发展提供了有力保障。进入 21 世纪，象征着经济实力、科技进步和社会发展的高层建筑如雨后春笋般拔地而起。2016 年 3 月完工的上海中心大厦图 11.1.1），建筑高度 632 m，仅次于阿联酋的迪拜塔（图 11.1.2，828 m）。目前，我国有深圳平安国际金融大厦（图 11.1.3）、武汉绿地中心等多个 500 m 以上的高层建筑正在建设或已完工。

图 11.1.1　上海中心大厦　　图 11.1.2　迪拜塔　　图 11.1.3　深圳平安国际金融大厦

世界上对高层建筑的高度并没有统一的标准。我国《高层民用建筑设计防火规范》

（GB 50045—95）（2005 版）规定，10 层及 10 层以上的居住建筑和建筑高度超过 24 m 的公共建筑为高层建筑。《民用建筑设计通则》（GB 50352—2005）规定，1～3 层为低层住宅，4～6 层为多层住宅，7～9 层为中高层住宅，10 层及 10 层以上的住宅建筑或建筑高度大于 24 m 的其他民用建筑（不含单层公共建筑）为高层建筑，除住宅建筑之外的民用建筑高度不大于 24 m 者为单层和多层建筑，建筑高度大于 100 m 的民用建筑为超高层建筑。《高层建筑混凝土结构技术规范》（JGJ3—2010）在协调上述两个规范的基础上，规定 10 层及 10 层以上或房屋建筑高度超过 28 m 的住宅建筑结构和房屋高度大于 24 m 的其他高层民用建筑为高层建筑。

高层建筑的结构体系是指梁、柱、板、墙等基本构件的空间组合方式，用于承受以自重为主的竖向荷载以及风、地震作用等产生的水平荷载。构件在荷载作用下产生轴力、弯矩、位移等荷载效应，如图 11.1.4 所示，当建筑物承受自重时，轴力与建筑高度呈线性比例关系，而承受水平均布荷载时，弯矩和水平位移则分别与建筑高度的二次方和四次方呈正比关系，这说明随着建筑高度的增大，相对于竖向荷载，水平荷载对建筑物的影响更为显著（图 11.1.5）。所以，高层建筑结构设计的关键在于满足竖向承载前提下的结构抗水平力设计。因此，也可以把高层建筑的结构体系称为抗侧力体系。

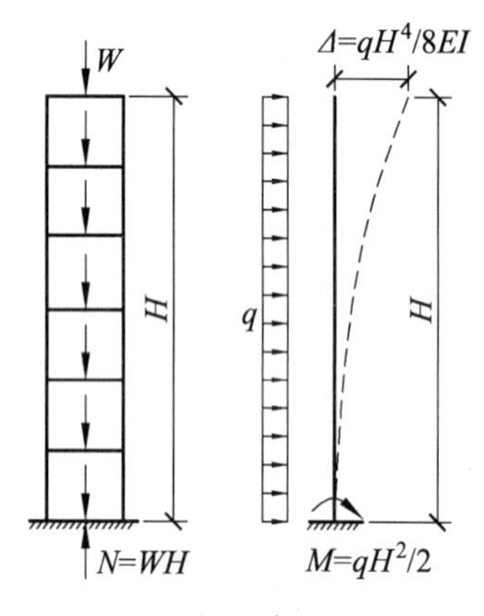

图 11.1.4　高层建筑受力简图

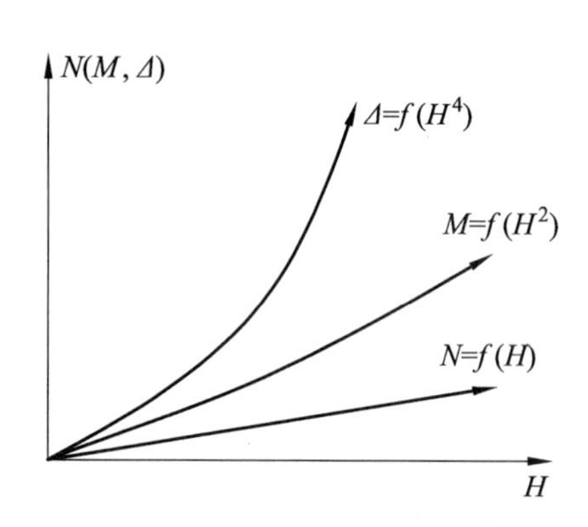

图 11.1.5　荷载效应与建筑高度

高层建筑的主要材料为钢（包括型钢和钢筋）和混凝土，可用于高层建筑结构的构件有钢筋混凝土构件、钢构件、型钢混凝土构件和钢管混凝土构件等。相对于钢结构和钢筋混凝土结构，型钢混凝土和钢管混凝土结构具有更好的刚度和抗震性能，施工方便且造价较低。《高层建筑混凝土结构技术规范》（JGJ3—2010）规定，高层建筑混凝土结构宜采用高强度性能混凝土和高强钢筋，构件内力较大或抗震性能有较高要求时，宜采用型钢混凝土、钢管混凝土构件。考虑到抗震的需求，目前高层建筑主要采用的结构形式为钢结构，其次为型钢混凝土结构，钢筋混凝土结构应用相对较少。

刚度和延性是高层建筑设计的两个重要方面。首先，为保证高层建筑的使用安全和舒适，需要控制水平荷载作用下的侧向位移，这要求建筑物必须具有足够的刚度；其次，地震会引起建筑物产生附加应力，当应力水平超过材料强度时，结构就会破坏，要减小结构附加应力，需要建筑物具有足够的变形能力以耗散地震能，即建筑物必须具有足够的延性。

本章主要介绍常用的高层建筑结构体系。

11.2 框架结构

结构所有竖向荷载和水平荷载均由梁、柱组成的框架来承担的结构体系称为框架结构体系，梁、柱相交处称为节点，一般为刚性节点（图 11.2.1）。梁、柱基本构件可以采用钢、钢筋混凝土、钢骨（型钢）混凝土等，框架柱还可以采用钢管混凝土。

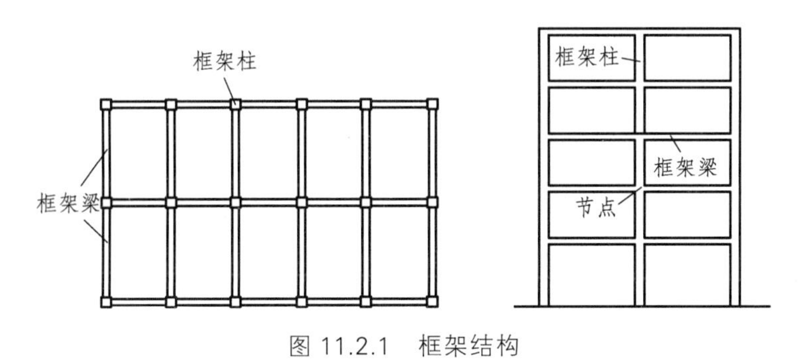

图 11.2.1 框架结构

11.2.1 结构特点

（1）承重构件为梁、柱，墙体一般为非承重构件，所以结构构件占用空间较小，建筑平面布置灵活，可以形成较大的使用空间，也可以通过隔断形成小空间，应用范围较广。

（2）由于墙体不承重，可以采用轻质隔墙和外墙，有利于减轻结构自重，节约材料，降低成本。

（3）由于承重构件较少，设计、计算和施工相对简单。

（4）采用现浇式框架结构整体性较好，通过合理设计构件可以获得较好的延性，因此具有良好的抗震性能。

（5）梁、柱作为线性构件，抗侧刚度较小，水平荷载作用下侧移大。随着建筑高度的增加，需要加大构件尺寸以抵抗水平荷载而不经济，因此，框架结构不适合建筑高度较高的建筑物。从目前我国的情况看，框架结构建造高度以 15 ~ 20 层为宜。

（6）节点一般采用刚结，因此框架结构为超静定体系，对支座不均匀沉降较为敏感。

11.2.2 受力及变形特征

框架结构在水平荷载作用下产生的水平位移由两个部分组成：一部分是框架整体受剪造成层间梁、柱杆件发生弯曲变形引起的水平位移，由于框架下部梁、柱内力较大，层间相对位移也大，随着层高的增加，层间位移逐渐减小，结构总体呈现剪切型变形（如图 11.2.2 中的Δ_1）特征；另一部分是水平力作用下的倾覆力矩造成柱产生拉伸和压缩变形而引起的结构水平位移，自上而下层间位移逐渐增大，结构总体表现为弯曲型变形（如图 11.2.2 中的Δ_2）特征。

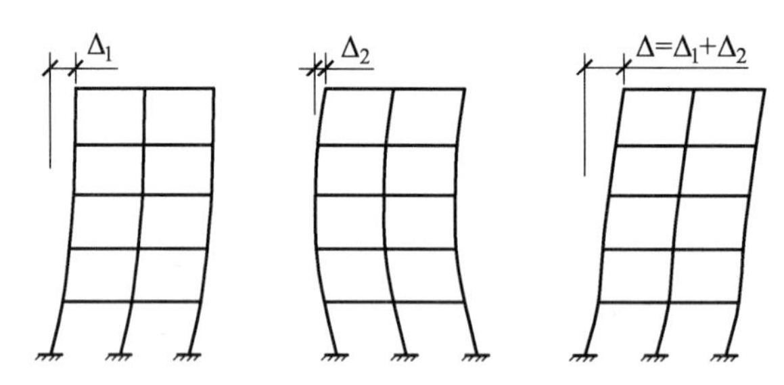

图 11.2.2 水平荷载作用下框架结构的水平位移

框架结构的水平位移以剪切变形为主，随着建筑高度的增大，弯曲变形的比例逐渐加大，一般框架结构体系在水平力作用下的变形以剪切型变形为主。

11.2.3 布置要点

（1）框架结构的柱网布置应满足建筑功能的要求，可以选择 4～6 m 小柱距，也可以为 7～10 m 的大柱距；布置应规则、整齐、对称，确保框架结构传力明确、受力合理、施工方便。

（2）沿建筑高度方向，柱网尺寸和梁截面尺寸一般不变，随着建筑高度的增加，可适当减小上层的柱截面尺寸，但应确保柱轴线位置尽可能不变。

（3）框架只能在自身平面内抵抗水平力，必须在两个正交的主轴方向设置框架，以抵抗各个方向的水平力。

（4）有抗震要求的框架结构不应采用单跨结构，节点不允许铰接，必须采用刚接，以保证弯矩的传递，使结构具有良好的整体性和刚度。

（5）非承重墙宜采用轻质材料，以减轻对结构抗震的不利影响。不应采用部分框架承重、部分砌体墙承重的混合承重方式，两者受力性能不同，地震作用下变形不协调，容易产生震害。

（6）钢筋混凝土框架结构宜采用现浇楼梯，但由于楼梯刚度较大，在设计时应避免楼梯首先破坏并尽可能减少对结构造成的偏心效应。

（7）框架结构可以采用横向承重、纵向承重或者纵横双向承重，主要取决于建筑物的功能和楼板的布置。

11.2.4 工程实例—北京长城饭店

北京长城饭店位于北京市朝阳区，总建筑面积 82 930 m^2，由主楼、服务楼、汽车库、门厅等组成。主楼共 23 层，地下 1 层，地上 22 层，建筑总高度 82.85 m；地上 1 ~ 2 层为公共性用房，2 ~ 18 层为客房层，19 ~ 22 层主要是中式餐厅、厨房和各类机房。如图 11.2.3 所示，客房层平面布置整体呈“Y”形，分为北塔、南塔和西塔三个塔楼。

主楼采用箱型基础，地下室外墙为 30 cm 厚的钢筋混凝土，整个结构采用延性框架设计，无剪力墙。框架全部采用现浇钢筋混凝土。

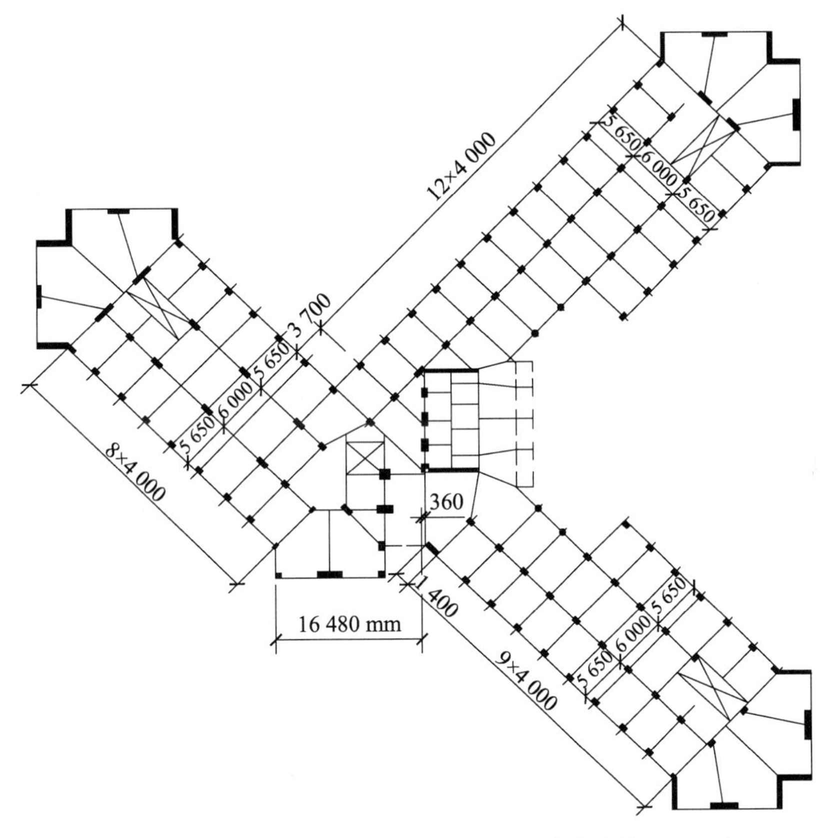

图 11.2.3 北京长城饭店标准层平面图（钱嫁茹等，2012）

11.3 剪力墙结构

利用剪力墙抵抗竖向荷载和水平力的结构称为剪力墙结构。剪力墙一般为钢筋混凝土构件，除作为主要的受力构件外，同时也可以作为围护及房间分隔构件（图 11.3.1。剪力墙整体性好，具有较好的抗震性能，我国《建筑抗震设计规范》(GB50011-2010）将其称为抗震墙。

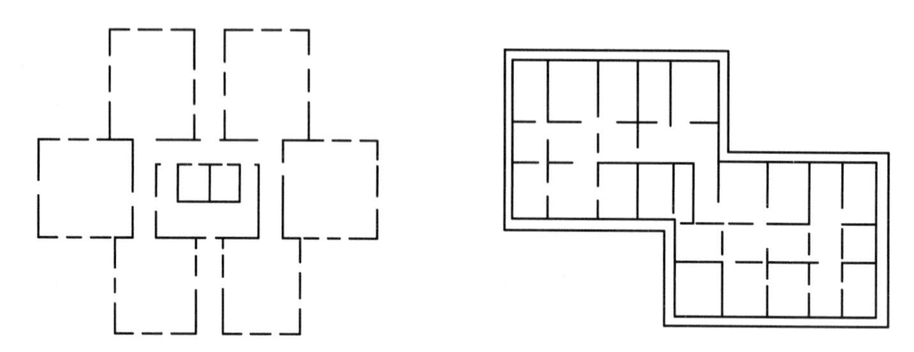

图 11.3.1　剪力墙结构

剪力墙结构可以分为全落地剪力墙结构、框支剪力墙结构和短肢剪力墙结构。

如图 11.3.2 所示，全落地剪力墙结构是指剪力墙墙肢全部落地的结构，剪力墙全部落地可以保证结构的抗侧刚度，从而保证其抗震能力。

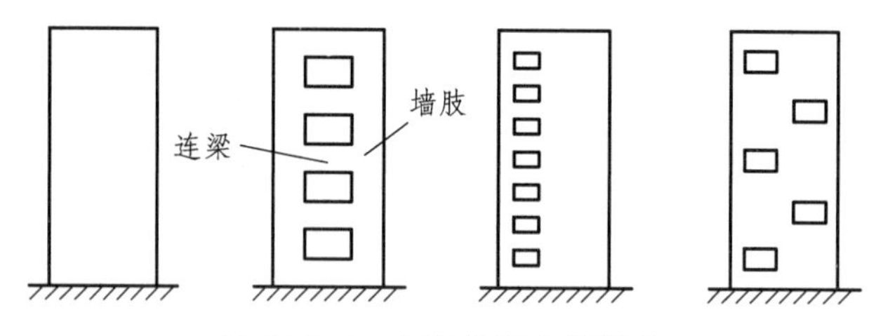

图 11.3.2　全落地剪力墙结构

剪力墙的间距受控于楼板跨度，平面布置不灵活，为使底层或底部若干层有较大的使用空间，将全部剪力墙或部分剪力墙改为框支柱，这样剪力墙不落地而支撑于底部框架上，称为框支剪力墙结构（图 11.3.2）。框支剪力墙结构增加了底部空间使用的灵活性，但在地震作用下，框支层较为薄弱，容易破坏从而引起整栋建筑物倒塌，因此《高层建筑混凝土结构技术规程》(JGJ3—2010）规定：地震区不允许底层（或底部若干层）全部为框架的框支剪力墙结构，允许采用部分落地的剪力墙与框支剪力墙协同工作。

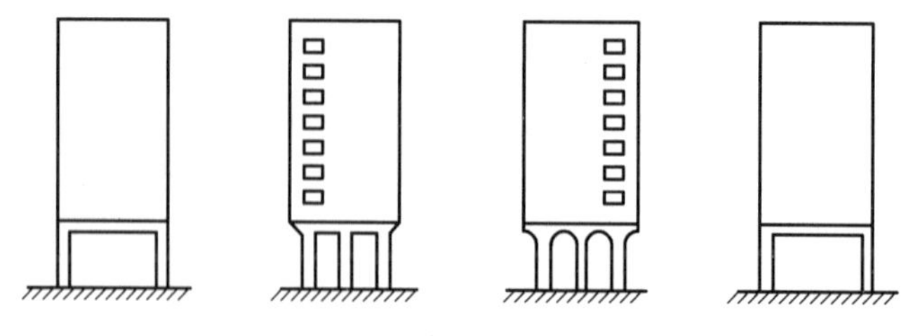

图 11.3.3　框支剪力墙结构

短肢剪力墙结构是指将部分或全部剪力墙布置为截面厚度不大于 300 mm，各肢截面高度和厚度之比最大值大于 4 但不大于 8 的短肢剪力墙。短肢剪力墙结构具有减轻结构自重、降低造价和平面布置相对灵活的特点，近年来较多的应用于 18 层以下的小高层住宅中。相对于普通剪力墙，短肢剪力墙抗震性能较差，并且在地震区的应用经验不足，因此《高层建筑混凝土结构技术规程》(JGJ3-2010) 规定：抗震设计时，高层建筑结构不应全部采用短肢剪力墙，采用具有较多短肢剪力墙的剪力墙结构时，应符合相关要求；短肢剪力墙的抗震设计要求高于普通剪力墙。

11.3.1 结构特点

（1）由于墙体采用钢筋混凝土结构，剪力墙整体性较好、侧向刚度大，具有较高的承载力和弹性变形能力，所以具有良好的抗震性能。相对于框架结构，震害相对较轻，适用高度较大，多层建筑、高层建筑均可使用。

（2）当采用大模板或滑升模板等先进施工方法时，具有施工方便、施工速度快的特点。

（3）受限于楼板跨度，钢筋混凝土剪力墙的间距一般为 3 ~ 8 m，因此墙体较多，平面布置不如框架结构灵活，很难满足公共建筑对空间的要求。

（4）结构自重大，造价较高。

11.3.2 受力及变形特征

区别于框架结构，当剪力墙的高宽比较大时，剪力墙相当于一个受弯为主的竖向悬臂构件，因此在水平荷载作用下，水平位移或侧移曲线呈现出弯曲型特征（图 11.3.4），即层间位移随着层高增加而逐渐增大。

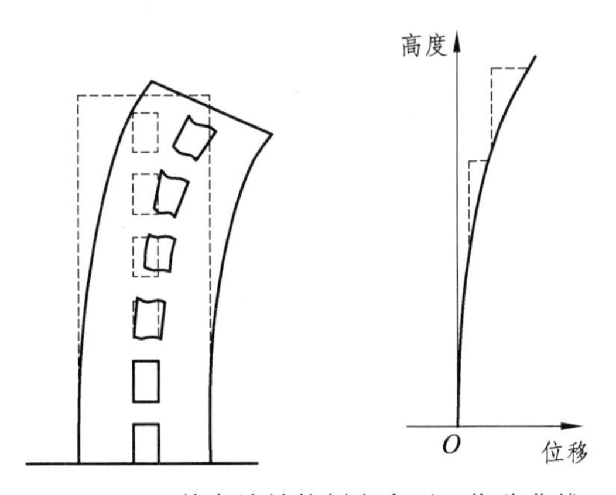

图 11.3.4 剪力墙结构侧向变形及位移曲线

11.3.3 布置要点

剪力墙结构应具有适宜的侧向刚度，其布置应符合以下要求：

（1）剪力墙结构平面布置宜简单、规则，由于是平面内受力构件，宜沿两个主轴方向或其他方向双向布置，两个方向的侧向刚度不宜相差过大。抗震设计时，不应采用仅单向有剪力墙的结构布置。

（2）剪力墙宜贯通全高，沿高度方向连续布置，避免刚度突变。

（3）需要开洞做门窗的剪力墙，门窗洞口宜上下对齐、成列布置，形成明确的墙肢和连梁；避免洞口不规则布置的错洞墙以避免造成墙肢宽度相差悬殊。

（4）剪力墙不宜过长，较长的剪力墙宜设置跨高比较大的连梁，将一道墙分成长度较均匀的若干墙段，各墙段的高宽比不宜小于 3，墙段肢截面高度不宜大于 8 m。

11.3.4 工程实例—广州白云宾馆

1972 年初，为扩大对外贸易，满足广交会的需求，广州市决定兴建白云宾馆，至 1976 年初，宾馆基本建设完成，建筑总高度 108 m，为当时中国第一高楼。

采用高低层结合的空间处理方式，充分发挥建筑与结构性能的配合。主楼位于建设地段的西北角，地质条件较好，地下 2 层，地上 33 层，首层为公共活动和管理服务设施，2 ~ 3 层为客房层，4 ~ 26 层为标准客房层（图 11.3.5），27 ~ 28 层为各种套房客房层，29 层为多功能厅，30 层为天台餐厅，31 层为小餐厅、观测用房，32 ~ 33 层为设备层。

主楼结构采用剪力墙结构，为提高抗震能力，主楼平面布置力求均匀对称（图 11.3.5），使刚度中心与作用力中心基本接近以减少偏心扭转应力。墙板在中间走廊部分开孔，形成单孔双肢剪力墙板。

上部结构的钢筋用量指标为 50 kg/m^2，混凝土用量指标为 0.6 m^3/m^2，建筑质量为 1.7 t/m^2。

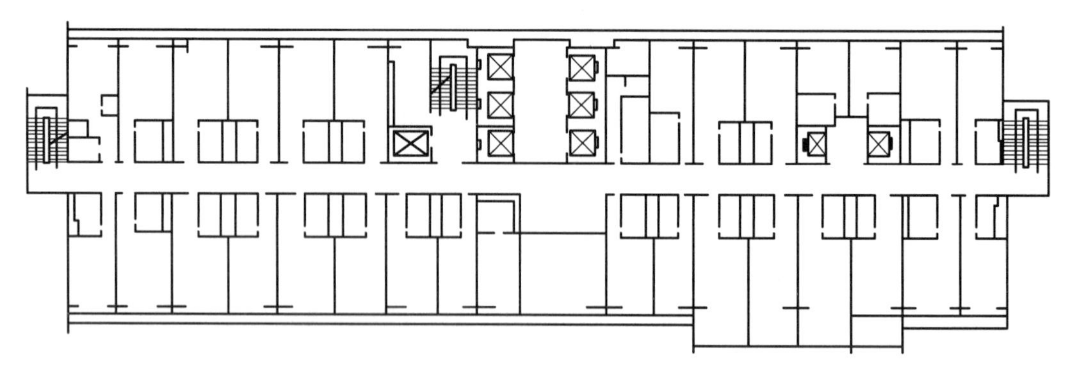

图 11.3.5　广州白云宾馆 4 ~ 26 层平面图

11.4 框架—剪力墙结构

竖向荷载和水平荷载由框架和剪力墙共同承担的结构体系，称为框架—剪力墙结构（图 11.3.6）。这种结构将框架和剪力墙有机结合在一起，即具有剪力墙较高的抗侧移刚度和承载力，同时又保持了框架结构空间较大和立面易于变化的优点，广泛应用于高层办公建筑和旅馆建筑。

剪力墙可以布置成单片墙、联肢墙或井筒（图 11.4.1）的形式。筒状的剪力墙布置，不仅可以提高结构的承载力、抗侧刚度和抗扭能力，还可以利用筒体作为电梯间、楼梯间或竖向管道的布置通道。

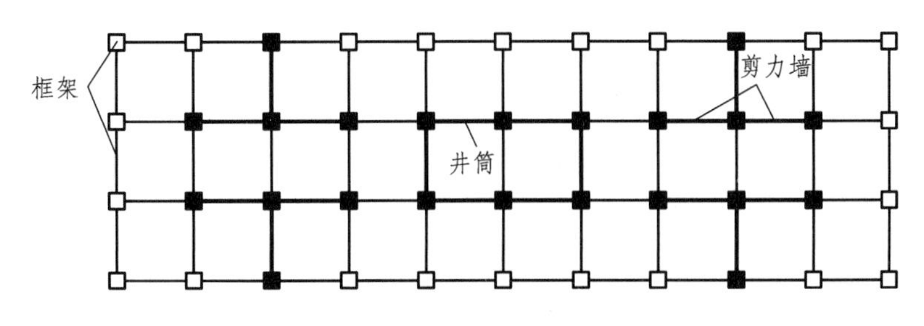

图 11.4.1 框架—剪力墙结构

框架—剪力墙结构可以采用如下布置形式：

（1）框架与剪力墙（单片墙、联肢墙或较小井筒）分开布置；

（2）在框架结构的若干跨内嵌入剪力墙（带边框的剪力墙）；

（3）在单片抗侧力结构内连续分别布置框架和剪力墙；

（4）上述两种或三种形式的混合。

11.4.1 受力及变形特征

框架—剪力墙结构是双重抗侧力结构体系，地震作用下，剪力墙和框架共同抵抗水平作用和竖向荷载，其协同工作原理如图 11.4.2 所示。剪力墙刚度大，将承担大部分的地震作用，是结构抗震的第一道防线，框架刚度小，则承担小份额的水平作用力。因此，框架—剪力墙结构的抗震设计，应根据在规定的水平力作用下的结构底层框架部分承受的地震倾覆力矩与结构总地震倾覆力矩的比值，确定相应的设计方法。

水平荷载作用下，剪力墙结构和框架结构分别呈现出弯曲型和剪切型变形特征，由于楼板的连接作用，两者的侧向位移得以协调，结构底部框架的侧向位移和上部剪力墙的侧向位移均会减小，从而层间位移沿建筑高度分布趋于均匀，侧向位移呈现出弯剪型特征（图 11-16）。弯剪型变形特征改善了结构的抗震性能，有利于结构设计和构件安全。

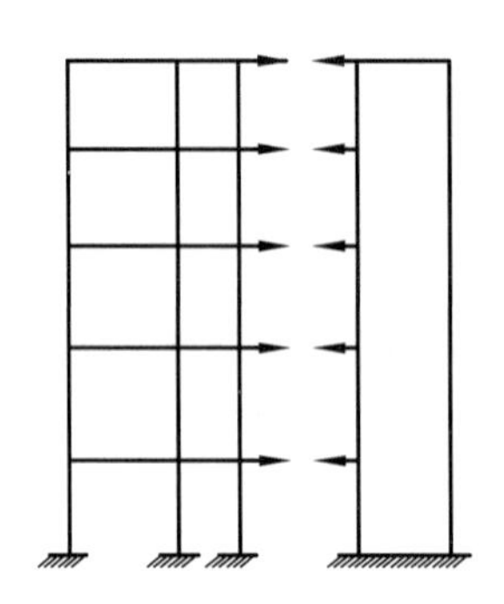
图 11.4.2 框架—剪力墙相互作用

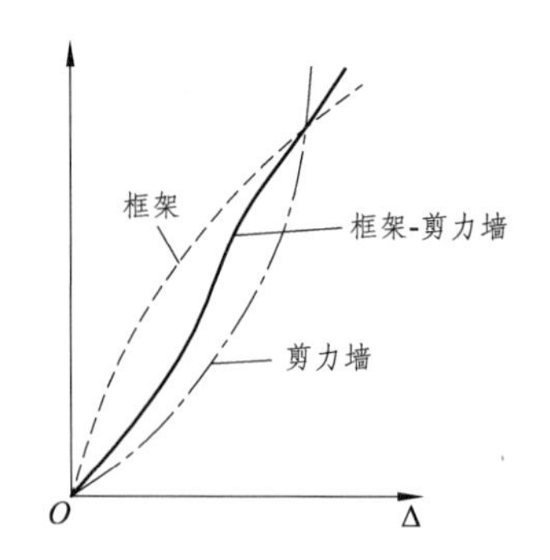

11.4.3 框架—剪力墙结构变形曲线

11.4.2 布置要点

（1）框架和剪力墙均为平面内受力构件，因此框架—剪力墙结构应设计成双向抗侧力体系，抗震设计时，结构两个主轴方向均应布置剪力墙。

（2）主体结构构件之间除个别节点外不应采用铰接，梁与柱或柱与剪力墙的中线宜重合，当梁柱中心线不能重合时，应考虑偏心的影响。

（3）剪力墙宜均匀布置在建筑物的周边附近、楼梯间、电梯间、平面形状变化及恒载较大的部位，剪力墙间距不宜过大。

（4）平面形状凹凸较大时，宜在凸出部分的端部附近布置剪力墙。

（5）为提高结构两个主轴方向的抗侧、抗扭刚度，纵、横剪力墙宜组成 L 形、T 形、工字型或井筒等形式。

（6）单片剪力墙底部承担的水平剪力不应超过结构底部总水平剪力的 30%。

（7）剪力墙宜贯通建筑物的全高，使刚度分布均匀，避免突变；剪力墙开洞时，洞口宜上下对齐。

（8）楼、电梯间等竖井宜尽量与靠近的抗侧力结构结合布置。

（9）抗震设计时，剪力墙的布置宜使结构各主轴方向的侧向刚度接近。

（10）房屋长度较大时，横向剪力墙沿长方向的间距不应过大，宜满足表 11.4.1 的要求，并且当剪力墙之间楼盖有较大开洞时，其间距应适当减小；纵向剪力墙不宜集中布置在房屋的端头。

表 11.4.1 剪力墙间距（m，取较小值）

楼盖类型	非抗震设计	抗震设防烈度		
		6 度、7 度	8 度	9 度
现　　浇	5.0*B*，60	4.0*B*，50	3.0*B*，40	2.0*B*，30
装配整体	3.5*B*，50	3.0*B*，40	2.5*B*，30	

注：1. *B* 为剪力墙之间的楼盖宽度（m）；
2. 现浇层厚度大于 60 mm 的叠合楼板可作现浇楼板考虑；
3. 当房屋端部为布置剪力墙时，第一片剪力墙与房屋端部的距离，不宜大于表中剪力墙间距的 1/2。

11.4.3 工程实例—北京饭店

北京饭店位于北京市中心，始建于 1900 年，2000 年重新装修，主楼共 19 层，是比较典型的框架—剪力墙结构，其平面布置图如图 11.4.4 所示。

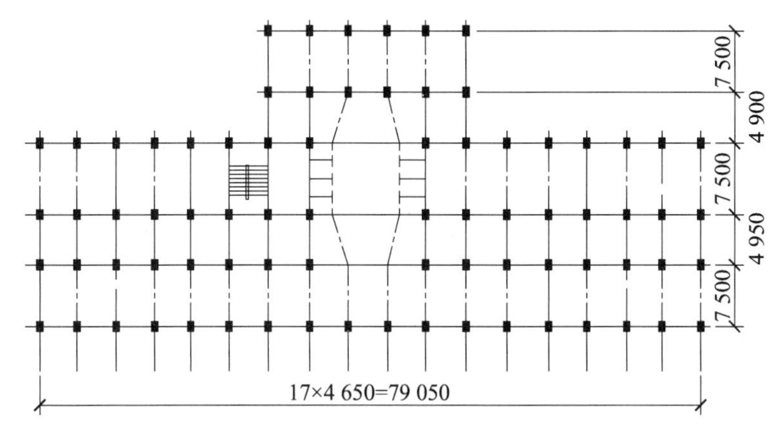

图 11.4.4　北京饭店平面布置图（引自钱嫁茹，2012）

11.5 板柱-剪力墙结构

由钢筋混凝土无梁楼盖和柱组成的结构称为板柱结构。板柱结构具有施工简单、空间布置灵活的特点，由于楼板高度较小，有助于减小层高，可以形成较大的使用空间；但板柱节点抗震性能较差，结构整体刚度较小，不能用于具有抗震要求的高层建筑结构体系，适用于多层非抗震设计的建筑。

在板柱结构中设置剪力墙，或将楼梯、电梯间设置为钢筋混凝土井筒，称为板柱-剪力墙结构。由于剪力墙的存在，其刚度和抗震性能大幅提升，适用于多层、高层非抗震设计以及抗震设防烈度不超过 8 度的建筑。

板柱-剪力墙结构布置应满足以下要求：

（1）结构布置宜均匀、对称，刚度中心与质量中心宜重合，两个主轴方向均应布置剪力墙，以避免刚度偏心。

（2）剪力墙的布置应满足剪力墙结构对剪力墙布置的要求，且宜在对应剪力墙的各楼层处设置暗梁。

（3）抗震设计时，房屋的周边应设置边梁形成周边框架，房屋的顶层及地下室顶板宜采用梁板结构。

（4）有楼梯、电梯间等较大开洞时，洞口周围宜设置框架梁或边梁。

（5）无梁板可根据承载力和变形要求采用无柱帽（柱托）板或有柱帽（柱托）板形式，6 度以上抗震设计时，不应采用无柱帽结构形式。

（6）抗风设计时，板柱—剪力墙结构中剪力墙应承担不小于 80%的水平剪力；抗震设计时，剪力墙应能承担该层全部地震剪力，且板柱部分尚应承担不小于 20%的该层地震剪力。

11.6 钢框架-支撑（延性墙板）结构

在钢框架结构体系中设置钢支撑倾斜杆件，称为支撑框架；利用钢框架和支撑框架共同承载的结构体系称为钢框架-支撑结构。

水平荷载作用下，支撑框架的侧向位移主要由支撑斜杆的轴向变形提供，所以支撑框架具有相对较大的侧向刚度，因此，钢框架—支撑结构类似于框架—剪力墙结构，其整体侧移曲线呈弯剪型，属于双重抗侧力体系，水平力主要由支撑框架承担。

根据支撑斜杆的支撑位置，可将支撑框架分为中心支撑框架和偏心支撑框架。

中心支撑框架是将支撑斜杆支撑于框架梁柱节点处（图 11.6.1），其基本形式有单斜杆支撑、人字形支撑、V 形支撑、K 形支撑和交叉支撑等。为防止结构刚度不均匀，支撑斜杆应沿竖向对称布置。

偏心支撑框架的斜杆支撑点偏离梁柱节点（图 11.6.2），每根支撑斜杆至少有一端与框架梁连接。梁支撑点与柱之间或梁的两个支撑点之间形成短梁，相关研究表明，短梁在地震中具有耗能作用，因此，偏心支撑框架的抗震性能优于中心支撑框架。

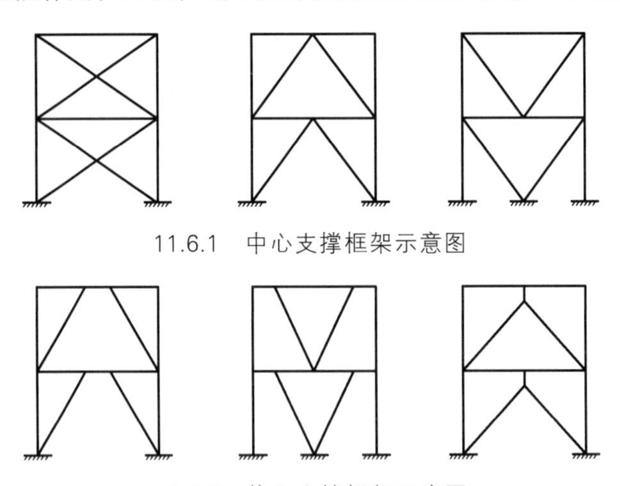

11.6.1 中心支撑框架示意图

11.6.2 偏心支撑框架示意图

除普通钢支撑外，可以在钢框架内设置屈曲约束支撑斜杆，称为屈曲约束支撑框架。屈曲约束支撑构件由核心钢支撑、钢管等约束单元以及两者之间的无黏结层构成，其结构组成类似于无黏结预应力钢筋，既能允许核心钢支撑发生轴向变形，又能较好地防止其发生屈曲。

用延性墙板代替钢支撑，嵌入钢框架中，称为框架-延性墙板结构。墙板类型有钢板剪力墙、带竖缝的钢筋混凝土剪力墙、带横缝的钢筋混凝土剪力墙和带缝钢板剪力墙等。延性墙板的刚度高于支撑框架，但由于采用钢材或具有缝隙，其刚度低于现浇钢筋混凝土剪力墙，具有良好的延性，与钢框架较为匹配，具有良好的抗震性能。

11.7 筒体结构

随着建筑层数和高度的增加，普通框架或剪力墙结构已不能满足侧向刚度的需求，而增大截面尺寸明显不经济，因此需要刚度和强度更高的筒体作为抗侧力结构体系。筒体结构可以采用实腹筒、框筒、桁架筒、筒中筒、框架-核心筒以及束筒等多种形式。

11.7.1 实腹筒、框筒和桁架筒

实腹筒、框筒和桁架筒是筒体结构的三种基本形式。由剪力墙围成筒状的空间薄壁结构称为实腹筒[图 11.7.1（a）]，实腹筒体一般利用电梯井、楼梯间和管道井等四周的剪力墙组成。

由排列很密的柱和截面高度很大的梁组成的非实腹筒体称为框筒[图 11.7.1（b）]，区别于普通的平面框架，其工作性能类似于空间结构的实腹筒体。

在建筑物的四周布置由稀柱、浅梁和巨型支撑斜杆组成的桁架称为桁架筒[图 11.7.1（c）]，桁架筒主要采用钢结构，也可以采用钢筋混凝土结构。

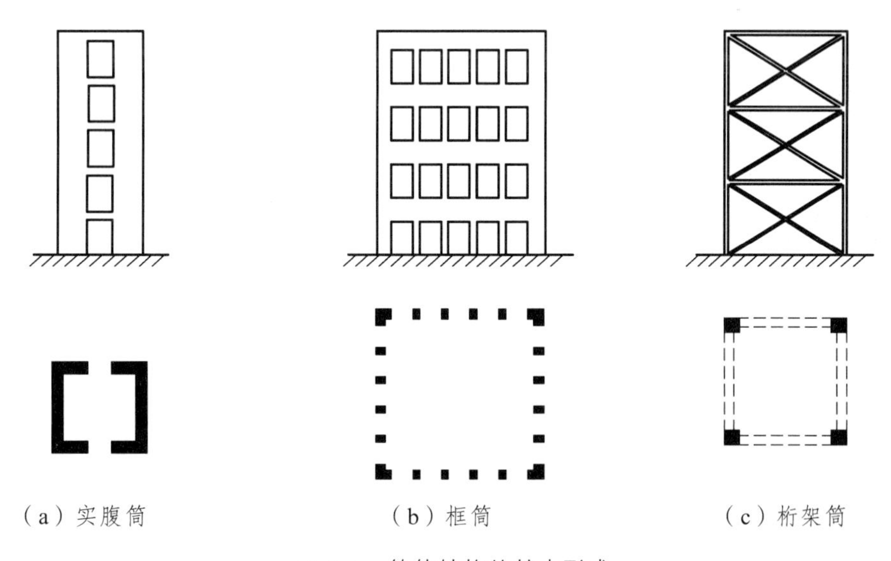

（a）实腹筒　　（b）框筒　　（c）桁架筒

11.7.1 筒体结构的基本形式

筒体结构可以视为具有箱型截面的竖向悬臂结构，是一种空间受力性能较好的结构体系，比框架和剪力墙具有更高的刚度、强度和更好的抗风、抗侧移、抗震性能。

11.7.2　筒中筒结构

采用外筒和内筒组合的结构形式称为筒中筒结构。外筒一般为框筒，当采用钢筋混凝土结构时，内筒可采用实腹筒；当采用钢结构时，内筒可采用钢支撑框架构成的井筒。

筒中筒结构属于双重抗侧力体系，其协同工作原理类似于框架-剪力墙，侧移曲线呈弯剪型。内筒具有较高的刚度，能够抵抗较大的水平剪力；外框筒具有较大的平面尺寸，能够较好地抵抗水平力产生的倾覆力矩和扭矩。因此，筒中筒结构的适用高度比框筒更高，国内、外许多超过 50 层的建筑，都采用了这种结构体系。

筒中筒结构平面外形宜选用圆形、矩形、正多边形等，内筒宜居中；矩形平面的长宽比不宜大于 2。

目前我国采用筒中筒结构的建筑有广东国际大厦、深圳国际贸易中心大厦、北京中国国际贸易大厦等。广东国际大厦于 1986 年完成技术设计阶段，总高度 196 m，地下 2 层、地上 62 层，采用钢筋混凝土筒中筒结构，其标准层平面简图如图 11.7.1 所示。

（a）外观视图

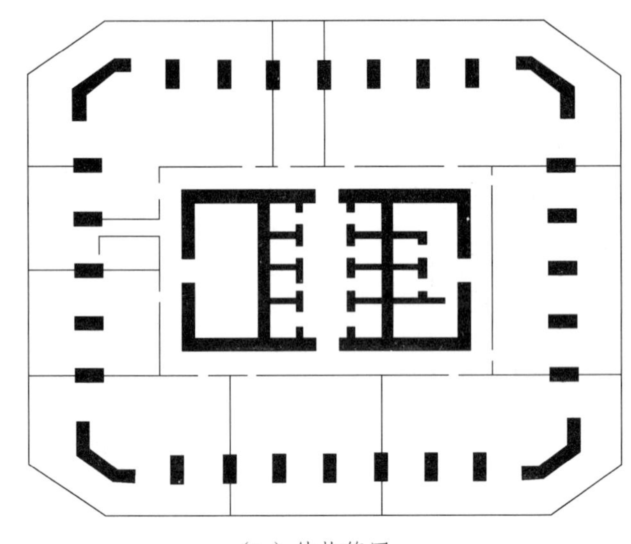

（b）结构简图

11.7.2　广东国际大厦

11.7.3　框架-核心筒结构

筒中筒结构的外筒采用密柱深梁的框筒，不利于对外视线和景观效果，将外筒更改为稀柱框架后，形成框架-核心筒结构。框架-核心筒结构也可以看作是框架-剪力墙结构的延伸，剪力墙集中于结构中央的电梯井、管道井区域形成实腹筒，框架结构分布于实腹筒的四周，其受力和变形特征类似于框架-剪力墙结构。

周边框架为平面框架，不具有空间受力性能，所以由核心筒抵抗水平荷载，框架主要承担所在区域的竖向荷载。框架—核心筒兼具实腹筒和普通框架的优点，具有较高的抗侧刚度和强度，平面空间较大、布置较为灵活，适用于写字楼、多功能建筑等。

南海荣耀国际金融中心位于广东省佛山市南海区，联河路和中央大街交汇处，建筑总面积 12.8 万平方米，由塔楼和裙楼组成，塔楼采用钢筋混凝土框架-筒体结构[图 11.7.3（b）]。塔楼框架柱为直柱，通过楼层悬挑实现建筑立面造型[图 11.7.3（a）]，塔楼平面尺寸约 40 m × 40 m，中间矩形核心筒平面尺寸约 23 m × 17 m，核心筒区域主要由垂直交通、设备竖井和服务空间构成。

（a）外观视图

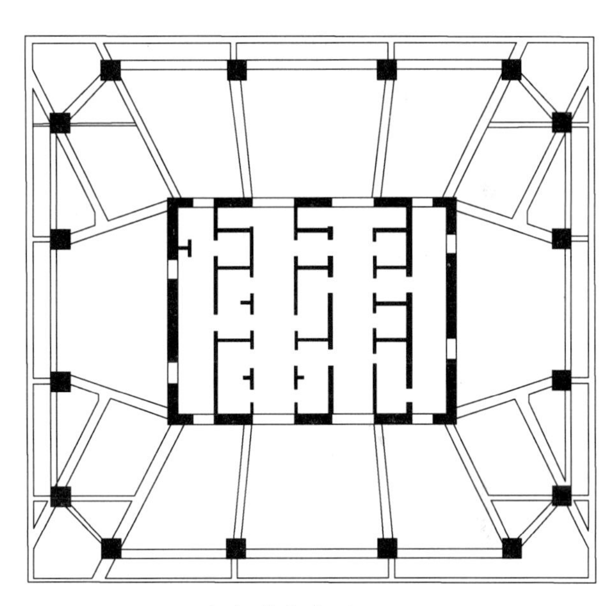

（b）结构简图

图 11.7.3　南海荣耀国际金融中心

11.7.4　束筒结构

多个框筒排列在一起形成的结构体系称为束筒结构。组成的束筒的框筒可以采用方形、矩形、三角形等不同的平面外形，因此束筒结构可以组成较为复杂的建筑平面图形，平面划分较为灵活。由于多个筒体共同承担水平荷载，束筒结构具有比筒中筒更高的刚度和承载力，适用于平面复杂或者更高的超高层建筑。

比较典型的束筒结构是美国芝加哥的西尔斯大厦[图 11.7.4（a）]，总建筑面积 41.8 万平方米，高 442 米，地上 110 层，地下 3 层。建筑底部平面尺寸 68.7 m × 68.7 m，由 9 个边长 22.9 m 的方形框筒结构排列组成。框筒数目随建筑高度逐渐减少[图 11.7.4（b）]，

50 层以下为 9 个框筒；51 ~ 66 层去掉对角两个框筒后，剩余 7 个框筒；67 ~ 90 层再去除另一对角两个框筒剩余 5 个框筒，形成十字形；91 ~ 110 层为两个框筒。

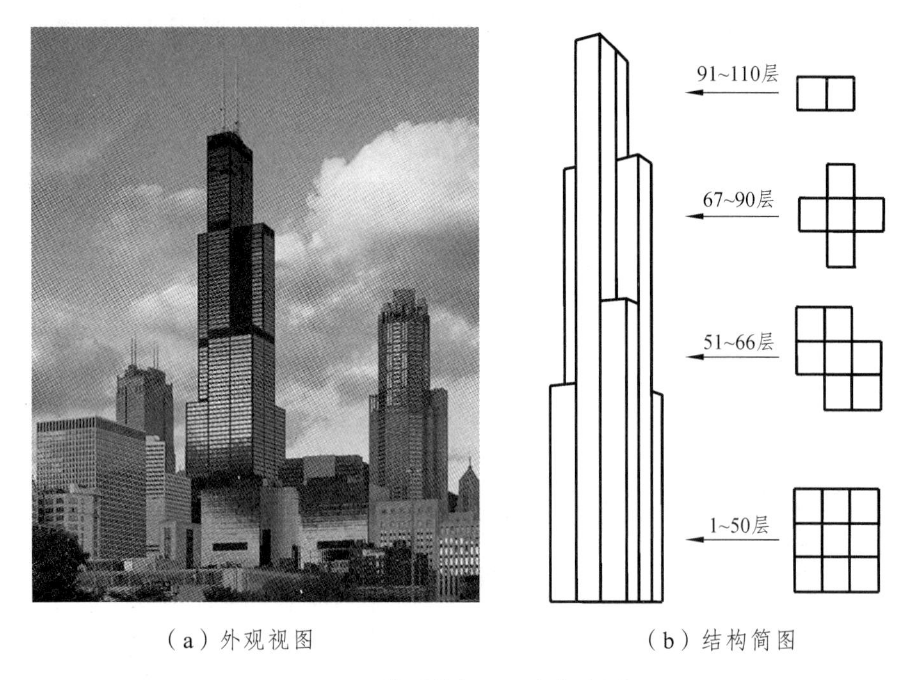

（a）外观视图　　（b）结构简图

11.7.4　美国芝加哥西尔斯大厦

11.8　巨型结构体系

巨型结构体系可以称为超级结构体系或主次结构体系，是由若干巨型构件组成的主结构和常规构件组成的子结构协同工作形成的结构体系。

区别于普通的梁、柱、桁架杆等构件，巨型构件具有很大的截面尺寸，往往是空心或格构式的立体杆件，可以是钢筋混凝土井筒，也可以是空间格构式钢桁架。巨型构件具有很高的抗侧刚度和承载力，承担结构体系的所有竖向荷载和水平荷载；子结构一般只需承担楼面荷载和自身重力。

巨型结构主要有巨型框架结构、巨型桁架结构、巨型悬挂结构和巨型分离式筒体结构等基本类型。

巨型框架结构也称主次框架结构，如新加坡华联银行中心（图 11.8.1），主框架为巨型框架，相邻巨梁之间设置由普通框架构成的次框架，一般为 4 ~ 10 层。次框架只承担自身竖向荷载并将荷载传递给巨梁，主框架承担所有竖向荷载和水平荷载。巨型框架一般设置在建筑物四周，中间不设置巨型柱，次框架空间布置较为灵活。

巨型空间桁架结构是利用巨柱、巨梁和巨型支撑等构件组成的空间桁架承担竖向荷载和水平荷载的结构体系。楼层竖向荷载通过次结构梁、柱构件传递给空间桁架的梁构件，再通过巨柱和巨型支撑传递给基础。香港中国银行大厦（图 11.8.2）是比较典型的巨型空间桁架结构。

图 11.8.1 巨型框架结构：新加坡华联银行中心

图 11.8.2 巨型桁架结构：香港中银大厦

11.9 房屋适用高度和高宽比

11.9.1 房屋建筑的最大适用高度

房屋高度是指室外地面到主要屋面板板顶的高度，不包括水箱、电梯机房等屋面局部突出的部分。

不同结构体系具有不同的受力特征和荷载效应，同时也存在一个充分发挥结构性能的最佳适用高度范围。现行相关规范结合高层建设经验，对不同建筑结构型式的最大适用高度做出了明确的规定。在结构选型时，应充分考虑结构体系的高度限制，当房屋高度超过最大适用高度时，应进行专门的研究和论证。

钢筋混凝土高层建筑结构的最大适用高度分为 A 级和 B 级，B 级最大高度相对 A 级有所放宽，但在结构的规则性、作用效应计算以及抗震构造措施等方面提出了更高的要求。A 级高度钢筋混凝土高层建筑的最大适用高度如表 11.9.1 所示。

表 11.9.1 A 级高度钢筋混凝土高层建筑的最大适用高度（m）

结构体系		非抗震设计	抗震设防烈度				
			6 度	7 度	8 度		9 度
					0.20*g*	0.30*g*	
框架		70	60	50	40	35	
框架-剪力墙		150	130	120	100	80	50
剪力墙	全部落地剪力墙	150	140	120	100	80	60
	部分框支剪力墙	130	120	100	80	50	不应采用
筒体	框架-核心筒	160	150	130	100	90	70
	筒中筒	200	180	150	120	100	80
板柱-剪力墙		110	80	70	55	40	不应采用

注：1. 表中高度适用于乙类和丙类高层建筑，平面和竖向不规则的高层建筑结构，其最大适用高度宜适当降低；
2. 表中框架不含异形柱框架，部分框支剪力墙结构指地面以上有部分框支剪力墙的剪力墙结构；
3. 对于甲类建筑，6、7、8 度时宜按照本地区抗震设防烈度提高一度后符合表中要求，9 度时应进行专门研究。
4. 框架结构、板柱-剪力墙结构以及 9 度抗震设防的表列其他结构，当房屋高度超过表中数值时，结构设计应有可靠依据，并采取有效地加强措施。

B 级高度钢筋混凝土高层建筑的最大适用高度如表 11.9.2 所示。

表 11.9.2 B 级高度钢筋混凝土高层建筑的最大适用高度（m）

结构体系		非抗震设计	抗震设防烈度			
			6 度	7 度	8 度	
					0.20g	0.30g
框架-剪力墙		170	160	140	120	100
剪力墙	全部落地剪力墙	180	170	150	130	110
	部分框支剪力墙	150	140	120	100	80
筒体	框架-核心筒	220	210	180	140	120
	筒中筒	300	280	230	170	150

注：1. 表中高度适用于乙类和丙类高层建筑，平面和竖向不规则的高层建筑结构，其最大适用高度宜适当降低；
2 部分框支剪力墙结构指地面以上有部分框支剪力墙的剪力墙结构；
3 对于甲类建筑，6、7 度时宜按照本地区抗震设防烈度提高一度后符合表中要求，8 度时应进行专门研究。
4 当房屋高度超过表中数值时，结构设计应有可靠依据，并采取有效地加强措施。

《建筑抗震设计规范》（GB 50011—2010）给出了民用钢结构房屋建筑的最大适用高度，如表 11.9.3 所示。表中筒体结构不包括混凝土筒；对于平面和竖向均不规则的钢结构，适用的最大高度宜适当降低；超过表内高度的房屋，应进行专门的研究和论证并采取有效的加强措施。

表 11.9.3 钢结构房屋适用的最大高度（m）

结构类型	抗震设防烈度				
	6、7 度（0.10*g*）	7 度（0.15*g*）	8 度		9 度（0.40*g*）
			0.20*g*	0.30*g*	
框架	110	90	90	70	50
框架-中心支撑	220	200	180	150	120
框架-偏心支撑（延性墙板）	240	220	200	180	160
简体（框筒、筒中筒、桁架筒、束筒）和巨型框架	300	280	260	240	180

高层建筑钢混凝土混合结构设计规程（CECS 230—2008）给出了高层建筑混合结构的最大适用高度（表 11.9.4）。这里的钢-混凝土混合结构是指由钢框架、钢支撑框架、混合框架，或钢框筒、混合框筒与钢筋（或钢骨）混凝土核心筒（或剪力墙）组成的结构，可分为双重抗侧力体系和非双重抗侧力体系。

表 11.9.4 高层建筑混合结构的最大适用高度（m）

结构类型			非抗震设防	抗震设防烈度			
				6	7	8	9
混合框架结构	钢梁-钢骨（钢管）混凝土柱 钢骨混凝土梁-钢骨混凝土柱		60	55	45	35	25
	钢梁-钢筋混凝土柱		50	50	40	30	—
双重抗侧力体系	钢框架-钢筋混凝土剪力墙		160	150	130	110	50
	钢框架-钢骨混凝土剪力墙		180	170	150	120	50
	混合框架-钢筋混凝土剪力墙		180	170	150	120	50
	混合框架-钢骨混凝土剪力墙		200	190	160	130	60
	钢框架-钢筋混凝土核心筒		210	200	160	120	70
	钢框架-钢骨混凝土核心筒		230	220	180	130	70
	混合框架-钢筋混凝土核心筒		240	220	190	150	70
	混合框架-钢骨混凝土核心筒		260	240	210	160	80
	筒中筒	钢框筒-钢筋混凝土内筒 混合框筒-钢筋混凝土内筒	280	260	210	160	80
		钢框筒-钢骨混凝土内筒 混合框筒-钢骨混凝土内筒	300	280	230	170	90
非双重抗侧力体系	钢框架-钢筋（钢骨）混凝土核心筒 混合框架-钢筋（钢骨）混凝土核心筒		160	120	100	—	—

注：1. 表中高度适用于乙类和丙类高层建筑，平面和竖向均不规则的结构或 IV 类场地上的结构，最大适用高度应适当降低；

2. 当混合框架中的柱采用钢管混凝土或钢框架采用支撑框架时，高度限值在有可靠依据时可适当放宽；

3 混合框架和钢骨混凝土剪力墙（核心筒）中的钢骨或钢管的延伸高度不应小于结构总高度的 60%；

4 非双重抗侧力体系 7 度的最大适用高度仅适用于 0.1g。

高层建筑混合结构不应采用严重不规则的结构体系，应具有必要的承载能力、刚度和变形能力；避免因部分结构或构件破坏而造成整个结构丧失承载能力；对于可能出现的薄弱部位，应采取有效措施予以加强。

11.9.2 房屋建筑适用的高宽比

房屋建筑的高宽比影响高层建筑结构刚度、稳定性、承载力和经济性，不同建筑结构具有相对适用的最大高宽比。钢筋混凝土高层建筑、钢结构民用房屋和混合结构房屋建筑的适用高宽比分别如表 11.9.5 ~ 11.9.7 所示。计算高宽比时，房屋宽度是指平面轮廓边缘的最小宽度尺寸，对于复杂体型房屋，需根据具体情况考虑。

表 11.9.5 钢筋混凝土高层建筑结构适用的最大高宽比

结构体系	非抗震设计	抗震设防烈度		
		6、7 度	8 度	9 度
框架	5	4	3	—
板柱—剪力墙	6	5	4	—
框架—剪力墙、剪力墙	7	6	5	4
框架—核心筒	8	7	6	4
筒中筒	8	8	7	5

表 11.9.6 钢结构民用房屋适用的最大高宽比

设防烈度	6、7 度	8 度	9 度
最大高宽比	4	3	—

表 11.9.7 混合结构房屋建筑适用的高宽比

结构体系	非抗震设计	抗震设防烈度		
		6、7 度	8 度	9 度
框架—核心筒	8	7	6	4
筒中筒	8	8	7	5

复习思考题

1. 何为高层建筑？相关规范对高层建筑的高度有何规定？
2. 简述建筑结构荷载效应随高度的变化规律。
3. 简述高层建筑结构体系类型及其特征。
4. 简述高层建筑框架和剪力墙的布置要点。
5. 简述水平荷载作用下不同结构体系的位移特征。
6. 试分析框筒、筒中筒和框架-核心筒结构的区别。
7. 简述不同结构体系的适用高度和高宽比。
8. 搜索相关高层建筑工程实例并结合本章内容分析其结构体系。

参考文献

[1] 樊振和. 建筑结构体系及选型[M]. 北京：中国建筑工业出版社，2010.
[2] 计学润. 结构概念和体系[M]. 北京：高等教育出版社，2009.
[3] 戚豹. 建筑结构选型[M]. 北京：中国建筑工业出版社，2007.
[4] 张建荣.建筑结构选型[M]. 北京：中国建筑工业出版社，1999.
[5] 叶献国. 建筑结构选型概论[M]. 武汉：武汉理工大学出版社，2003.12.
[6] 王湛. 建筑结构选型[M]. 广州：华南理工大学出版社，2009.
[7] 杜义欣，钱基宏，等. 成吉思汗博物馆复杂屋盖钢结构设计[C]. 第十三届空间结构学术会议论文集. 2011.
[8] 完海鹰，黄炳生. 大跨度空间结构[M]. 北京：中国建筑工业出版社，2008.
[9] 张毅刚，薛素铎. 大跨空间结构[M]. 北京：机械工业出版社，2005.
[10] 杜文峰，张慧. 空间结构[M]. 北京：中国电力出版社，2008.
[11] 朱丹，裴永忠，徐瑞，等. 北京 A380 机库大跨度结构设计研究[J]. 土木工程学报，2008（2）.
[12] 高永祥，杨京鳌，胡鸿志. 首都机场 A380 机库 4 万 m^2 钢屋盖结构整体提升施工技术[J]. 建筑技术，2008（10）.
[13] 吉林，沈刚. 悬索桥的吊杆设计[J]. 江苏交通工程，1996（5）7-12.
[14] 邵旭东，金晓琴. 桥梁工程[M]. 3 版. 武汉：武汉理工大学出版社，2012.
[15] 谢石连. 桥梁工程[M]. 北京：机械工业出版社，2012.
[16] 赵青，李海涛. 桥梁工程[M]. 武汉：武汉大学出版社，2014.
[17] 闫国敏. 现代悬索桥[M]. 北京：人民交通出版社，2001.
[18] 沈世钊，许崇宝，赵臣，等. 悬索结构设计[M]. 2 版. 北京：中国建筑工业出版社，2006.
[19] 杨庆山，姜忆南. 张拉索-膜结构分析与设计[M]. 北京：科学出版社，2004.
[20] 张其林. 索和膜结构[M]. 上海：同济大学出版社，2002.
[21] 沈世钊，许崇宝，赵臣，等. 悬索结构设计[M]. 2 版. 北京：中国建筑工业出版社，2006.
[22] 傅学怡，顾磊，施永芒，等. 北京奥运国家游泳中心结构初步设计简介[J]. 土木

工程学报，2004，37（2）：1-11.

[23] 陈先明，赵志雄，张欣. 国家游泳中心（水立方）ETFE 膜结构技术在水立方中的应用[J]. 建筑技术，2008.39（3）：195-198.

[24] 袁建丰，于兰松，王越. 国家游泳中心（水立方）工程 ETFE 膜结构施工技术[J]. 建筑技术，2008，39（3）：189-194.

[25] 钱佳茹，赵作周，叶列平. 高层建筑结构设计[M]. 北京：中国建筑工业出版社，2012.

[26] 沈小璞，陈道政. 高层建筑结构设计[M]. 武汉：武汉大学出版社，2011.

[27] 高层建筑混凝土结构技术规程 JGJ3—2010[S]. 北京：中国建筑工业出版社，2011.

[28] 倪国元. 北京长城饭店简介[J]. 建筑结构，1984（5）24-31.

[29] 北京市第六建筑工程公司. 北京长城饭店设计与施工概况[J]. 建筑技术，1985（7）38-41.

[30] 白云宾馆设计小组. 广州白云宾馆[J]. 建筑学报，1977（2）18-23.

[31] 崔鸿超，周文瑛. 高层建筑结构设计实例集[M]. 北京：中国建筑工业出版社. 1989.

[32] 周云. 高层建筑结构设计[M]. 武汉：武汉理工大学出版社，2006.

[33] 何淅淅，黄林青. 高层建筑结构设计[M]. 武汉：武汉理工大学出版社，2007.

[34] 沈蒲生. 高层建筑结构设计[M]. 北京：中国建筑工业出版社，2005.

[35] 梁富华，韩建强，甘海峰，等. 超高层框架—核心筒结构竖向变形差的实测与分析[J]. 建筑结构学报，2016，37（8）：82-89.

[36] 建筑抗震设计规范 GB 50011—2010[M]. 北京：中国建筑工业出版社，2010.

[37] 高层建筑钢-混凝土混合结构设计规程 CE CS 230—2008）[M]. 北京：中国计划出版社，2008.